U0199922

中青年学者"双碳"目标学术研讨系列

本书获得国家自然科学基金（71704098、72003110）的资助
及山东师范大学青年教师学术专著资助。

碳排放权交易市场风险测度与管理

柴尚蕾　杜　墨◎著

中国财经出版传媒集团
中国财政经济出版社

图书在版编目（CIP）数据

碳排放权交易市场风险测度与管理/柴尚蕾，杜墨著．--北京：中国财政经济出版社，2021.2
（中青年学者"双碳"目标学术研讨系列）
ISBN 978 - 7 - 5095 - 1700 - 0

Ⅰ.①碳…　Ⅱ.①柴…②杜…　Ⅲ-①二氧化碳-废气排放量-排污交易-市场-研究-中国　Ⅳ.①X510.6

中国版本图书馆 CIP 数据核字（2021）第 036622 号

责任编辑：彭　波　　　　　责任印制：史大鹏
责任校对：胡永立

中国财政经济出版社 出版

URL：http：//www.cfeph.cn
E - mail：cfeph@ cfeph.cn
（版权所有　翻印必究）

社址：北京市海淀区阜成路甲 28 号　邮政编码：100142
营销中心电话：010 - 88191522
天猫网店：中国财政经济出版社旗舰店
网址：https：//zgczjjcbs.tmall.com
北京财经印刷厂印刷　各地新华书店经销
成品尺寸：170mm×240mm　16 开　15.5 印张　260 000 字
2021 年 2 月第 1 版　2021 年 2 月北京第 1 次印刷
定价：68.00 元
ISBN 978 - 7 - 5095 - 1700 - 0
（图书出现印装问题，本社负责调换，电话：010 - 88190548）
本社质量投诉电话：010 - 88190744
打击盗版举报热线：010 - 88191661　QQ：2242791300

前　　言

　　气候变化是人类社会面临的全球性问题，对生命系统形成威胁。全球气候变化问题是目前政府与科学界普遍关注的全球重大问题之一，关系着各国社会与经济的可持续发展。在全球应对气候变化日趋紧迫的形势下，作为最大发展中国家和温室气体排放大国，中国应对气候变化的战略和行动对全球合作进程产生重要影响。中国政府始终高度重视应对气候变化，党的十九大报告把气候变化列为全球重要的非传统安全威胁和人类面临的共同挑战。2020 年 9 月 22日，习近平主席在第七十五届联合国大会一般性辩论上宣布："中国将提高国家自主贡献力度，采取更加有力的政策和措施，二氧化碳排放力争于 2030 年前达到峰值，努力争取 2060 年前实现碳中和。"体现了中国应对全球气候变化的领导力和大国担当，为中国应对气候变化、绿色低碳发展明确了目标、指明了方向，具有深远的国际国内影响。实现全球绿色低碳、气候适应和可持续发展不再是遥远将来的议题，而是当下人类最核心利益之所在。各国政府都在积极努力地寻找高效解决低碳可持续发展问题的有力途径。

　　根据国际碳行动合作组织（ICAP）发布的《全球碳市场报告（2020）》，碳排放权交易机制在应对气候变化行动中发挥了关键作用，全球正在运行的碳排放权交易体系数量已增至 21 个，其中交易量最大、市场最为活跃的是欧盟碳排放权交易体系（EU ETS）。目前国际上公认碳排放权交易机制是应对气候变化和控制碳排放量最有效的市场机制。建立一个健康有效的碳市场，能够借助市场机制推动资金流向低碳产业链，优化社会资源配置效率。自 2005 年 EU

ETS 成立以来，国际碳交易市场已经运行了 15 年，而相比发展较为成熟的国际碳市场，中国碳交易市场仍处于起步阶段，2011 年起开展分批分试点建设，先后在深圳、上海、北京、广东、天津、湖北、重庆、福建 8 个省市建设碳排放权交易试点。在充分借鉴试点经验的基础上，于 2017 年 12 月启动中国统一碳市场。2020 年 11 月，生态环境部发布《全国碳排放权交易管理办法（试行）》，并指出"十二五"是试点先行，"十三五"是为全国碳市场打基础，"十四五"则是具有里程碑意义的时期，碳市场将实现从"试点"走向"全国"。12 月 18 日，习近平总书记在 2020 年中央经济工作会议上再次强调，必须加快推进全国碳排放权交易市场建设，将"碳达峰、碳中和"工作列为 2021 年八项重要任务之一。为贯彻落实党中央、国务院有关决策部署，生态环境部办公厅于 2021 年 1 月 5 日正式印发《碳排放权交易管理办法（试行）》，并将在 2 月 1 日起正式实施。全国碳排放权交易市场建设作为一个新起点，为落实"碳达峰、碳中和"目标的关键 10 年拉开序幕，也将面临更为严峻的考验。全国碳市场启动后，中国碳市场的规模将大大超过目前全球最大的欧盟碳市场，全球碳市场格局将会发生改变。这是用市场的力量代替行政管制来解决温室气体减排的重大创举。中国碳市场发展前景虽好，但在运行初始阶段风险控制能力不足，将会制约其平稳运行与健康发展。作为一种新兴市场，碳市场受到多种外界不确定性因素的影响，导致碳价呈现剧烈波动态势，风险凸显。交易主体因缺乏波动预测与风险控制能力，遭受巨额经济损失，从而降低了其参与碳市场的积极性。因此，在全国性碳市场建立之初，做好风险防范已经迫在眉睫。本书深入考察碳市场价格波动规律，加强对碳市场的风险测度与风险对冲，有利于增强交易主体的信心，提高碳市场的活跃程度，为实现"十四五"期间碳市场建成制度完善、交易活跃的全国碳市场目标提供政策支持。

　　本书分为 8 章。第 1 章为绪论，包括研究背景、研究意义与研究内容，主要阐述气候变化与气候治理形势、"碳达峰、碳中和"目标下碳排放权交易机制的作用、国内外碳市场发展现状与存在问题等。第 2 章为国内外研究综述，对碳市场价格波动与风险识别、碳市场风险测度、碳市场风险对冲等方面前沿理论文献的主题、方法与观点进行述评。第 3 章为碳市场交易行为特征与运行效率研究，以非线性、辩证动态的视角考察中国 8 个试点碳市场的行为特征及运行效率动态演化趋势。第 4 章为碳市场价格波动与风险识别研究，探索碳市场价格波动规律，为提高风险测度准确性提供理论依据。第 5 章为碳市场风险测度研究，明晰碳市场风险的多源性特征，结合非参数核估计方法解决多源风险测度问题，进一步完善碳市场风险测度理论。第 6 章为碳市场风险对冲策略研究，提出基于半参数估计最小 CVaR 的碳期货风险对冲策略，为碳市场参与主体提高风险控制与管理能力提供决策支持。第 7 章为中国碳市场发展与风险管理的政策建议，结合碳中和背景下碳市场发展目标导向，探讨碳市场从试点走向全国的政策建议，并提出碳市场风险管理具体措施。第 8 章为研究进展与未来方向，对当前完成的工作与未来国际气候治理形势下碳市场前沿问题进行展望。相关研究成果简述如下：

（1）以"碳达峰、碳中和"为目标考察碳排放权交易市场行为特征与运行效率的动态演化规律，为中国碳市场效率研究拓展了新思路，得出的关于各试点市场效率差异及不同时期市场效率动态演化的结论对全国统一碳市场的规划协调与效率改进提供了重要决策信息。采用基于经验模态分解—多重分形消除趋势波动分析方法，以非线性、辩证动态的视角考察中国试点碳市场的行为特征及运行效率，弥补了线性分析范式下有效市场假说忽视碳市场非线性行为特征且没有考虑有效与无效随着时间推移不断周期变化交替而造成重大偏差的不足。

（2）针对引起碳价波动风险的两大主要影响因素，采用半参数分位数回归模型实证考察了北京、湖北和深圳碳排放权交易试点能源价格与宏观经济水平对碳价的影响，得出了不同碳价分布下各种影响因素作用显著不同的结论，对中国碳价波动风险管理提出了相关对策建议。在深刻理解碳价动态变化规律及波动风险的基础上，构建了基于数据特征驱动的碳价预测模型，不仅有助于市场参与者进行科学决策、合理投资以规避碳价波动带来的风险，而且能够帮助政策制定者准确评估碳市场效率、及时制订相关政策以保持碳市场稳定发展。

（3）对碳市场多源风险进行集成测度，弥补过去对碳市场风险识别及预警存在的遗漏，改善现有文献通过单纯测度碳价风险因子来全面表征碳金融市场风险的不足，为合理度量碳金融市场风险价值提供科学的研究框架。采用非参数核估计方法确定碳金融市场价格波动与汇率波动两类风险因子的 Copula 边缘分布，不需要事先对分布函数形式做任何的模型设定，避免现有文献主要采用参数法确定边缘分布时可能出现的模型设定风险和参数估计误差。在碳金融市场集成风险测度指标的选取上，充分考虑碳金融市场的尾部风险，更符合风险管理的谨慎性原则。结合碳金融市场多源风险集成测度的研究成果，对中国碳金融市场风险管理提出相应的政策建议。

（4）以条件风险价值 CVaR 为目标函数构建了基于半参数估计的碳期货风险对冲策略。针对欧盟碳排放权交易体系 EU ETS 的主要交易产品 EUA 实施风险对冲策略，发现半参数模型比非参数和参数模型在估计碳市场下方风险时更加符合给定数据样本的尖峰厚尾分布，并体现出更好的风险对冲效果。本书所提出的风险对冲策略对于降低碳市场参与主体的价格波动风险具有重要意义：一方面为政策制定者科学有效地评估和管理碳市场价格波动风险提供理论指导，另一方面为参与碳市场的投资者优化碳期货风险对冲策略提供决策支持。

本书内容是研究团队集体研究的成果，柴尚蕾负责全书的总体框架设计和组织统筹，杜墨负责统稿。参与书稿编写和校对工作的研究生为李强、初文钧、杨小力、张子轩、孙睿璇、张洪云、王楠、吕同同、姜麟纳、盖文琳。研究团队的刘钻扩、李楠、刘长玉等老师参与了每周学术讨论，对相关研究工作提出了宝贵意见。

　　本书在写作与出版过程中，得到大量的支持、帮助及鼓励，在此表示衷心感谢。感谢中国石油大学（华东）周鹏教授、大连理工大学郭崇慧教授和张震教授在本书撰写中给予的悉心指导及无私帮助；感谢国家自然科学基金（71704098、72003110）、山东省自然科学基金（ZR2016GQ03）的资助及山东师范大学青年教师学术专著资助；感谢中国财政经济出版社对本书出版的大力支持。

　　限于我们的知识范围和学术水平，书中难免存在不足之处。诚恳地欢迎读者及同行专家学者们对本书的论述和观点提出批评指正，您的批评与建议将给予我极大帮助。谢谢！

柴尚蕾
2021 年 2 月 5 日

目　　录

第1章　绪论 ………………………………………………………… 1
　1.1　研究背景 …………………………………………………… 1
　1.2　研究意义 …………………………………………………… 13
　1.3　研究内容 …………………………………………………… 14

第2章　国内外研究综述 …………………………………………… 18
　2.1　碳市场价格波动与风险识别研究 ………………………… 18
　2.2　碳市场风险测度研究 ……………………………………… 24
　2.3　碳市场风险对冲策略研究 ………………………………… 26
　2.4　文献评述 …………………………………………………… 28

第3章　碳市场交易行为特征与运行效率 ………………………… 31
　3.1　问题的提出 ………………………………………………… 31
　3.2　理论与方法 ………………………………………………… 34
　3.3　碳市场交易行为特征分析 ………………………………… 37
　3.4　碳市场运行效率分析 ……………………………………… 44
　3.5　结论及建议 ………………………………………………… 48

第4章　碳市场价格波动与风险识别 ……………………………… 50
　4.1　碳价波动影响因素分析 …………………………………… 50
　4.2　碳价波动预测 ……………………………………………… 70
　4.3　碳价预测理论方法最新进展 ……………………………… 96

第 5 章　碳市场风险测度方法 ···················· 118

　　5.1　问题的提出 ·························· 118

　　5.2　模型与方法 ·························· 120

　　5.3　实证分析 ··························· 125

　　5.4　结论 ···························· 135

第 6 章　碳市场风险对冲策略 ···················· 138

　　6.1　问题的提出 ·························· 138

　　6.2　碳市场风险对冲理论与模型 ················· 142

　　6.3　实证分析 ··························· 146

　　6.4　结论 ···························· 158

第 7 章　中国碳市场发展与风险管理的政策建议 ············ 159

　　7.1　碳中和背景下碳市场发展目标导向 ·············· 159

　　7.2　碳市场从试点走向全国的政策建议 ·············· 164

　　7.3　碳市场风险管理具体措施 ·················· 173

第 8 章　研究进展与未来方向 ···················· 180

　　8.1　主要研究进展 ························· 180

　　8.2　未来研究方向 ························· 184

参考文献 ······························· 206

第1章 绪　　论

1.1　研究背景

1.1.1　气候变化与气候治理形势

气候变化问题是 21 世纪人类生存发展面临的重大挑战，积极应对气候变化、实现低碳可持续发展已成为全球共识和大势所趋。作为继《京都议定书》之后在联合国气候变化框架公约（UNFCCC）下达成的第二份全球减排协定，2015 年 12 月签订的《巴黎协定》要求世界上几乎所有国家从 2023 年后每五年进行一次全球应对气候变化总体盘点，以此鼓励各国不断加大行动力度，确保实现应对气候变化的长期目标。在 2018 年建立一个对话机制，盘点减排进展与长期目标的差距，以便各国制订新的 INDC 目标。实现全球绿色低碳、气候适应和可持续发展不再是遥远将来的议题，而是当下人类最核心利益之所在。各国政府都在积极努力地寻找高效解决低碳可持续发展问题的有力途径。在全球应对气候变化日趋紧迫的形势下，作为最大的发展中国家和温室气体排放大国，中国应对气候变化的战略和行动对全球合作进程产生重要的影响。中国政府把气候变化列为全球重要的非传统安全威胁，始终高度重视应对气候变化，将其视为中国可持续发展的内在需要和驱动经济增长的新机遇（党的十九大报告，2017）。

作为全球最大的温室气体排放国家，中国始终积极参与气候问题的处理，在第七十五届联合国大会一般性辩论上，习近平总书记提出，中国将提高国家自主贡献力度，采取更加有力的政策和措施，二氧化碳排放力争于 2030 年前达到峰值,努力争取 2060 年前实现碳中和。习近平总书记提出的这一目标指示对于中国的碳交易市场的运行与完善也有着很大的指导意义,进一步完善碳交易市场也是实现"碳中和"的有效路径。习近平总书记多次强调,应对气候变化不是别人要我们做,而是我们自己要做,是中国可持续发展的内在需要,也是推动构建人类命运共同体的责任担当。习近平总书记在全国生态环境保护大会上明确提出,要实施积极应对气候变化国家战略,推动和引导建立公平合理、合作共赢的全球气候治理体系。各地方、各部门坚持以习近平生态文明思想为指导,贯彻落实全国生态环境保护大会的部署和要求,积极落实控制温室气体排放目标任务,应对气候变化工作取得新进展。

中国应对气候变化的政策与行动力不断增强,应对气候变化体制机制不断完善,全社会应对气候变化意识不断提高,为应对全球气候变化做出了重要贡献。作为负责任大国,中国政府积极承担符合自身发展阶段和国情的国际责任,付出艰苦卓绝的努力,切实实施应对气候变化政策行动,为全球生态文明建设贡献力量。"十四五"期间,中国将继续深入贯彻落实习近平生态文明思想,坚定不移地实施积极应对气候变化国家战略,推动在共同但有区别的责任、公平、各自能力等原则基础上开展应对气候变化国际合作,落实国家应对气候变化及节能减排工作领导小组会议部署,继续付出艰苦卓绝的努力,确保完成应对气候变化目标任务。(《中国应对气候变化的政策与行动》,2019)

1.1.2 "30·60"碳达峰、碳中和目标下碳交易机制的作用

目前国际上公认的应对气候变化和控制碳排放量"最有效""最具成本效益"的方式是碳排放权交易机制。各国政策实践表明,碳排放权交易机制在应对气候变化行动中发挥了关键作用。建立碳排放权交易市场,能够借助市场机制推动资金流向低碳产业链,优化社会资源配置效率。国际碳行动合作组织(ICAP)在《全球碳市场进展报告2020》中强调,全球有 21 个碳排放权交易体系正在运行,包括中国碳排放权交易体系。对中国而言,建立一个健康有效的碳市场,是利用市场机制控制温室气体排放的重大举措,也是深化生态文明体制改革的迫切需要,有利于降低全社会减排成本,有利于推动经济向绿色低碳转型升级。因此,为贯彻落实党中央、国务院关于建立全国碳排放权交易市场的决策部署,稳步推进全国碳排放权交易市场建设,国

家发展改革委于 2017 年 12 月发布《全国碳排放权交易市场建设方案（发电行业）》，标志着中国正式启动全国统一碳市场。2017 年底，中国以发电行业为突破口正式启动全国碳排放权交易体系，分阶段、有步骤地推进碳市场建设。全国统一碳市场启动后，我国碳市场规模超过目前全球最大的欧盟碳市场，全球碳市场格局发生改变。这是用市场的力量代替行政管制来解决温室气体减排的重大创举。

随着"30·60"碳达峰、碳中和目标的提出，做好碳达峰、碳中和工作被列为 2021 年的重点任务之一，并明确"要抓紧制订 2030 年前碳排放达峰行动方案，支持有条件的地方率先达峰""加快建设全国用能权、碳排放权交易市场"；中国人民银行在 2021 年工作会议上要求"落实碳达峰碳中和重大决策部署""推动建设碳排放权交易市场为排碳合理定价"；生态环境部印发《关于统筹和加强应对气候变化与生态环境保护相关工作的指导意见》，明确提出"加快全国碳排放权交易市场制度建设、系统建设和基础能力建设""充分利用市场机制控制和减少温室气体排放"，并在 2021 年全国生态环境保护工作会议上确定"2021 年要编制实施 2030 年前碳排放达峰行动方案""加快建立支撑实现国家自主贡献的项目库"。全国碳排放权交易市场建设呈加速趋势。

《联合国气候变化框架公约》和《京都议定书》为国际碳市场制定了基本框架，使温室气体排放权具有了商品属性。《巴黎协定》的达成标志着全球气候治理开启崭新的格局，全球低碳经济发展趋势再次被国际社会所广泛认可，而碳排放权交易是控制产业碳排放量并促使产业积极寻求清洁燃料及绿色生产方式，从而达到经济效益和环保协同发展的重要手段。从国内市场层面，自从《京都议定书》生效以来碳排放权交易在全国范围内取得了快速发展，并成为有效引导碳资源合理配置的市场化平台，在碳减排方面发挥了至关重要的作用。以环保为中心发展建立起来的碳排放权交易市场也因其绿色的理念，巨大的发展潜力吸引了很多投资者的参与。虽然中国在新兴的碳排放权交易市场中起步较晚，但也逐步建立起了相关制度和政策，伴随着节能减排和低碳环保的国家发展理念，碳排放权市场将会得到进一步的完善和发展。碳市场既是应对全球气候问题的手段，又顺应了低碳经济的发展，是碳排放权交易的场所与平台。作为一个运作机制复杂的特殊新兴市场，其呈现出主体多元性、客体特殊性、利益复杂性、风险多重性、综合市场性、信息不对称性等特征。"30·60"碳达峰、碳中和目标下碳交易机制的作用至少包括以下三点：

（1）碳市场成为减排政策工具库中最重要的工具。与其他诸如碳税、更高的强制能效标准、非水可再生能源绿色电力证书（绿证）等相比，因总量控制市场的特有属性，碳市场直接与碳排放的绝对数值挂钩，在其涵盖的社会排放领域可以更加直接地反映减排效果并评估气候变化控制指标是否达成。提出碳中和目标，更使这一特性无可替代，中国碳市场将迎来史无前例的发展，必将在未来成为引领全球碳市场的"排头兵"。

（2）碳市场建设中的关键变量得以明确，并为未来立法提供必要依据。在我国试点碳市场建设过程中，各试点地区结合自身实际，出台了相应的地方法规性文件。由于此前我国对外承诺、国民经济与社会发展五年规划目标中，一直将碳排放的控制目标设定为强度目标，目前试点碳市场的总量控制目标实际上是 GDP 增长率等各因素加权后的总量目标，加之 MRV 机制处于起步磨合过程，使我国碳市场建设中总量控制交易的核心要素一直较弱。如果说巴黎气候大会 2030 年左右达峰的承诺基本解决了总量问题的话，此次关于碳中和的目标，对中国在 2030～2060 年的直接碳排放总量将大幅递减这一关键趋势做了最权威的定性。任何人都知道，作为全球人口第一、制造业总量第一的中国，碳排放总量仅靠固碳（碳汇）而不大幅减少直接排放的绝对值，是无法做到碳中和的。

（3）全国碳市场发展也为逐步探索碳中和的主要措施提供有效实践。2030～2060 年，中国碳排放绝对值递减，包括减排量交易、CCS 等固碳途径，将共同构成 2060 年之前碳中和的主要措施。这意味着，除非减排量抵销目标全部由财政转移支付等非市场手段（如税收、补贴、强制能效或产品替代标准）来实现，中国碳市场很可能将长期存在减排量产品的市场交易。

1.1.3 国际碳市场发展概况、意义与存在问题

（1）国际碳市场发展概况。

碳交易作为应对气候变化的重要手段，其最早出现于 1997 年在东京签订的《京都议定书》，《京都议定书》设定了三大履约机制：联合履行机制、排放贸易机制和清洁发展机制，缔约方对于超出限额的温室气体排放量可以通过

履约机制进行交易，温室气体排放权交易就被称为碳排放权交易，从事碳排放权交易的市场被称为碳排放权交易市场。

全球的第一个碳市场于2002年在英国建立。在2005年欧盟启动了碳排放权交易体系（EU ETS），目前该体系包含27个主权国家，并且在2016年欧盟温室气体排放量与1990年相比降低了24%，提前实现了设定的"2020年减排2成"的目标。在此之后，美国、日本、新西兰、哈萨克斯坦、韩国也相继启动了本国碳市场。

在过去的十几年中，全球碳市场一直保持稳定增长，并且在2020年全球二氧化碳排放量下降了7%左右，是有史以来的最大绝对排放量下降。在2021年初，欧盟碳排放权交易体系启动第四交易阶段，欧盟碳价随机再创历史新高，业界普遍认为，2021年全球碳市场或将迎来新一轮发展高潮。

在既有碳市场平稳运行和中国碳市场正式进行交易的情况下，预计2020年之后全球碳市场覆盖的温室气体排放总量将从2019年的8%上升至14%。未来将有更多国家和地区建立碳排放权交易机制。其中，墨西哥、乌克兰等正在建设碳排放权交易机制，预计不久可以正式启动其碳市场；美国华盛顿州、新墨西哥州、俄勒冈州以及泰国、俄罗斯、印度尼西亚等国家和地区正在考虑引入碳排放权交易机制，未来有望成为全球碳市场的成员，使全球碳市场的覆盖面积进一步扩大。

（2）国际碳市场发展意义。

碳排放权交易作为用以实现减排的制度安排，本质上是一项国家政策被用于减排当中。一个国家或地区选择在本国建立碳市场，将碳排放权交易作为一项重要的减排措施，不仅是基于本国自身的减排需求，更是基于本国的政治经济基础与市场环境的表现。这也表明了一个国家和地区碳市场的建立是其现实基础与减排需求有效结合的产物。

在全球背景下，一项国家政策的形成既依赖于国际政治中相关议题的重要程度与发展前景，也取决于国内政策制定的难易程度和利益相关者的支持程度。国际碳市场的产生更多的是源于一个国家的国际政治诉求。全球气候变化协定如《巴黎协定》的签署不仅反映了一个国家在国际中所面临的减排压力和法律约束力，同时也侧面反映了其建立碳市场的决心和意愿。

一国要承担的减排责任和因减排可能带来的影响由其现有碳排放量和排放空间的大小直接决定。碳市场作为减排的重要手段必然导致温室气体排放量的减少，与此同时，其会对控排企业竞争力造成一定影响。一国在权衡碳市场减排政策所带来的各种影响之后，才能够做出更有利于国家发展的决策。国际碳排放市场的建立，对于一个国家或地区的碳排放量减少，全球环境改善以及极端气候的减少有着显而易见的积极作用。

一国碳市场的建立与其经济环境有关，更与其相关产业与技术发展状况不可分割。发达国家经济环境良好，资金实力相比发展中国家更加雄厚，在发展新能源企业和节能减排技术方面具有显著优势，也更有能力承受因碳减排所引起的能源转换、产量下降等对经济发展所带来的"阵痛"。同时，一个国家的产业与技术发展状况反映了该国发展新的经济增长点的可能。在此基础上，国际碳排放市场的建立，有利于一个国家的经济体系结构转型，倒逼国家相关产业与能源结构调整升级。

（3）国际碳市场发展存在的问题。

高地区减排意愿与低国家法律支持导致建立地区型碳市场，给国际碳市场发展带来了一定的阻碍。美国《低碳经济法案》因民主党和共和党意见存在差异未能通过，其在国家层面排放权立法缺失。加利福尼亚州在 20 世纪 40 年代开始空气污染治理，州内气候治理历史悠久。在美国议会赋予各州政府自主制订空气质量标准的特权，因此，虽然美国在国家层面排放权立法缺失，加利福尼亚州却率先通过《AB32 法案》建立了碳市场。国家层面排放权的立法缺失使国家型碳市场建设前景不明，导致地区不得不根据自身减排意愿选择建立地区型碳市场，国家层面的问题给国际碳市场的建立带来了一定的阻碍。

其次，国际碳市场发展可能对产业的竞争力产生影响，对其造成冲击。虽然碳市场的建立减少了温室气体的排放，但其在一定程度上会增加控排主体成本，特别是在全球经济一体化趋势不断加强使国际贸易异常活跃的背景下，减排成本的增加使控排产业竞争力下降，可能导致其在国际贸易中处于劣势地位，竞争力优势不足的行业可能会因此遭受巨大冲击，因此碳市场在选择覆盖行业时必须充分考虑该行业竞争力水平，减少对行业的冲击。

1.1.4 中国碳市场运行情况

（1）中国碳市场不同发展阶段。

中国在 2005 年通过开发清洁发展机制项目的方式参与了欧洲乃至全球

碳市场，作为碳减排量的卖方从碳市场获得了不少实质性利益。2011 年，中国启动了地方性碳交易市场。2017 年底，全国统一碳市场建设拉开了序幕。同年，国家发改委发布《全国碳排放权交易市场建设方案（发电行业）》（以下简称《方案》），该方案的出台标志着中国全国碳市场的正式启动。《方案》明确了全国碳市场建设的总体部署，指出要分基础建设期、模拟运行期和深化完善期三步来建设全国碳市场。《方案》指出，全国碳市场的注册登记系统由湖北负责建设，碳交易系统由上海负责建设，系统运营和其他相关工作则由北京、天津、重庆、广东、江苏、福建和深圳共同承担。在此期间，试点碳市场仍将继续运行一段时间，逐步完成向全国碳市场的过渡。此外，试点碳市场将承担全国碳市场建设初期的一些基础性工作，加强对重点纳入企业的管理，配合国家组织好碳市场历史数据的核查、配额分配和履约工作。按照《方案》的部署，2018 年为基础建设期，主要进行碳市场的基础建设工作，包括建立健全制度体系、建设基础支撑系统、开展能力建设等。2019 年为模拟运行期，主要开展发电行业配额模拟交易。2019 年 4 月，生态环境部发布《碳排放权交易管理暂行条例（征求意见稿）》，标志着中国碳市场逐渐由地方性的试点向全国推广，并且能够在区域碳市场试点上，对全国碳市场的参与主体、登记、交易进行基本内容的制定。2020 年 10 月，生态环境部、国家发改委、人民银行、银保监会、证监会五部门联合发布了首份投融资顶层设计《关于促进应对气候变化投融资的指导意见》，首次从国家政策层面将气候投融资提上议程，为气候变化领域的建设投资、资金筹措和风险管控进行了全面部署。

（2）中国试点碳市场的运行情况。

深圳试点碳市场是中国成立最早的试点碳市场，于 2013 年 6 月 18 日正式启动，涵盖领域包括电力、供水、交通、制造业和建筑业等，每年排放超过 5000 吨二氧化碳的实体企业、任何超过 20000 平方米的大型公共建筑、超过 10000 平方米的政府办公大楼都必须充分参与深圳碳市场。深圳碳交易体系根据历史排放、强度下降目标及竞争博弈法确定信用额度，建筑物根据能耗限额或碳排放限额标准确定信用额度，大部分是免费分配的，免费分配按基准每年进行一次。自 2013 年成立以来，深圳碳市场的碳配额成交总量从第一个履约期的 195 万吨到 2019 年的 78.49 万吨、2020 年的 123.92 万吨，虽然 2019 年成交总量有所下跌，但是整体呈上升趋势，与北京等其他碳交易体系相比，深圳碳市场活跃度从成立开始一直居于领先地位，总体活跃度和成交额都呈上升趋势。

北京试点碳交易体系启动于 2013 年 11 月 28 日，几乎涵盖了火电、热力生产、石化和水泥等所有污染严重的领域。与其他大多数试点市场不同，北京的试点项目负责处理气候变化和提高能源效率。北京碳交易体系每年分配一次排放额度，信用额度分配基于历史排放量、碳强度和行业基准免费发放给减排单位。市场参与者通过公开协议的方式进行交易。北京试点与河北承德市、内蒙古呼和浩特市和鄂尔多斯市开展了跨区域的试点合作，积极发展北京碳市场，其发展出了碳配额回购融资、碳配额质押融资和中碳指数等金融创新产品。自 2013 年成立以来，北京碳市场的碳配额成交总量从第一个履约期的 107.15 万吨到 2019 年的 301.37 万吨、2020 年的 103.55 万吨，北京碳市场碳交易总量总体呈上升趋势，碳交易额趋于稳定，并且其市场活跃度较高。

上海试点碳交易体系于 2013 年 11 月 26 日正式成立，在碳交易正式启动前，其已建设了较为完善的制度和管理体系，形成了一整套以市政府、主管部门和交易所为 3 个制定层级的管理制度。该试点要求在 2010 ~ 2011 年，直接或间接的二氧化碳排放量超过 20000 吨的钢铁、石化、化工、有色金属、电力、建材、纺织、纸浆和造纸、橡胶和化纤等企业和排放量均超过 10000 吨的航空和机场、港口、铁路、商业、金融和酒店业的公司都必须遵守相关法规参与减排。上海试点碳交易体系在 2013 ~ 2015 年仅分配了一次信用额度，一次发放三年配额，但信用额度分配了年份，以便在指定年份之前不得使用信用额度。这些信用额度是根据历史排放量和用行业基准进行分配的，与北京试点碳交易体系一样，上海试点碳市场也发展了碳基金和碳指数等金融创新产品。自 2013 年成立以来，上海试点碳市场的碳配额成交总量从第一个履约期的 133 万吨到 2019 年的 268.33 万吨、2020 年的 184.04 万吨，上海碳市场交易量总体呈上升趋势，并且其市场活跃度非常高，在 2020 年受到疫情影响成交量有所下降，但是交易量在全国 8 个试点碳市场中位于前列。

广东试点碳排放权交易体系成立于 2013 年 12 月 19 日，是唯一拥有三阶段设计的试点碳市场。第一阶段于 2015 年结束，第二阶段为 2016 ~ 2020 年，此后将进入其连续运行的第三阶段。在广东试点碳市场的第一阶段，广东试点碳交易体系涵盖了电力、水泥、钢铁、石化、航空和造纸工业部门，2011 ~

2016 年，广东试点将运输和建筑等第三产业也纳入其第二阶段。广东省对电力、钢铁、石化和水泥四个行业年排放 2 万吨二氧化碳（或年综合能源消费量 1 万吨标准煤）及以上的企业，企业配额分配主要采用基准线法和历史排放法，实行部分免费发放和部分有偿发放。自 2013 年成立以来，广东碳市场的碳配额成交总量从第一个履约期的 126 万吨到 2019 年的 220.71 万吨、2020 年的 3154.73 万吨，广东试点碳市场交易量呈逐年上升趋势，并且在 2020 年碳交易总量位于全国第一。

天津试点碳交易体系成立于 2013 年 12 月 26 日，天津市碳市场是继深圳之后，全国第二个开放个人投资者的市场，对社会参与方更加开放。其要求自 2009 年以来，每年排放的二氧化碳超过 20000 吨的热力发电、钢铁、石化化工、石油与天然气勘探以及民用建筑行业的公司参与控排。此外，上述行业中排放超过 10000 吨二氧化碳的公司也必须报告其排放量。天津试点碳交易市场每年根据历史法和基准法相结合的方式分配配额，其中，电力行业为基准法，其他行业采用历史法。天津试点碳交易体系的交易在天津气候交易所进行，并且通过使用在线现货交易、协议转让和拍卖来进行。但天津试点碳市场没有发展出金融创新产品，这可能与该试点交易量少有关。自成立以来，天津碳市场的碳配额成交总量从第一个履约期的 101 万吨到 2019 年的 4.34 万吨和 2020 年的 574.43 万吨，天津碳市场交易总量波动起伏较明显，相较于其他试点碳市场，天津试点碳市场中交易量较少，市场活跃度较低，呈现阶段式交易的特点。

湖北试点碳交易市场于 2014 年 4 月 2 日成立，它在 8 个试点碳市场中具有许多独特的素质。湖北是唯一一个完全以能源消耗为基础的试点碳交易体系，该省的所有消耗量超过 6 万吨标准煤的公司均要求参与碳交易市场，并要求消耗量超过 8000 吨标准煤的公司承担减排义务。湖北试点碳市场的覆盖范围扩展到制药、食品和饮料这些其他任何试点都没有覆盖的行业，并形成了"工业补偿农业、城市补偿农村、排碳补偿固碳"的生态补偿机制。湖北试点碳排放权交易市场根据历史排放量分配信用额度，但在其信用额度分配中还包括拍卖。每年根据各个公司的历史排放量和用电基准进行分配。湖北试点不仅发展出了金融创新产品，并且目前为止是 8 个试点碳市场中发展金融产品最多的。自成立以来，湖北碳市场的碳配额成交总量从第一个履约期的 685 万吨到 2019 年的 302.56 万吨和 2020 年的 1427.39 万吨，湖北试点碳市场交易量总体呈上升趋势，市场交易活跃度较高，在 2020 年受到疫情冲击的影响，交易量位于全国试点碳市场的第二。

重庆试点碳排放权交易体系是第一批中最晚成立的，成立时间为 2014 年 6 月 19 日。但它是唯一涵盖二氧化碳以外的温室气体的碳排放权交易体系。重庆试点覆盖 242 个实体，主要涉及水泥、钢铁、铁合金、电解铝、电石和烧碱生产等。2008～2011 年，强制性参与的门槛为每年 20000 吨二氧化碳排放量。重庆试点碳市场以历史中最高年度排放量为基准排放量，设定动态基准线并应用多种调整方法，免费分配信用额度。该试点的交易在重庆碳排放权交易所进行，交易方式包括公开竞价、协议转让。与天津试点一样，重庆试点没有发展金融创新产品。重庆试点碳排放权交易体系的成交总量从 2014 年的 14.5 万吨，到 2019 年的 11.28 万吨和 2020 年的 15.74 万吨，重庆试点碳交易市场总体交易量较低，市场活跃度不高，但稳定性较好。

福建试点碳交易市场是 2016 年 12 月 22 日成立的，是 8 个试点中最晚成立的碳交易市场。福建省具有良好的区位优势，产业结构特征为"二三一"，碳排放污染特征突出，作为一个森林资源丰富的省份，福建碳市场在开市之初就纳入福建林业碳汇（FFCER）作为控排企业抵消碳排放的产品。在 2020 年，福建省碳交易市场成交总量达到 99.14 万吨，有很大的发展前景。

总体而言，要达到 2030 年前碳达峰，2060 年前实现碳中和的目标，必须加快建设全国碳排放权交易市场。全国碳市场承担着中国履行国际减排承诺，实现国内节能降碳和绿色转型的重任。而区域碳市场则作为全国碳市场的有益补充，一方面继续为全国碳市场提供先行先试的经验和教训，另一方面发挥促进地方节能减排和经济结构调整的作用。自愿碳市场作为强制碳市场的必要补充，除了为强制碳市场提供灵活履约机制需要的减排量外，更要通过引导企业和个人自愿减排，或以交易减排量形式实现碳中和，推动全社会形成绿色生产和生活方式。三者相辅相成、相互补充。碳市场建设是统筹国际碳减排承诺和国内高质量发展、统筹节能减排和经济绿色低碳转型的重要抓手，尤其在碳达峰和碳中和目标下，全国碳排放权交易市场将承担更加重要的作用，其建设和发展将具有更加重大的意义。

中国碳市场发展前景虽好，但在启动初始阶段碳交易制度和规则设计不够完善，市场机制灵活性较差，政策依赖度高。碳排放权交易价格受政府减排政策及低碳技术普及应用等众多因素的影响，存在很多不确定性，呈现出交易价格剧烈波动、交易量不稳定等态势，市场风险凸显，给市场参与主体和监管部门带来极大压力。一方面，碳市场参与主体缺乏风险意识，对碳交易风险估计不足，缺乏风险防范工具，导致碳排放权交易参与积极性不高、市场活跃程度低等问题暴露出来，严重影响了碳市场的减排效果。在碳市场运行初期参与主体迫切需要增强风险意识、做好风险识别与评估，制定出合理有效的风险规避措施。另一方面，政府监管部门应主动对碳交易进行风险控制，帮助国内碳交易参与主体利用风险管理工具锁定收益，以避免价格波动和利润不稳定带来的风险，为交易双方提供一个安全、准确、迅速成交的交易平台，使各生产经营者、投资者和金融机构都能通过公平、合理的碳排放权交易作出正确的生产经营决策和投资决策。

本书从风险管理的角度探讨中国碳排放权交易市场，通过构建风险识别与评估模型来测度中国碳市场的风险，深入剖析当前碳市场风险产生的根源，并据此为政府相关监管部门和政策制定部门进一步进行市场监管和市场调控提供理论依据。碳市场风险研究不仅能引导参与主体规避碳排放权交易风险，更有助于完善中国统一的碳排放权交易体系。建立必要的价格稳定机制和风险预警机制，制订配套的金融避险措施和风险对冲机制，能够提升市场参与主体的风险防范能力，激发碳市场活跃性，进而提高市场运行效率，更好地发挥减排作用。

1.1.5　碳市场存在的风险

目前国外的研究中几乎并不区分碳交易市场、碳排放市场和碳市场，而是用碳市场（carbon market）作为统称。碳市场概念的界定有两种：狭义碳市场和广义碳市场。碳市场可以从狭义和广义两个方面来说明，狭义碳市场是指相关主体在法律规定的范围内，依法进行温室气体排放权交易的标准化市场。在温室气体排放权交易市场上，每个交易者都是从自身利益出发，自行决定买入或者卖出碳排放权。广义碳市场是指碳排放权及其衍生品交易和与其相关的各种活动的总称。广义碳市场主要包括：①碳交易现货市场，主要包括碳配额市场和碳交易项目市场；②碳交易衍生品市场，主要包括碳资产的远期、期权、期货等衍生品市场；③碳交易信贷市场，包括商业银行的绿色信贷产品、CAM项目抵押贷款等；④碳交易金融服务市场，包括与低碳发展项目投融资活动有关的咨询、担保等碳中介服务市场。

碳排放权交易市场在中国发展时间尚短，在蓬勃发展的过程中也潜伏着许多风险，从因未能及时或完全掌握交易规则及相关监管规定带来的法律及合规风险，到市场参与者多元性促进市场活跃的同时增加监管难度从而带来的交易风险，以及发改委审核制度及抵销比例的影响带来的价格浮动风险等，均对市场参与者的风险把控能力提出了较高程度的要求。因此，从基础的碳排放权交易中涉及的买卖、结算与交割、CCER 开发、配额托管，到碳排放权交易衍生的碳资产抵押质押、配额回购、碳远期、碳掉期、碳期权等专业化程度更高的业务，对准备深入参与相关市场并控制风险的交易者而言，除了对行业和市场的深刻理解外，也需要具有金融专业能力的法律顾问参与和协助，基于对法律政策的全面把握，对相关交易模式法律关系的准确理解及对风险的充分评估，最大限度地减少风险，实现商业目的。

鉴于碳排放权交易的特殊性、市场的差异性、价格的不确定性以及项目的跨期性等特点，碳排放权交易风险可以划分为：政策风险、操作风险、流动性风险、信用风险、市场风险和项目风险。①政策风险是指市场主体由于政策和制度的不确定性而遭受损失的风险。碳金融市场以法律为基础，高度依赖制度和政府监管，政策变化会对市场运行造成较大影响。这种不确定性变化导致人们缺乏明确的政策判断，这会给碳市场造成较大不确定性，增加市场参与者的担忧。②操作风险一般认为是由于系统故障、人为操作失误、管理失误以及外部突发事件引发的，造成损失的可能性。在碳金融市场中，系统控制不完善、参与者对规则不清楚以及恶意欺诈等都有可能引发操作风险。操作风险具有内生性和外生性的特点，在日常过程中，难于防控，而且发生后损失通常十分巨大。③流动性风险是指因客户的流动性需求，从而引发的成本增大或者价值损失的可能性。由于碳交易的信息严重不对称，碳权流动性非常低下，因此，在碳交易市场中常常需要引入中介方来完成交易，由于流动性较低，其成交价格通常较真实市场价格就会有一定的折价，或是要缴纳一定的费用，这就造成了额外的交易成本，增加了流动性风险。④信用风险是指在碳交易市场中由于交易对手没有按照协议条款履行相关义务，或者交易客体的质量失真而使交易主体的当事人遭受损失的风险。信用风险往往是由于存在着普遍的信息不对称现象，银行在 CDM 项目过程中，无法真实掌握借款人的信用资质，因此在"逆向选择"的现象发生时，承受了较大的信用风险。⑤市场风险是指在碳金融市场中，由于市场汇率、价格等要素变化，使参与方蒙受损失的风险。当前国际上并没有一个统一的碳交易市场，各个国家、地区具有差异性较大的交易机制和交易品种等制度安排，因此，大大增加了交易成本和交易周期，增大了市场波动，产生了一定的市场风险。⑥项目风险是指 CDM 项目在项目运作周期内，因为项目自身的变化形成的损失，这样的不确定性称为项目风险。项目风险主要容易出现在项目未能按期投产以及碳减排量产生超标等两个方面，从而影响整个项目的产出。特别是当项目国出现政治风险时，CDM 项目面临的项目风险就更大。

中国的碳市场起步较晚，相关的配套政策还不够完善，对管制依赖程度高，在碳排放权交易过程中存在着诸多的缺陷，碳市场的运行也面临着各种不确定性。在碳排放权交易过程中产生的多重风险中，由市场因子波动的不确定性引发的风险最为普遍，即市场风险。值得注意的是，在各国碳排放权交易迅速发展的同时，市场风险难以避免。以欧盟排放交易体系为例，2007 年末第一阶段即将结束之时，碳排放的价格接近于零，给碳排放的多头方带来了巨大损失。碳排放权交易中由于标的物的复杂性、时间的跨期性及结果的不确定性，存在更多未知风险。在碳排放权交易的各类风险中，市场风险是最突出的交易风险。基于此，本书主要针对碳排放权交易的市场风险进行识别、评估与控制，为监管当局及交易主体的风险控制、碳市场的稳定发展提供了有益参考，因而首先应该明确碳市场风险的概念与特征。

1.2 研究意义

1.2.1 理论意义

（1）明晰碳市场多源风险，弥补单一风险测度理论的不足。针对碳市场多源风险因子之间的相关性，引入多变量时间序列分析方法 Copula 函数，采用非参数核估计方法来确定边缘分布，将突破现有文献对碳市场单一风险测度的局限性。

（2）针对碳市场风险评估与对冲理论方法学和模型体系的创新，为中国发展并完善碳市场相关制度提供系统性分析框架、机制设计与评价方法等理论支撑，为碳市场风险管理理论开辟新的视角。

1.2.2 实践意义

（1）为碳市场交易主体规避风险提供实践指导。研究碳市场的风险对冲策略有利于帮助市场参与者优化调整碳资产的套期保值组合，增强资产组合的风险管理能力。

（2）为碳市场的建设与发展提供政策建议。针对碳市场的风险进行识别、测度与对冲研究，提出相应的对策建议，为全面建设和运行健康有效的碳市场提供决策参考。

1.3 研究内容

本书按照风险根源识别、科学度量与有效规避的逻辑主线，从理论和实证两个维度开展研究内容，即在明晰碳市场风险概念的基础上，探讨碳市场风险特征、集成测度方法与最优对冲策略。首先，明确碳市场风险产生的机理与根源，即多源风险特征。只有充分认识风险来源，才能准确测度风险。其次，认清风险因子之间的动态相依性特征之后，由此带来的风险如何度量。最后，掌握碳市场风险特征和风险度量方法之后，如何规避风险，构建科学合理的风险对冲策略。

1.3.1 碳市场价格波动与风险识别

碳价波动对二氧化碳排放权交易市场的风险管理至关重要。能源价格和宏观经济因素会导致碳价变化，使碳市场比其他市场更不稳定。然而，现有研究忽略了不同碳价水平上这些决定因素的影响是否会发生变化。为了填补这一空白，本书采用半参数分位数回归模型，探讨不同分位数下能源价格和宏观经济驱动因素对碳价的影响。分析了能源价格与宏观经济因素对碳市场价格的影响机制；提出了半参数分位数回归，将能源价格设为参数项，宏观经济变量设为非参数项。观测到我国碳市场数据的非正态性与非线性特征；实证考察了北京、湖北和深圳碳排放权交易试点能源价格与宏观经济状况对碳价的影响；得出了不同碳价分布下各种影响因素作用显著不同的结论；对我国碳试点及全国统一碳市场的发展提出了相关对策建议。

科学判断碳价波动特征并以此为基础构建具有较高适用性与较强性能的预测方法，帮助参与碳市场的控排企业和投资机构规避风险，有利于政府相关部门掌握碳价波动规律，完善碳市场交易机制。碳价预测的核心挑战在于如何充分考虑序列的数据特征，有针对性地设计出与之匹配度最高的预测模型，提高预测能力。现有文献侧重于高精度低效率的点预测，为了追求数值计算上的准确度而耗费大量时间成本。然而，事实表明，计算市场价格的精确数字对于实际信息用户而言并不是绝对必要的，而碳价变化空间的预测则有助于投资者抓住套利机会进而做出合理的投资决策。从碳价波动特征角度对预测模型进行研究，主要包括：从主流时间序列预测方法出发，按照传统计量模型、人工智能模型与混合模型三个类别划分整理文献并发掘推动模型演化发展的本质规律；引入复杂时间序列前沿分析技术"数据特征驱动建模"思想，以碳价波动特征为分析框架对碳价预测建模过程进行深入探讨；引入模糊信息粒化（FIG）工具来处理具有非平稳和非线性特征的碳价时间序列，为快速空间预测模型提供合适的解决方案。研究发现，碳市场价格波动遵循一个复杂的非平稳、非线性时间序列过程，预测碳价对政策制定者和市场参与者来说是一项重要而具有挑战性的任务。为了获得更好的非线性逼近能力，采用计算智能技术构建预测模型，涉及人工神经网络、模糊逻辑、进化算法、支持向量机和混合模型等。提出一个新的碳价变化空间预测模型，以弥补以往点预测方法的不足；通过引入模糊信息粒化（FIG）工具来处理具有非平稳和非线性特征的碳价时间序列，为快速空间预测模型提供合适的解决方案；构建基于 FIG – SVM 的碳价变化空间预测模型，减少 SVM 的输入尺度，提高预测效率；以欧盟碳排放权交易体系和中国碳排放权交易试点为特定研究对象，验证模型具有良好的可推广性。

1.3.2　碳市场风险测度

中国商业银行等金融机构在参与国际碳金融业务时面临复杂多变的市场环

境，其风险评估及预警体系的构建需要考虑风险因子的多源性与相依性，对碳金融市场集成风险进行科学测度具有重要意义。本书采用非参数核估计方法确定碳金融市场价格波动与汇率波动两类风险因子的边缘分布，并通过拟合优度检验选择最优 Copula 函数准确刻画风险因子之间非线性、动态的相依结构，实现对集成条件风险价值 CVaR 的有效测度。通过 Kupiec 回测检验及对比各类传统风险测度方法的优劣，发现非参数 Copula - CVaR 模型能够弥补传统风险测度方法在度量多源风险因子相依性时存在的局限性，避免参数法确定边缘分布时可能出现的模型设定风险与参数估计误差，充分考虑尾部风险，为碳金融市场集成风险测度提供新思路。

针对碳市场风险测度问题，界定了碳金融市场风险多源性概念；采用非参数核估计方法确定碳金融市场价格波动与汇率波动两类风险因子的边缘分布；准确刻画了多源风险因子之间的非线性、动态相依结构；构建了基于非参数 Copula - CVaR 模型的碳金融市场集成风险测度模型；通过 Kupiec 回测检验对比分析了各类风险测度方法的优劣；验证了基于非参数 Copula - CVaR 模型在解决碳金融市场集成风险测度问题时的有效性；以中国商业银行等金融机构在参与国际碳金融业务时面临的多源风险为例，设计出合理有效的碳金融市场风险识别与评估机制，并给出了相应的对策建议。

1.3.3　碳市场风险对冲策略

有效的对冲策略对于降低碳市场参与主体的价格波动风险具有重要意义。通过对欧盟碳排放权交易体系 EU ETS 的主要交易产品 EUA 进行考察，发现半参数模型比非参数和参数模型在估计碳市场下方风险时更加符合给定数据样本的尖峰厚尾分布。因此，以 CVaR 作为风险目标函数，提出基于 Cornish - Fisher 展开式的半参数估计最小 CVaR 模型的碳市场风险对冲策略。CVaR 的 Cornish - Fisher 展开在不做任何分布假设下把风险因子的三阶矩和四阶矩信息包含进来，是对传统方法的重大改进。通过与传统的最小方差模型进行样本内和样本外的对冲绩效对比，得出结论：无论使用标准差还是条件风险值作为有效性评价准则，半参数最小 CVaR 风险对冲策略在样本内具有更好的对冲绩效，显著优于传统的最小方差风险对冲模型，而样本外数据并未得出一致的结论。

针对碳市场风险对冲问题，提出以条件风险价值 CVaR 为目标函数度量碳市场风险的理论依据；构建了基于半参数估计最小条件风险价值（CvaR）的碳期货套期保值模型；提出了一种基于 Cornish – Fisher 展开式的半参数方法估计条件风险价值（CvaR）；以欧盟碳排放权交易体系 EU ETS 的主要交易产品 EUA 为例实施套期保值策略；发现了半参数模型比非参数和参数模型在估计碳市场下方风险时更加符合给定数据样本的尖峰厚尾分布；对比分析了各种套期保值模型的对冲绩效，得出结论：半参数最小 CVaR 套期保值策略在样本内具有更好的对冲绩效。研究成果对碳市场参与主体制定更好的风险管理决策提供了理论支持。

第2章　国内外研究综述

随着全球应对气候变化步伐的加快，学术界也越来越关注与碳排放相关的问题。近五年来的文献较多，碳金融已成为国内外专家学者的焦点话题。越来越多的学者研究碳市场的规律，赞同运用金融创新、开发金融衍生工具等市场化手段，实现对全球碳排放规模的逐步控制。这些文献研究对政府及碳交易利益相关者掌握碳市场运行规律、制订并完善碳交易法则、加强碳市场风险管理等方面起到了举足轻重的作用。这些文献的贡献有些体现在方法上，将国外经典的时间序列模型与近年来兴起的数据挖掘相结合所做出的创新，有些则得出了很多有价值的结论，每一方面的贡献都是不容忽视的。

碳交易市场的特殊性决定了碳市场价格的非线性、复杂相关性和波动非对称性等特点，而碳市场风险是价格波动的综合体现，风险计量的本质是对价格序列信息的提取与建模。目前，关于碳市场风险管理的研究主要集中在：一是碳价波动风险识别；二是碳市场风险测度；三是碳市场风险对冲。

2.1　碳市场价格波动与风险识别研究

碳交易市场产品价格由于受政策性事件、供求关系、同类替代产品等多方面因素的影响，导致碳资产价格存在波动，因而给参与碳交易市场投资者带来了较大的收益的不确定性，碳价的波动也会影响参与减排企业的生产经营相关的决策活动以及碳交易市场整体发展的平稳性。可见，碳价波动是进行碳交易市场风险管理的关键问题。国内外文献在碳价波动风险识别方面的研究划分为五类具体问题：第一，碳期货与现货市场之间价格联动性研究；第二，碳价波动行为特征分析；第三，碳价波动影响因素分析；第四，碳价波动预测；第五，碳定价模型研究。

2.1.1　碳市场价格联动性

国外早期文献主要集中在碳期货与现货市场之间价格联动性问题上，得出的结论主要有碳期现货市场之间存在协整关系、领先滞后关系及因果关系（Uhrig‐Homburg and Wagner，2009；Milunovich and Joyeux，2010；Rittler，2012；Gorenflo，2013；Koop and Tole，2013；Schultz and Swieringa，2014）。这些文献发现碳期货市场会首先捕捉到新信息，然后价格波动会逐渐从期货市场转移到现货市场，即强调了碳期货的价格发现功能，对现货价格波动具有显著的引导作用等。国内文献采用经典的计量经济学模型方法（如多元 GARCH 模型、向量自回归、协整检验、格兰杰因果检验等），也得出类似的结论，即期现货价格之间存在长期均衡关系和价格引导作用（王玉和郇志坚，2012；张浩等，2013）。

现有关于碳配额期货市场方面的研究涵盖了期货市场是否处于均衡状态、现货市场和期货市场间的价格溢出效应、不同期货市场间的联动关系和信息传递以及在价格发现过程中哪个市场处于主导地位。在价格发现过程的研究中，采用的模型大多是 Granger 因果检验、协整检验、向量误差修正模型、方差分解和脉冲响应函数，这些都是判定有无价格发现功能的研究。而实际中，哪些因素影响价格发现功能的实现也是值得考虑和研究的方向。信息知情者将信息转化到价格中，而套利者则将跨市场和资产的信息转化到价格之中。然而，不同的市场结构可能导致信息知情者更偏好在某一个市场上进行交易，因此市场结构对于价格发现过程具有重要作用。如果在所有交易所中，参与竞争的交易者将各自拥有的信息转化为同一个价格，那么在竞争性的交易所之间高度分散的交易可能导致信息更加透明的环境。但是，分散化的交易最终会使订单和价格发现归集到一个交易所中，不同交易所之间的交易成本和流动性对此具有重要影响。

2.1.2　碳市场价格行为特征

对碳价波动行为特征的描述，文献采用了不同的方法，各自强调了方法上的优越性和结论的重要性。第一类是针对碳价波动的非线性行为特征研究（Arouri et al., 2012；吕勇斌和邵律博，2015；Cao and Xu，2016）。第二类是针对碳市场价格运行的均值回归特征（张跃军和魏一鸣，2011；刘维泉和张杰平，2012），得出了不同的结论。第三类是针对碳市场价格波动的跳跃行为（Chevallier and Sévi，2015；胡根华和吴恒煜，2015），研究发现跳跃是碳价序列非常普遍的特点。第四类是文献综述（Segnon et al.，2017），全面列举并对比分析了碳市场价格波动建模及预测方法的优劣。

Arouri 等（2012）采用 STR - EGARCH 与 VAR 模型对 EU ETS 第二阶段 EUA 现货、期货价格进行分析，发现两者呈现非对称性、非线性的特征。吕勇斌和邵律博（2015）通过 GARCH 族模型对中国碳排放权交易市场中碳价波动特征进行实证研究，发现各试点城市价格变化并不一致，其中深圳碳排放序列波动存在微弱的非对称性效应，而且表现为弱杠杆效应。上海、广东碳排放序列波动存在显著的"非对称性"效应。Cao 和 Xu（2016）采用基于经验模态分解（EMD）的多重分形波动分析（MFDFA）方法，考察了 EUA 与 CER 碳期货市场价格的非线性多重分形特征。张跃军和魏一鸣（2011）引入均值回归理论、GED - GARCH 模型和 VaR 方法检验 EU ETS 的碳交易期货市场价格、收益和市场波动，发现它们均不服从均值回归过程，运行特征具有发散性，暂时不具有可预测的特性。而刘维泉和张杰平（2012）得出的结论是在 EU ETS 第一阶段交易的 DEC07 期货价格不存在均值回归特征，而 EU ETS 第二阶段交易的 DEC09、DEC10 和 DEC11 期货价格均有均值回归特征，EUA 期货价格具有可预测的长期趋势。Chevallier 和 Sévi（2015）通过对 EUA 期货价格的实证考察，发现碳期货价格的随机过程存在许多大跳跃和小跳跃，引起大跳跃的因素来自机构信息的发布和能源市场与宏观经济的冲击。胡根华和吴恒煜（2015）通过构建常数跳跃强度模型研究不同发展阶段 EUA 收益率数据的跳跃行为，发现碳排放权交易市场 EUA 收益率发生异常波动，且这种异常波动的状态将会保持一段时间，在不同阶段 EUA 现货市场的跳跃呈现动态的时变性。

2.1.3　碳市场价格波动影响因素

碳价波动影响因素分析，文献采用了不同方法。第一类方法是采用经典的计量经济学方法，即向量自回归（VAR）模型、贝叶斯结构 VAR（BSVAR）、分位数回归模型、协整检验、格兰杰因果检验、脉冲响应函数和方差分解分析等方法（刘纪显等，2013；Hammoudeh et al.，2014；Koch，2014；Yu and Mallory，2014；Kanamura，2016；赵立祥和胡灿，2016）。第二类方法是综合运用结构性断点检验、协整技术和岭回归方法分析碳市场价格驱动因素和驱动模式（朱帮助，2014）。第三类方法是采用 Zipf 方法分析碳价的动态变化以及投资者期望收益和投资尺度对碳价的影响。该方法的研究结论比较新颖，即投资尺度越长，价格波动越大，看跌概率越大。预期收益越低，碳价涨跌变化频率越低（Zhu et al.，2014）。第四类方法是采用非线性时间序列分析方法（Sousa et al.，2014；Cao and Xu，2016）。

第一类文献虽然都是影响因素分析，但所分析的因素和得出的结论不同。刘纪显等（2013）研究碳期货价格受到能源股价变动的影响，Hammoudeh 等（2014）采用不同方法考察碳价受能源如原油、煤炭、天然气和电力价格波动的影响；Koch（2014）等考察 EUA 价格出现大幅下降的影响因素；Yu 和 Mallory（2014）考察汇率的冲击对碳市场的影响。Kanamura（2016）指出 EUA 市场碳价受能源价格波动的影响大于 CER 市场。赵立祥和胡灿（2016）运用结构方程模型对碳排放权交易体系框架覆盖下企业的碳交易价格影响因素进行了实证研究，发现市场环境是碳交易价格的最主要影响因素，政策因素和气候变化是碳交易价格的主要影响因素，能源价格对碳交易价格也有一定的影响，但影响效果不明显。第四类文献中，Sousa 等（2014）用多元小波分析考察欧盟排放交易体系中碳排放价格与能源如电力、天然气和煤炭价格之间的非线性相关，结果显示，煤价是碳价波动的诱因，碳价是电价波动的诱因，碳价波动与经济发展呈正相关。Cao 和 Xu（2016）用基于最大交叠小波变换的多重分形去趋势互相关分析（MFDCCA‐MODWT）考察碳市场与能源市场的非线性相关关系。

2.1.4　碳市场价格波动性预测

碳价波动性预测方面，文献从三个角度出发采用不同方法：经典计量经济模型 GARCH、隐含波动率和长记忆模型（Byun and Cho，2013；Viteva et al.，2014；Gil‐Alana et al.，2016）、数据挖掘技术如粒子群优化、支持向量机和

K 最近邻等方法（朱帮助和魏一鸣，2011；高杨和李健，2014；Liu et al.，2017）、计算智能技术中的神经网络预测模型（Atsalakis，2016）。

Byun 和 Cho（2013）检验了三类预测模型对 EUA 碳价波动率的预测能力，第一类是 GARCH 族模型，包括 GARCH、EGARCH、TGARCH 和 GJR - GARCH；第二类是隐含波动率（Implied Volatility，IV）模型；第三类是数据挖掘经典算法中的 K 最近邻（K - Nearest Neighbor，KNN）模型。研究结果有两个重要发现：一是正态分布假设下的 GJR - GARCH 模型的预测效果显著优于其他两类模型；二是前日能源价格的波动（原油、煤炭、电力等）显著影响次日碳价的预测结果。Viteva 等（2014）用隐含波动率模型预测碳期货价格，虽然结果显示提高了预测准确性，但却不支持无偏性假设。Gil - Alana 等（2016）提出一种新的基于结构突变、长记忆非线性确定趋势的碳价预测模型，对 EU ETS 碳价长程持续性进行预测。朱帮助和魏一鸣（2011）针对国际碳市场价格预测建模输入节点和模型参数难以确定的问题，通过建立基于数据分组处理方法（GMDH）—粒子群优化（PSO）—最小二乘支持向量机（LSS-VM）的国际碳市场价格预测模型，对欧盟排放交易体系两个不同到期时间的碳期货价格进行实证分析，取得了令人满意的效果。高杨和李健（2014）通过建立基于经验模态分解（EMD）—粒子群优化（PSO）—支持向量机（SVM）的国际碳金融市场价格误差校正预测模型，为碳价预测提供了新的方法和借鉴。Liu 等（2017）通过分析 EUA 碳期货市场的价格波动特征及趋势预测，提出一种改进的基于粒子群优化（PSO）—遗传算法（GA）的移动平均准则，该准则可以随时根据碳期货市场价格变化动态调整投资决策，能够较大地提高碳期货交易者的投资收益。Atsalakis（2016）提出从计算智能的角度提高碳价预测准确性，三种计算智能技术分别为：称为 PATSOS 的混合模糊神经网络控制闭环反馈机制、人工神经网络 ANN 和自适应模糊神经推理系统的 ANFIS。该方法的优势在于估计过程不需要任何前提假设条件，并能够捕捉到碳价的非线性特征。

2.1.5 碳定价问题

碳定价研究的理论基础分为古典价格理论和现代投资理论。古典价格理论主要有两个分支：一是持有成本理论，二是预期理论。目前对碳排放权期货定价的研究还没有一个定论，有些学者认为可以使用持有成本模型对碳排放权期货进行定价，有些学者建议使用基于跳跃扩散过程的均衡定价模型对期货价格进行模拟，还有学者建议使用 GARCH 模型对碳排放权期货进行模拟。相关文献包括：Uhrig – Homburg 和 Wagner（2009）采用持有成本期货定价模型对 EU – ETS 第一阶段的期货价格数据进行研究，发现由于 EUA 期货在第一阶段到期时不能跨期流动，造成碳配额明显的供大于求，在第一期期末时价格甚至暴跌至 0 欧元附近。Benz 和 Truck（2009）通过研究发现状态转换方程和 AR – GARCH 模型相结合的方法对碳价短期波动行为建模十分有效，该模型适用于碳期权等衍生产品的定价。Daskalakis（2009）通过考察欧盟碳排放权交易体系下三大主要市场 Powernext、Nord Pool 和 ECX 的期现货数据，分析影响碳定价的因素如跳跃性与非平稳特征、碳配额流动性限制等，发现虽然在碳期货定价中持有成本模型仍然可用，但准确碳定价有必要考虑随机过程与均值回复便利收益因素，为期货定价构建出考虑跳跃扩散过程的新理论框架。Chevallier（2011）通过建立非参数模型，对碳市场定价问题进行分析。结果显示，碳现货和碳期货的条件均值方程均具有很强的非线性特征，但是两者的条件波动方程的非对称性和异方差性却大相径庭；非参数模型可以很好地拟合碳价波动特征，比线性自回归模型大大降低了预测误差。Wang（2016）通过建立考虑跳跃过程的碳期货定价模型解决定价模型空间离散化问题，发现完全离散方案的稳定性和收敛性比封闭式解决方案和蒙特卡洛仿真解决方案表现出更好的收敛性和鲁棒性。Ibrahim 和 Kalaitzoglou（2016）提出一种动态联合预期定价模型（称为双 DJM 模型），并用它来分析欧盟碳期货市场各个发展阶段的价格信息。该模型的优势在于考虑了价格信息的显著非对称性特征和预期交易密度的影响。Li 等（2016）提出一种基于 RSJM（Regime – Switching Jump Diffusion）的碳期货定价模型，用隐马尔科夫链捕捉碳价波动聚集和跳跃特征。通过实证对比分析其他经典定价模型 BSM（Black – Scholes Model）和 JDM（Jump Diffusion Model）的定价效果，发现当考虑机制转换风险时带随机便利收益的 RSJM 定价模型的效果最好，主要原因是碳市场频繁受到碳排放政策影响导致马尔科夫不确定性机制转换风险成为碳定价的重要影响因子。Liu 等（2017）通过分析揭示碳定价对于节能减排的效果，并建议中国相关部门应尽早完善碳定价机制。Kim 等（2017）分别建立三类模型（包含单纯扩散项的 SV 模型、考虑收益跳跃特征的 SVJ 模型、考虑收益与波动跳跃特征的 SVCJ 模型）对 EUA 期货价格波动进行深入考察，揭示了三个重要特征：一是期货价格呈现出非常显著的随机波动特征；二是不管是否考虑跳跃过程期货价格的杠杆效应都很明显；三是跳跃特征对波动估计有很大影响。采用跳跃随机波动（Jump－SV）模型对 EUA 碳期货进行定价研究，该方法考虑了价格波动的均值回复过程，在定价效率上比传统的 B－S 期权定价模型有所改进。

国内学者朱跃钊等（2013）采用 B－S 定价模型对碳排放权进行定价分析，得到针对欧盟配额 EUA DEC－11 合约的碳排放权理论定价，虽然对中国碳交易没有直接的借鉴作用，但为中国碳排放权定价的理论研究提供了新的思路与方向。冯路和何梦舒（2014）基于无套利思想，针对碳排放权期货构建完全市场条件下的持有成本定价模型、放松完全市场假设条件的期货定价模型（包括无套利定价区间模型、连续时间定价模型及一般均衡定价模型）和不完全市场条件下的期货定价模型，并从理论上对比分析了几种模型的优劣。针对中国市场，该文献特别强调中国碳排放权期货市场的模拟交易数据波动性大，无法满足不完全市场条件下期货定价模型的参数估计要求。徐静等（2015）采用基于完备市场下的定价方法，首先建立 GARCH 模型估计欧盟 EUA 碳价波动率，然后结合 BS 定价模型得到碳排放权期权的理论价格。张晨等（2015）将 GARCH 模型和分形布朗运动结合引入碳金融期权定价研究中，通过对欧洲 EUA 期货收盘价的样本数据检验，发现存在尖峰厚尾、条件异方差性和分形特征，采用 GARCH 模型拟合并预测碳价收益率波动率，将预测的波动率作为输入值代入分形布朗运动期权定价方法，运用蒙特卡罗模拟对 EUA 期货期权进行定价，并与 B－S 期权定价法比较，基于 GARCH 分形布朗运动模型的碳期权定价法预测精度有显著提高。

2.2　碳市场风险测度研究

在碳市场风险测度方面的文献主要采用将风险价值（VaR）、极值理论（EVT）、Copula 函数、随机波动（SV）模型及 GARCH 族模型等相结合的方法。主要划分为以下几类：第一类方法是将 VaR 与极值理论（EVT）和 GARCH 族模型相结合；第二类方法是引入 Copula 函数刻画动态相依性，计算风险价值 VaR；第三类方法是利用随机波动（SV）模型，计算风险价值 VaR；第四类是其他综合评价类或较少用到的方法。

（1）将 VaR 与极值理论（EVT）和 GARCH 族模型相结合的方法（杨超等，2011；Feng et al.，2012；蒋晶晶等，2015；Reboredo and Ugando，2015）。这类文献的观点是在度量碳市场的极端风险问题上，基于 GARCH 模型和极值理论的 VaR 优于其他方法。以杨超等（2011）的文献为例，该文献最具特色。具体方法是将 Markov 波动转移引入 VaR 的计算，首先建立 SWARCH 模型与 MS - GARCH 模型描述价格波动的阶跃特性，直接测算动态 VaR；其次采用 POT 模型拟合标准残差序列的右尾超门限分布，确定极值分位数；再次测算动态 VaR；最后通过回测检验选取最优风险值。

（2）引入 Copula 函数刻画动态相依性，计算风险价值 VaR（吴恒煜和胡根华，2014；江红莉等，2015；张晨，2015）。该类文献一般都是借用 Copula - GARCH 模型，先分析尾部相关系数动态演化过程，然后结合动态相依性分析模拟国际碳市场风险价值 VaR。这些文献中以张晨等（2015）所研究的问题最具特色。该文献针对目前中国的商业银行参与碳金融业务面临国际碳价波动、碳交易结算货币汇率波动等诸多风险，且多源风险因子之间具有业务共生性和复杂相关性的问题，构建 Copula - ARMA - GARCH 模型，并利用 Monte Carlo 模拟计算碳市场多源风险的整合 VaR。该文献最大的特色在于将碳价波动风险和汇率风险通过 Copula 函数加以整合，计算整合后的碳市场风险 VaR。但是，该文献在确定 Copula 的边缘分布时，是通过参数法，即构建 ARMA - GARCH 模型来拟合边缘分布。而有文献（黄金波等，2014）指出，相对于参数半参数方法，非参数方法的优点能够给出较为准确的风险估计。因此，在这个细节问题上是否应该进一步考虑多选用几种方法进行比较。

（3）利用随机波动（SV）模型，计算风险价值 VaR（刘维泉和郭兆晖，2011）。该方法是采用刻画杠杆效应的随机波动（Leverage - SV）和跳跃随机波动（Jump - SV）等模型，即在一般随机波动模型的基础上加入杠杆效应或描述波动的跳跃项，利用 MCMC 方法估计随机波动模型参数，以 DIC 准则综合考虑模型的优劣；并利用随机波动模型估计 EUA 期货的市场风险 VaR。该文献的观点是 Leverage - SV 模型估计的 VaR 有效性较高。

（4）其他综合评价类或较少用到的方法。杜莉等（2014）结合国外碳金融交易的实践，归纳了碳金融交易中各类风险的特征与内容，对比分析了各类风险不同评估方法的优劣。Chevallier（2013）采用一种新的方差风险溢价方法研究碳市场风险，方法简单。研究结论为碳市场存在系统方差风险因子，要求更高的风险溢价；而且方差风险溢价是时变的，可以用来预测碳收益。Zhou 等（2016）用支持向量机（SVM）预测特定企业的碳风险，帮助企业识别和管理碳风险。

2.3　碳市场风险对冲策略研究

以上文献都是对碳市场波动规律及风险测度的总结，研究结论都力证了碳市场存在风险。碳市场作为一种新型市场，不仅受到市场机制的作用，还受到外界不稳定环境的影响，如国家政治（气候谈判）、气温、减排配额的分配、汇率波动等。这些因素使碳价出现较大幅度波动（Alberola and Chevallier, 2009）。有风险就要想办法规避，即交易者迫切需要一种避险工具。而碳期货正是利用其特有的风险规避功能，通过"两面下注"进行"反向操作"以盈利补偿亏损，达到规避碳现货价格波动风险的目的。早期研究碳期货的风险规避功能方面的文献（Chevallier, 2010），提出有效评估碳排放价值是交易者规避风险和风险对冲的重要手段。研究碳期货的风险规避功能有利于帮助市场参与者优化调整碳排放资产的风险对冲组合策略，增强资产组合的风险管理能力。Lucia 等（2015）通过时间序列分析发现欧洲碳市场不同时间段投机与风险对冲行为动态演化，在绝对多数情况下第一季度投机行为显著，导致对期货合约的风险对冲需求增加。Rannou 和 Barneto（2016）从量价关系角度考察欧盟碳市场期货交易的非对称性特征，并指出量价关系因素影响风险对冲效果。在碳期货风险对冲核心问题研究上，文献采用了不同的方法。主要划分为以下几类：第一类方法是以 GARCH 族模型为基础，计算风险对冲比率；第二类方法是引入 Copula 函数，且不用 GARCH 族模型刻画波动特征，而以 SV 模型代之；第三类方法是从便利收益的角度，建立风险对冲模型。

（1）以 GARCH 族模型为基础，研究碳期货风险对冲问题（Fan et al., 2013；Chang and Wang, 2013；刘维泉等，2013；Balcilar et al., 2016）。这类文献又根据是否对 GARCH 模型有所修改补充及如何补充，划分如下：第一，将几种估计期货风险对冲比率的常用模型逐一加以运用，即采用最小二乘法（OLS）、向量误差修正模型（VECM）和误差修正的 GARCH – BEKK 模型对

EU ETS 进行风险对冲比率计算及对冲绩效评价（Fan et al.，2013；Chang and Wang，2013）。Fan 等（2013）采用最小二乘法（OLS）、向量误差修正模型（VECM）和误差修正的 GARCH - BEKK 模型对欧盟 EU ETS 的 CER 期现货数据进行风险对冲比率计算及对冲绩效评价。结果出乎意料，复杂的动态可变风险对冲比率模型并没有表现出绝对的优势，而是简单 OLS 模型在降低方差提高效用方面表现较好。与此相反，Chang 和 Wang（2013）采用 ECM - GARCH 及改进的 ECM - GARCH 模型估计欧盟 EU ETS 的 EUA 期现货风险对冲比率，发现时变风险对冲比率模型比常数风险对冲比率模型的表现显著提高，尤其是改进的 ECM - GARCH 模型风险对冲效果最好。第二，对 GARCH 族模型稍作补充，即引入跳跃项，构建二元跳跃广义条件异方差（ARMA - GARCH - Jump）模型研究 EUA 期货的风险对冲问题（刘维泉和许余洁，2013）。该文献发现通过 GARCH - Jump 模型得到的最优风险对冲比率是时变的，能有效地降低投资组合收益的方差，进而规避碳现货价格波动风险。第三，将马尔科夫状态转换和 GARCH 模型相结合构建 MS - DCC - GARCH 模型估计最优权重、风险对冲有效性和动态风险对冲策略，发现欧盟碳市场不同承诺期的风险对冲有效性显著不同（Balcılar et al.，2016）。

（2）引入 Copula 函数，且不用 GARCH 族模型刻画波动特征，而以 SV 模型代之（贺晓波等，2015）。具体方法是选取随机波动（Stochastic Volatility，SV）模型拟合边缘分布，然后利用二元 Copula - t 函数刻画联合分布函数，求解使套保组合风险最小化的最优风险对冲比率。该文献的特点是在刻画波动特征的两类模型选取上，舍弃 GARCH 族模型而选用 SV 模型。强调其理由为 SV 模型假设波动率这个随机变量与过去观测值无关，在刻画波动持续性的能力方面比 GARCH 族模型更具优势。该文献得出的结论为基于 Copula 方法最优风险对冲的下偏矩风险小于未利用期货进行风险对冲的下偏矩风险，且小于基于非参数方法和正态假设法最优风险对冲比率的下偏矩风险；此外，风险厌恶系数越大，目标收益率越高，下偏矩风险越大。

（3）从便利收益的角度，建立二因素碳排放风险对冲比率模型（常凯，2013）。该方法突破传统研究方法，考虑到碳排放的便利收益这一因素，运用卡尔曼滤波法对二因素碳排放期货定价模型进行模拟分析，并最终计算出风险对冲比率。其中，二因素碳排放风险对冲比率主要与碳排放现货和便利收益的波动率及其相关系数、距离到期日时间、便利收益均值回复速度等参数存在紧密关联性。该文献的最大贡献在于基于碳排放期货价格期限结构，提出一种新的在随机便利收益下动态风险对冲方法，使市场投资者可以运用商品期限结构参数确立动态的风险对冲比率，实时地优化调整碳排放现货与期货资产的投资组合头寸，有效地规避碳排放市场交易风险。

2.4　文献评述

以上文献在碳市场风险测度与对冲模型方法上的探索已取得较大成果，做出重要贡献，但是多数文献较少关注风险的多源性特征。碳市场风险来源复杂，尤其是当前国内碳交易者参与国际交易时面临碳价波动和汇率波动的两大风险。因此，有必要对碳市场多源风险进行整合度量。以上文献在碳市场风险对冲模型的构建问题上已取得较大进展，但是仍然存在未充分考虑尾部风险且无法准确拟合数据的尖峰厚尾分布特性等问题，值得深入探讨。具体评述包括：

（1）现有文献忽视复杂市场环境下碳市场风险因子的多源性与动态相依性问题。

在碳市场风险测度研究中，现有文献基本聚焦于单一风险的测度问题，较少关注市场的多源风险因素，在度量方法上主要是将 VaR 与极值理论（EVT）和 GARCH 族模型相结合。而实践表明，碳市场风险来源复杂，尤其是国内碳交易主体参与国际交易时面临碳价波动和汇率波动两大风险，风险评估及预警体系的构建需要考虑风险因子的多源性与动态相依性，对碳金融市场集成风险进行科学测度具有重要意义。因此，有必要对碳市场多源风险进行整合度量。现有研究都还是属于参数和半参数模型的范围，基本上还没有涉及运用非参数模型研究该问题。Chevallier（2011）采用非参数模型研究碳市场问题，发现碳现货和碳期货的条件均值方程均具有很强的非线性特征，相较于线性自回归模型，非参数模型能减少 15% 的预测误差，说明非参数模型可以很好地拟合碳价波动特征。黄金波等（2014）指出相对于参数半参数方法，非参数方法的优点是能够给出较为准确的风险估计。因此，在采用 Copula 函数构建多源风险因子相关结构的问题上，考虑通过非参数方法拟合边缘分布具有一定优势。

（2）现有文献在构建碳市场风险对冲模型时未充分考虑尾部风险与数据尖峰厚尾分布特性。

第一，现有研究多采用的传统风险度量方法 VaR 没有充分考虑尾部风险，即未考虑超过 VaR 水平的损失。为评估和管理碳市场价格风险，将金融市场风险度量的常用方法——风险价值（VaR）应用到碳市场风险研究中。然而，该方法在一般条件下不满足一致风险测度理论中的次可加性公理，即组合的 VaR 可能会大于组合中各资产的 VaR 之和，因而可能会出现不鼓励分散化的情况；而且 VaR 没有充分考虑尾部风险，因而其所提供的信息可能会误导投资者。鉴于 VaR 存在诸多不足，提出用条件风险价值（CVaR）来替代 VaR。CVaR 是损失额超过 VaR 的期望值，是一种一致性风险度量方法，它不仅具有 VaR 模型的优点，同时也具有次可加性、凸性等优良的理论性质。条件风险价值充分考虑了风险对冲组合的尾部损失，在风险对冲策略的应用上优于风险价值 VaR。

第二，为了能推导出用于实际操作的最优风险对冲比率，需要有效的方法对 VaR 和 CVaR 模型进行计算，而此工作具有一定挑战性。目前计算风险价值的方法主要有非参数方法、半参数方法和参数方法。在非参数范畴使用历史模拟法（HS）估计 VaR 的主要缺陷在于需要大量数据来对尾部进行稳妥估计，这是由于数据自身不同寻常的"厚尾"现象造成的；而数据的更多模拟是有代价的，容易失去历史收益中的序列相关性，因而其应用受到局限。而参数法需要对数据人为地设定某种分布，如正态分布、t 分布等，与实证分析发现的尖峰厚尾分布往往不一致。鉴于此，提出一种基于 Cornish－Fisher 展开式的半参数估计方法对条件风险价值（CVaR）进行估计，以提高估计的准确性与风险对冲效率。CVaR 的 Cornish－Fisher 展开在不做任何分布假设下把风险因子的三阶矩和四阶矩信息包含进来，是对传统方法的重大改进。

（3）现有文献在碳价波动预测问题上侧重于高精度低效率的点预测，为了追求数值计算上的准确度而耗费大量时间成本。然而，事实表明计算市场价格的精确数字并非绝对必要。例如，股票投资者更适合通过预测未来股票价格的变化空间并从中获利，而不是获取一些具体的股票价格数字。股价变化空间的预测有助于投资者抓住套利机会进而做出合理的投资决策。同样的原则也适用于碳市场。因此，对于大多数投资者来说，真正重要的是对碳价进行变化空间预测，而非点预测。但是，很少有文献预测碳价的变化空间，这对于投资者提前估算最大或最小损失并做出最佳决策非常重要。据此，有必要提出一个新的基于模糊信息粒化和支持向量机（FIG – SVM）的碳价变化空间预测模型来填补这一空白，弥补以往点预测方法的不足。正如 Zadeh（1979）首次提出的，通过模糊信息粒化（FIG）处理的原始数据来弥补点预测的不足。这个有用的工具为开发具有非平稳和非线性特征的复杂时间序列过程的快速空间预测模型提供了适当的解决方案（Ruan et al.，2013）。通过引入模糊信息粒化（FIG）工具来处理具有非平稳和非线性特征的碳价时间序列，为快速空间预测模型提供合适的解决方案，在实践中为投机者抓住套利机会提供若干重要启示，为决策者管理碳市场波动风险提供早期预警。

第3章 碳市场交易行为 特征与运行效率

3.1 问题的提出

近年来，由气候变化引起的各种自然灾害事件频发，人民的生命财产安全受到严重威胁，引起全世界各国对气候变化的高度关注。温室气体增加是导致气候变化的主要原因，而二氧化碳是温室气体中含量最高的，因此如何减少二氧化碳排放成为应对与缓解气候变化的关键路径。1997 年，为促进各国完成温室气体减排目标，《京都议定书》规定了三种减排方式：国际排放权交易机制、联合履约机制、清洁发展机制，这标志着全球碳排放权交易的兴起。据《国际碳行动伙伴组织（ICAP）2020 年度碳市场进展报告》统计，截至 2020年 3 月全球正在运行的碳排放权交易体系数量已增加到 21 个，其中交易量最大、市场最为活跃的是欧盟碳排放权交易体系（EU ETS）。自 2005 年 EU ETS成立以来，国际碳交易市场已经运行了 15 年，而相比于发展较为成熟的国际碳市场，中国碳交易市场仍处于起步阶段，2011 年起开展分批分试点建设，先后在深圳、上海、北京、广东、天津、湖北、重庆、福建八个省市建设碳排放权交易试点。在充分借鉴点经验的基础上，于 2017 年 12 月启动中国统一碳市场。在各碳交易试点运行过程中，有研究表明，碳市场受各试点不同市场条件、交易制度、配额政策等诸多因素的影响，中国碳交易试点配额价格呈现出明显的波动性，由此产生一定的风险（Song et al.，2019；Lyu et al.，2020；Liu et al.，2020）。因此，有必要探索一种能够有效刻画中国碳交易试点配额价格波动特征的方法以准确监测市场风险，提高风险预警与控制水平，保证市场安全平稳运行。利用碳交易试点数据研究其波动规律，对于更快建设高效的中国统一碳市场具有重要的前导作用和借鉴价值。

现有文献在分析碳市场价格波动现象时，往往以市场参与主体的行为偏差为出发点，基于有效市场假说（Efficient Markets Hypothesis，EMH）的线性科学理论提出相关的市场价格波动模型，如 GARCH 类模型等。Feng 等（2012）、Balcilar 等（2015）研究了 EU ETS 碳价波动，Liu 等（2020）、Lin 和 Chen（2019）、Chang 等（2017）对中国碳交易试点进行了研究。Feng 等（2012）将极值理论用于分析碳价的风险敞口并衡量碳市场的风险价值，使用 GARCH 模型建立现货市场和期货市场的价格波动模型并计算动态 VaR。Balcilar 等（2015）使用 MS－DCC－GARCH 模型来分析能源价格与碳价之间风险溢出的时间变化和结构中断。Liu 等（2020）采用杠杆随机波动（SV－L）模型对中国五个碳交易试点的价格波动进行刻画，发现五个碳交易试点的配额价格波动存在较大差异，其中深圳、广东、上海、北京碳交易试点具有"正杠杆效应"，湖北碳交易试点具有"反杠杆效应"。Chang 等（2017）使用 AR－GARCH、AR－TARCH 和 MRS－AR－GARCH 模型研究中国碳交易试点配额价格波动性、非对称聚集和机制转换行为，发现碳交易试点价格都表现出显著的动态行为、非对称效应和机制转换行为。然而，传统的有效市场假说 EMH 不能解释真实市场的非线性特征，基于该假设的市场价格波动模型难以将参与者行为偏差给予准确描述，也无法解释市场中的异常现象，如反转效应、季节效应等。针对有效市场假说 EMH 存在的不足，Peters（1994）提出了著名的分形市场假说（Fractal Markets Hypothesis，FMH），即市场价格遵循分形随机游走，收益率服从分形分布，又称为 Pareto 分布或 Pareto－Levy 分布，其概率密度函数具有统计自相似结构。该理论一经提出引起了广大学者的高度重视，在探究股票、期货、外汇等传统金融市场价格波动与风险管理等方面取得了丰硕成果（Dai et al.，2016；Lahmiri，2017；Frezza，2018；Watorek et al.，2019）。与传统金融市场相似，碳市场价格波动亦呈现出复杂的非线性、长记忆性等特征及波动聚集效应，传统 EMH 假设下广泛应用的 GARCH 类模型等存在着一定的不足，结果难以准确、动态地刻画碳市场真实特征。鉴于此，本书将使用分形理论中的多重分形消除趋势波动分析法（Multifractal Detrended Fluctuation Analysis，MFDFA），对碳市场多重分形特征和有效性进行研究，为中国碳市场的有效运行提供政策依据。

目前对于单一市场多重分形特征的主流研究方法是 MFDFA，虽然这种方法能有效地描述非平稳时间序列方法的多重分形和长期记忆特性，但也存在一定的局限性。第一，对于时间序列分析，MFDFA 需要进行去趋势处理，其中通常使用多项式函数拟合，而多项式函数阶数从 1 到 k 阶可变，无法准确选择合理阶数。第二，由于 MFDFA 方法需要将序列进行分段，每个分段都要进行趋势拟合，这个过程会导致区间上相邻分段的多项式间断拟合，从而引起伪波的新误差和波函数偏差，导致尺度指数失真（Qian et al.，2011）。针对此问题，Huang 等（1998）提出了经验模态分解（Empirical Mode Decomposition，EMD）方法，此方法为自适应分解方法，可将非线性非平稳序列分解为不同尺度的固有模态函数。Qian 等（2011）基于 EMD 方法对传统 MFDFA 进行改善，提出了 EMD – based MFDFA 方法，使用 EMD 方法提取序列的局部趋势，能有效避免多项式函数的前提假设以及拟合函数误差所带来的影响。所以本书将使用 EMD – based MFDFA 方法来研究中国八个碳交易试点的多重分形特征。此外，除了研究碳市场的多重分形特征外，通过对原始序列进行相位随机化，本书也对多重分形特征的来源进行分析，大多文献使用方法为傅里叶变换（Fourier Transform，FT）、调幅傅里叶变换（the Amplitude Adjusted Fourier Transform，AAFT）（汪文隽等，2017；张晨等，2019），这些方法均是线性替代方法，其假设序列是线性的，且当序列具有长期趋势时这些方法并不有效，但是金融时间序列大多是非线性的且具有持续性长期趋势。Nakamura 等（2006）提出了截断傅里叶变换替代（Truncated Fourier Transform Surrogate，TFTS），与线性替代方法不同，TFTS 可以在不改变长期趋势的条件下随机化相位，并且 TFTS 在进行序列替代的过程中都是随机的，因此本书将使用 TFTS 方法对原始序列进行相位随机化。

在一个信息有效的市场（有效市场）中，价格应立即且完全反映所有相关信息，然而碳市场的非典型价格波动，引起了控排企业、风险管理者、政策制定者、投资者等对碳市场有效性的关注，且碳市场有效性对某些能源问题具有重大影响，如能源消耗模式（Liu et al.，2018）、技术选择（Tian et al.，2017）、投资偏好（Manaf et al.，2016）、能源政策（Shahnazari et al.，2017），因此对碳市场有效性的研究至关重要。部分学者使用传统方法来探究碳市场有效性，如单位根检验、随机游程检验（Zhao et al.，2017），或者使用价格、交易量、市场流动性、信息透明度、配额分配等指标分析（Zhao et al.，2016；朱帮助等，2017）。然而以上方法只能检测碳市场是否有效，不能描述其有效性程度（Fan et al.，2019）。为了评估碳市场有效性程度，张跃军等（2016）、王扬雷和杜莉（2015）从碳价序列的单分形特征角度对碳市场的有效性进行测度。随着金融市场分形特征的研究深入，发现大多数金融市场具备多重分形特征，于是 Fan 等（2019）、Wang 等（2010）使用 MFDFA 分别分析碳市场、上海股票市场的多重分形特征并构建模型探讨其有效性，而其仅仅是对市场的整体有效性进行评估，无法获得有效性随时间变化的特征。基于此，本书在使用 EMD－based MFDFA 方法分析中国碳交易试点市场多重分形特征后，基于多重分形参数使用滑动窗口技术探讨碳交易试点市场有效性的时变特征。

本书基于多重分形理论，采用 EMD－based MFDFA 方法，对中国八个碳交易试点碳价收益率的波动特征进行分析，探讨多重分形特征的来源，测度碳市场的时变有效性，研究工作弥补了基于多重分形理论对中国八个碳交易试点波动特征的研究缺陷。在方法层面，采用 EMD－based MFDFA 避免了多项式拟合造成的误差，而且通过引入 TFTS 对原始序列进行相位随机化，克服了传统傅里叶变换的缺陷；在应用层面，对中国碳交易试点波动进行深层次波动特征分析，并探讨碳市场有效性的时变特征，为碳市场的风险管理进行理论支持，也给中国碳市场的有效运行提供政策指导。

3.2 理论与方法

在市场效率研究领域，传统的有效市场假说一直占据着主流地位。然而，其假设前提并不符合市场真实特性，投资者并非完全理性，市场可能处于一种更具一般性的非均衡状态，市场对信息的反应并非呈线性范式等客观事实证明：有效市场假说并不能很好地反映市场的特征。为了寻找对市场更具解释力的新理论和新模型，学者们从非线性动力学、复杂系统角度出发提出分形市场假说，认为市场并非全都满足独立、正态假设，市场存在分形结构。与有效市场假说不同，分形市场理论将市场看作非线性、开放、耗散且具有分形、混沌等特性的复杂系统，允许非均衡状态存在，市场对信息的反应呈非线性因果关系。分形市场假说将有效市场理论的线性市场假设扩展为更能揭示市场真实性的非线性市场，在某些特定条件下有效市场是分形市场的一个特例，分形市场理论可以更具一般性与普遍性，接近真实市场。因此，以非线性动力学、复杂系统为基础的分形市场理论,在当前大数据迅猛发展时代传统理论无法解释市场异象等"典型事实"的背景下,逐渐成为市场行为特征及其有效性研究中的重要领域。

3.2.1 多重分形消除趋势波动分析法

分形市场分析是通过运用一些非线性分析方法,探索市场价格行为广泛存在着的长记忆性等分形动力学特征,通过这些特征揭示价格行为的持续性、长期依赖性等分形和混沌本质。早期对分形的研究使用的是简单分形方法,只能在单一标度下研究序列的统计特征,仅仅描述价格波动的整体情况。随着分形理论逐渐完善,检验分形特征的方法日益丰富。Mandelbrot(1997,1999)发现了市场的多标度特征和标度跃迁现象,即为多重分形特征。为了研究市场的多重分形特征,Kantelhardt 等(2002)提出了 MFDFA 方法,能够充分考虑到价格波动的局部特征,清晰窥探到市场的微小波动,更全面地描述分形特征。其方法如下:

对于时间序列,x_k(k = 1,2,…,N),其中 N 为时间序列长度。

步骤 1:对原始序列进行积分,积分方法如下:

$$Y(i) = \sum_{k=1}^{i} (x_k - \bar{x}) \tag{3.1}$$

其中,i = 1,2,…N;$\bar{x}$ 为 x_k 的平均值。

步骤 2:根据不同时间尺度 s,将 Y(i) 分割成互不重叠的等长区间 N_s。

$$N_s = int(N/s) \tag{3.2}$$

由于 N 不一定能够被 s 整除,为了序列的完整性,需要将整除后的尾部剩余序列再次重复上述过程划分,得到 2Ns 个区间。

步骤 3:对每个序列的子区间,使用最小二乘法进行直线拟合,得到最小平方直线,作为此区间的局部趋势。对所有区间进行线性拟合,得到趋势信号。然后对于给定的时间尺度 s,用积分信号减去趋势信号,得到每个区间的波动信号。

$$F^2(s,\lambda) = \frac{1}{s} \sum_{j=1}^{s} [y_\lambda(j) - \bar{y}_\lambda(j)]^2 \tag{3.3}$$

其中,λ为划分的时间序列子区间,λ = 1,2,…,2Ns;j 为每个时间序列子区间中的某一数据的序号，j = 1，2，…，s。

步骤4：求整个序列的 q 阶波动函数。

$$F_q(s) = \left\{ \frac{1}{2Ns} \sum_{\lambda=1}^{2Ns} \left[F^2(s,\lambda) \right]^{\frac{q}{2}} \right\}^{\frac{1}{q}} \tag{3.4}$$

其中 q 为多重分形的阶数。

步骤5：对于每个确定的 q 值，存在幂律关系：

$$F_q(s) \propto s^{h(q)} \tag{3.5}$$

其中，h(q) 为 q 阶广义 Hurst 指数。对于每一时间尺度 s，都可以求出对应的波动函数，进而做出与 $F_q(s)$ 的函数关系图，其变化率即为 q 阶广义 Hurst 指数 h(q)。

步骤6：广义 Hurst 指数 h(q) 与 τ(q) 满足关系：

$$\tau(q) = qh(q) - 1 \tag{3.6}$$

其中 τ(q) 为传统分形中的 Renyi 指数，也称质量函数。

步骤7：从 τ(q) 可以计算出多重分形谱函数 f(α)，计算公式如下：

$$\alpha(q) = \frac{d\tau(q)}{dq} \tag{3.7}$$

$$f(\alpha) = q\alpha(q) - \tau(q) \tag{3.8}$$

其中 α(q) 为 q 阶矩的奇异性指数。

3.2.2 基于经验模态分解的 MFDFA

EMD 是由 Huang 等（1998）提出的一种针对非线性、非平稳性信号的自适应信号分解方法。它可以将信号中不同时间尺度的波动分解为几个具有不同频率的本征模态函数（Intrinsic Mode Function，IMF）和一个剩余变量，剩余变量代表着原始信号总体趋势。EMD 的具体分解方法如下所示：

步骤1：确定原始序列 x(t) 的极大值点和极小值点，采用三次样条函数分别对极大值点和极小值点进行拟合，形成上下包络线，然后对这两条包络线取平均值，这样就得到了平均包络线 $m_1(t)$。

步骤2：将原始序列 x(t) 减去 $m_1(t)$ 得到一个新序列 $h_1(t)$：

$$h_1(t) = x(t) - m_1(t) \tag{3.9}$$

如果 $h_1(t)$ 符合固有模态函数的定义，则继续执行下一个步骤。此时，

$h_1(t)$ 为求出的第一个 IMF 分量，记为 $c_1(t)$。否则，令：

$$x(t) = h_1(t) \qquad\qquad (3.10)$$

返回第一步操作。

步骤 3：将原始序列 $x(t)$ 减去第 1 个 IMF 分量 $c_1(t)$ 就得到了第一个去掉高频成分的差值序列 $r_1(t)$，即：

$$r_1(t) = x(t) - c_1(t) \qquad\qquad (3.11)$$

对 $r_1(t)$ 重复以上操作就可以得到第二个 IMF 分量 $c_2(t)$ 和另一值序列 $r_2(t)$，直到不能分解为止，最后得到了一个常量余量 $r_n(t)$，$r_n(t)$ 可以代表原始序列的总体趋势。

步骤 4：将 IMF 分量和总体趋势进行叠加。

$$x(t) = \sum_{j=1}^{n-1} c_j(t) + r_n(t) \qquad\qquad (3.12)$$

为了解决 MFDFA 消除趋势过程中使用多项式函数拟合所带来的误差，Qian 等（2011）基于 EMD 方法对 MFDFA 进行改进。所以本书在 MFDFA 方法步骤 3 中用 EMD 去除信号趋势，而非采用多项式函数。

设 $r_v(j)$ 是第 v 段 $Y(i)$ 的 EMD 方法分解后所得的余项，则波动信号为：

$$F^2(s,v) = \frac{1}{s} \sum_{j=1}^{s} \left[y_{[(v-1)s+j]}(j) - r_v(j) \right]^2 \qquad\qquad (3.13)$$

3.3　碳市场交易行为特征分析

本书选取了中国八个碳交易试点（深圳 SZA、上海 SHEA、北京 BEA、广东 GDEA、天津 TJEA、湖北 HBEA、重庆 CQEA、福建 FJEA）从成立初期至 2020 年 8 月 6 日的碳排放权配额日价格对数收益率数据，所有碳排放权配额日价格数据均来源于 Wind 数据库，数据样本量分别为 1553、945、1006、1316、603、1475、510、495 个。表 3.1、图 3.1 分别描述了八个碳交易试点配额价格对数收益率基本统计量与波动趋势。可以看出，SZA 的离散程度是八个试点中最大的，HBEA 的离散程度是最小的；偏度"非零"结果表明，所有碳交易试点收益率均呈现非对称分布，SHEA 的非对称程度最高；除 CQEA 和 FJEA 的峰度小于 3 外，其他碳交易试点均大于 3，表明其分布更为陡峭。

Jarque – Bera 检验结果显示，所有碳交易试点均拒绝了正态分布的原假设，对传统金融市场价格行为理论的基础假设提出了挑战。

表 3.1　　　　　　　　　八个碳交易试点价格对数收益率基本统计量

收益率序列	平均值	标准差	偏度	峰度	JB 检验量	p 值
SZA	0.0000	0.2599	0.1697	32.8080	57464.8408	0.0000
SHEA	0.0004	0.0753	0.7034	45.3493	70545.9681	0.0000
BEA	0.0006	0.0703	− 0.6651	6.3638	547.9265	0.0000
GDEA	− 0.0006	0.0481	− 0.3205	3.5493	39.0409	0.0000
TJEA	− 0.0002	0.0653	− 0.0758	52.7236	62017.5481	0.0000
HBEA	0.0001	0.0289	− 0.1797	6.7900	890.1555	0.0000
CQEA	− 0.0007	0.1370	− 0.2172	1.8419	32.4453	0.0000
FJEA	− 0.0011	0.0681	− 0.1394	1.9694	23.4618	0.0000

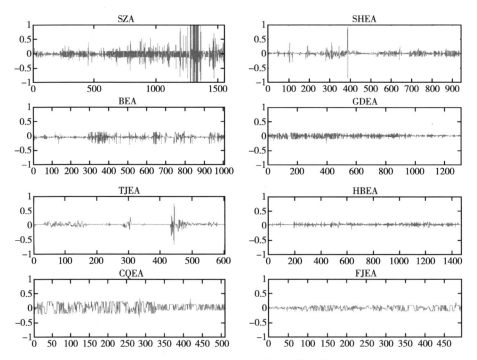

图 3.1　八个碳交易试点碳价对数收益率

此外，为了检验收益率的非线性，本书对八个碳交易试点收益率序列进行了 Brock – Decher – Scheikman（BDS）检验，若结果拒绝原假设，则说明序列存在非线性关系。有效市场假说认为市场是一个线性范式，市场价格的变化与市场信息存在单一线性因果关系。而表 3.2 的 BDS 检验结果表明，八个碳交易试点收益率序列均在 1% 显著水平下均呈现非线性特征，证实了在碳市场数据中发掘非线性特征并非主观臆想，而市场价格的非线性运动模式是合乎逻辑的现实推断。因此，用有效市场假说解释碳市场行为是不合理的，迫切需要探索一种更科学的理论来代替传统理论框架。综上所述，中国八个碳交易试点数据的描述性统计特征验证了本书采用分形分析的必要性，即克服现有研究忽视碳市场价格行为非正态、非线性特征的局限。

表 3.2　　　　　　　八个碳交易试点价格对数收益率 BDS 检验

收益序列	m - 维								线性
	2		3		4		5		
	统计量	p 值	统计量	p 值	统计量	p 值	统计量	p 值	
SZA	0.0556	0.0000	0.0556	0.0000	0.1283	0.0000	0.1449	0.0000	×
SHEA	0.1449	0.0000	0.0836	0.0000	0.1090	0.0000	0.1257	0.0000	×
BEA	0.0726	0.0000	0.1329	0.0000	0.1679	0.0000	0.1869	0.0000	×
GDEA	0.0408	0.0000	0.0810	0.0000	0.1105	0.0000	0.1282	0.0000	×
TJEA	0.0664	0.0000	0.1329	0.0000	0.1752	0.0000	0.2044	0.0000	×
HBEA	0.0514	0.0000	0.0906	0.0000	0.1128	0.0000	0.1200	0.0000	×
CQEA	0.0337	0.0000	0.0636	0.0000	0.0848	0.0000	0.0976	0.0000	×
FJEA	0.0232	0.0000	0.0447	0.0000	0.0624	0.0000	0.0747	0.0000	×

注：× 表示碳价与其决定因素价格之间的关系在 1% 的显著性水平下是非线性的。

基于 EMD - based MFDFA 方法，本书对中国八个碳交易试点的多重分形特征以及长程相关性进行分析，并与传统 MFDFA 进行对比，根据多重分形结果分析碳市场有效性的时变特征，并对存在多重分形特征的碳交易试点探讨其来源。造成金融时间序列多重分形的原因有两个：一是大幅波动及小幅波动的长期记忆性，二是极值的厚尾分布（汪文隽等，2017）。对于第一个原因，本书将对原始序列进行 100 次随机排列，破坏其长期记忆性，但原序列的概率分布不改变。针对第二个原因，本书将对原序列进行截断傅里叶变换替代（TFTS），调整序列相位，即在不改变原始序列的长期记忆性的前提下改变序列的概率分布。因篇幅所限，本书列出了广东碳试点的实证结果。表 3.3 是八个碳交易试点的碳价收益率在 MFDFA、EMD - based MFDFA 方法下原始序列、随机重排、相位调整后的多重分形谱奇异性指数。

表 3.3 碳价收益率多重分形谱奇异性指数

试点	方法	序列	α_{min}	α_{max}	$\Delta\alpha$
SZA	MFDFA	原始序列	-1.1093	-0.1100	0.9993
	EMD - based MFDFA	原始序列	-1.1053	-0.1199	0.9854
		重排序列	-0.7701	-0.0494	0.7207
		替代序列	-0.8078	-0.0794	0.7285
SHEA	MFDFA	原始序列	-0.7488	0.5288	1.2776
	EMD - based MFDFA	原始序列	-0.8538	-0.0251	0.8287
		重排序列	-0.8178	0.0053	0.8231
		替代序列	-0.8293	-0.0879	0.7414
BEA	MFDFA	原始序列	-1.1692	-0.0336	1.1356
	EMD - based MFDFA	原始序列	-0.9450	0.0327	0.9777
		重排序列	-0.6671	-0.1592	0.5079
		替代序列	-0.7149	-0.1898	0.5250
GDEA	MFDFA	原始序列	-0.8336	-0.2171	0.6164
	EMD - based MFDFA	原始序列	-0.6782	0.0206	0.6988
		重排序列	-0.6849	-0.2155	0.4695
		替代序列	-0.7593	-0.2276	0.5317
TJEA	MFDFA	原始序列	-1.0375	0.3611	1.3987
	EMD - based MFDFA	原始序列	-0.9802	0.5460	1.5263
		重排序列	-0.8067	-0.1847	0.6220
		替代序列	-0.8581	0.0428	0.9009
HBEA	MFDFA	原始序列	-1.1260	0.5765	1.7025
	EMD - based MFDFA	原始序列	-0.7559	0.1136	0.8695
		重排序列	-0.6642	0.0029	0.6671
		替代序列	-0.6377	-0.0281	0.6096
CQEA	MFDFA	原始序列	-0.6706	-0.2681	0.4025
	EMD - based MFDFA	原始序列	-0.6623	-0.2024	0.4599
		重排序列	-0.6742	-0.3445	0.3297
		替代序列	-0.5869	-0.1849	0.4020
FJEA	MFDFA	原始序列	-0.5017	-0.2096	0.2921
	EMD - based MFDFA	原始序列	-0.9282	-0.1993	0.7289
		重排序列	-0.5141	-0.1728	0.3413
		替代序列	-0.6623	-0.1598	0.5025

　　图 3.2 是广东碳交易试点的实证结果,下面本书将对四个子图分别进行分析。图 3.2(a)是运用 EMD – based MFDFA 得到的波动函数 $F_q(s)$ 与尺度 s 的双对数函数图。在不同时点上,收益的波动幅度各异。对不同幅度的波动进行幂次方,相当于对波动的波幅进行放大或缩小,使较大的波动变得更大,较小的波动变得更小。不同 q 值的尺度函数对应着不同的波动,从而对应着不同时点的波动,这样就可以刻画不同时点的分形特征,反映不同大小程度的价格波动信息。可以看出,从 q = – 10 到 q = 10,$\log_2 F_q(s)$ 与 $\log_2 s$ 的关系均呈现出非线性依赖,波动函数符合幂律性质(张晨等,2019)。

　　图 3.2(b)揭示了广义 Hurst 指数 h(q) 与阶数 q 的关系,在多重分形理论中,若 h(q) 显著地不为常数,说明序列存在较为明显的多重分形结构。可以看出,传统 MFDFA 方法下,随着阶数 q 的不断增加,h(q) 经历了先降低后上升的过程;EMD – based MFDFA 方法下,随着阶数 q 的不断增加,h(q) 一直不断减小,均表明了广东碳交易试点存在多重分形特征,所以不能使用单一分形模型进行描述(张晨等,2019)。当 q 为负数且绝对值够大时,描述了收益率的小幅波动。由图中可知,此时 h(q) 均 > 0.5,表现出持续性特征,说明小幅波动起主要影响,较小的市场波动具有持久性,会对未来的碳市场收益率产生影响;q 为正数且绝对值够大时,描述了收益率的大幅波动,此时 h(q) < 0.5,表现出反持续性特征,说明在收益率大幅波动时,如果现在时刻碳价收益率呈现上升(下降)趋势,那么未来时刻价格下降(上升)的可能性较大。

　　图 3.2(c)是质量函数 τ(q) 与阶数 q 的函数关系图,若质量函数为凸函数,则说明收益率有多重分形结构,可以看出两种方法得出的结果均显示存在非线性关系,函数形式为递增的凸函数,印证了广东碳交易试点的价格行为存在多重分形特征(张晨等,2019)。

　　图 3.2(d)为多重分形谱,横坐标 α 为奇异性指数,α_{max}、α_{min} 别为其最大、最小值,其宽度 $\Delta\alpha = \alpha_{max} - \alpha_{min}$ 衡量的是市场多重分形的强度。MFDFA 的奇异性指数值在 – 0.8336 和 – 0.2171 之间,差值为 0.6164;EMD – based MFDFA 奇异性指数值在 – 0.6782 和 – 0.0206 之间,差值为 0.6988,可见两种方法得到的奇异性指数差值结果相差较大,若不采用合适的分析方法则会影响多重分形特征的判断。

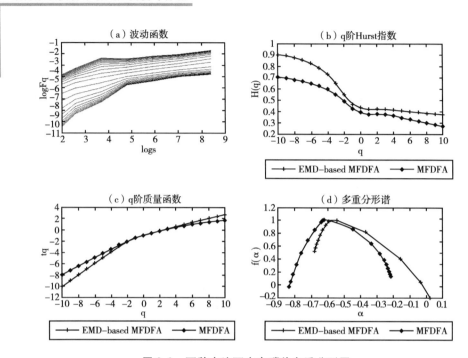

图 3.2　两种方法下广东碳价多重分形图

　　通过图 3.3 和表 3.3 可以发现，广东碳交易试点收益率序列经过重排和替代后仍具有多重分形特征，原始序列的多重分形谱宽度为 0.6988，经过重排和替代后的宽度分别为 0.4695 和 0.5317，说明重排序列的多重分形谱相对于原始序列变化幅度较大，由此可以认为，广东碳交易试点价格行为的多重分形特征是由序列的长期记忆性导致的。

　　本书对广东碳交易试点进行了深入分析，由于篇幅所限，对其他碳交易试点进行概括性描述。实证结果均显示，EMD - based MFDFA 相比于 MFD-FA 能够更好地挖掘深圳、上海、北京、天津、湖北、重庆、福建碳交易试点的细节信息，且八个碳交易试点均呈现典型多重分形特征。深圳、北京、湖北碳交易试点多重分形谱呈左钩状，此时相对较低的分形指数有主导作用，对应的数据集曲线相对平滑。上海、天津、重庆、福建碳交易试点碳价多重分形谱呈右钩状，此时相对较高的分形指数有主导作用，对应的数据集曲线相对粗糙。天津、重庆、福建碳交易试点碳价收益率的多重分形特征是由波动的长期记忆性导致；上海碳交易试点碳价收益率的多重分形特征主要是由于尖峰厚尾的影响，长期记忆性也有部分影响；收益率的尖峰厚尾分布

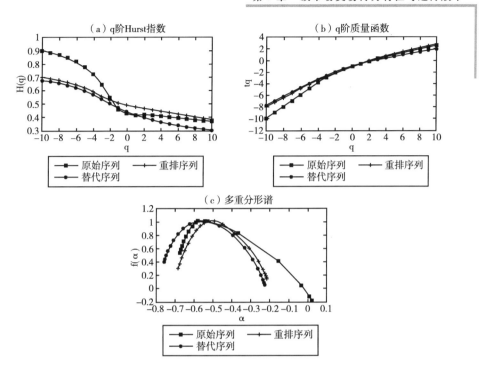

图 3.3 广东碳价原序列、随机重排、相位调整后的多重分形图

对深圳、北京、湖北碳价收益率的多重分形特征有较大影响,长期记忆性效应也不可忽视。

多重分形谱是多重分形结果中最重要的图形,因此,为了比较不同碳交易试点的多重分形特征,本书将八个碳交易试点的多重分形谱绘制于一起,如图 3.4 所示。多重分形参数 $\Delta f = f(\alpha_{min}) - f(\alpha_{max})$ 描述的是碳价收益率在最高点和最低点位置数目的比例,八个碳交易试点按 Δf 由大到小排列为广东、深圳、北京、湖北、天津、重庆、上海、福建,其值分别为 0.7147、0.5410、0.3958、0.1638、-0.1805、-0.2398、-0.2776、-0.3647,其中广东、深圳、北京、湖北四个碳交易试点的值为正,表明这四个碳交易试点的碳价处于最高价位的机会比处于最低价位的机会大,此时对小幅的局部波动不敏感;天津、重庆、上海、福建四个碳交易试点的值为负,说明碳价处于最低价位的机会比处于最高价位的机会大,此时对大幅的局部波动不敏感。需要注意的是,以上所述的最高价位(最低价位)是指在同一个市场中的价格,不可进行跨市场比较。

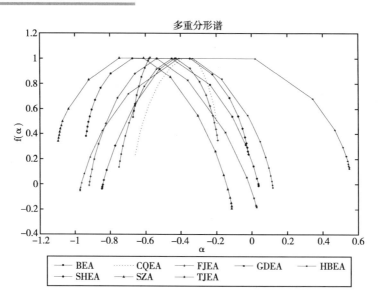

图 3.4　八个碳交易试点碳价收益率多重分形谱

3.4　碳市场运行效率分析

　　基于 EMD – based MFDFA，本书分析了中国八个碳交易试点的多重分形特征，刻画了碳价收益率的波动奇异性，Rizvi 和 Arshad（2016）认为多重分形去趋势分析法是检验市场有效性最好的方法之一，与 EMH 不同，FMH 可以借助多重分形特征及波动的奇异性评估市场的有效性。FMH 认为对于不同投资期限的投资者来说，相同的市场信息对应着不同的投资策略，短线投资者的买点可能是中、长线投资者的卖点。当碳市场中配额盈缺处于相对平衡状态时，碳市场因交易活跃、流动性大而保持稳定，此时碳价波动差异较小，市场有效性较强；而当碳市场中配额盈缺差距较大时，市场会因缺乏流动性而发生震荡，价格由此产生较大波动，市场有效性变弱。从多重分形视角，基于多重分形参数 Δα 可以衡量碳价收益率波动奇异性的差异，若 Δα 越大则表明收益率波动的越剧烈，市场效率越低，反之亦然。为了研究 Δα 的动态演变，本书使用滑动窗口技术对八个碳交易试点进行分析，得到了时变 Δα。具体来说，将分析窗口长度设置为固定天数，相邻两个分析窗口的时间差为滑动窗口的长度，当前一个分析窗口分析结束后，分析窗口向右移动一个滑动窗口长度进行分析，如此进行分析窗口的不断右移，直至最后一个分析窗口的右端达到时间序列尾部，时变 $\Delta\alpha$ 图中横坐标刻度为分析窗口右端点对应的日期。分析窗口大小的选择会直接影响到实证分析结果，若分析窗口过大，则会忽略重要信息，若分析窗口较少，则波动会影响观察到的趋势。所以本书将数据量较小的天津、重庆、福建碳试点的分析窗口设置为 120 个交易日（约为半年），将其他碳试点的分析窗口设置为 250 个交易日（约为一年），滑动窗口均为 1 个交易日。

为了缓解气候变化，深圳在国内毫无碳市场建设经验的前提下，建立了中国第一个碳排放权交易试点，从图 3.5 可以看出，深圳碳试点的时变 $\Delta\alpha$ 图总体呈现"M"形。在建立初期，由于相关的法律法规、配额分配制度、排放量计算方法不健全，此时 $\Delta\alpha$ 变化处在"M"形的第一阶段，总体呈上升趋势，市场有效性逐步降低，前期市场参与者对碳市场的未来预期较高，导致碳配额价格 2013 年 9 月至 2014 年 6 月均价在 75 元/吨左右，中间曾飙升至 100 元/吨，但后期随着市场热情的减退，在 2015 年碳价开始回落至 40 元/吨上下，剧烈的价格波动让市场参与者在参与碳交易时变得谨慎。2015 年 6 月至 2016 年底，$\Delta\alpha$ 变化处在"M"形的第二阶段，即下行阶段，此时碳价较为平稳。

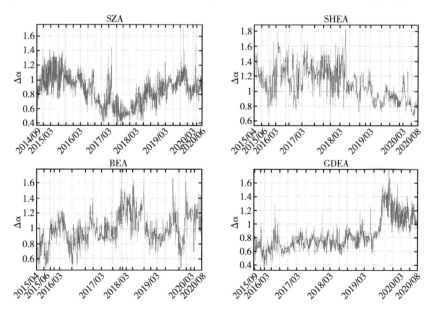

图 3.5　深圳、上海、北京、广东碳试点 $\Delta\alpha$ 时变图

2015 年 6 月，深圳市发展改革委印发《深圳市碳排放权交易市场抵消信用管理规定（暂行）》，同月，《深圳排放权交易所核证自愿减排量（CCER）项目挂牌上市细则（暂行）》颁布，由此 CCER 可在深圳碳排放权交易所挂牌交易，CCER 的挂牌上市提高了深圳碳试点运行的有效性。2016 年度碳排放权交易体系管控范围内的管控单位共 824 家，较 2015 年新增 246 家，市场参与主体数量的增加提高了碳市场交易活跃度。2018 年初至 2020 年底，$\Delta\alpha$ 变化处在"M"形的第三阶段，即上行阶段，深圳碳试点的有效性逐步降低。2020年初开始，碳市场的有效性又逐步增强。

基于深圳碳试点的经验，上海建立了第二个碳交易试点，上海作为全国经济、金融中心，有较为完备的金融制度，碳排放权作为一种金融产品在这种良好环境下的交易情况有着重要的研究意义。2013 ~ 2015 年是上海碳试点的第一阶段，在充分参照国外成熟碳交易市场做法之后建立 MRV 制度，并根据试点行业的不同特点采取了历史排放法和行业基准线两种不同方法开展碳排放配额分配。从图 3.5 中可以发现，从碳试点建成至 2015 年 12 月，$\Delta\alpha$ 总体呈下降趋势，说明市场有效性提高，并且上海碳试点在第一阶段中相对来说能够有效运行。通过对第一阶段试点工作的梳理及总结，2016 年上海市政府针对第二阶段碳排放权交易工作制定了《上海市 2016 年碳排放配额分配方案》，新的方案中对各行业配额分配方法进行了调整，将原来在第一阶段试点工作中把三年的配额一次性发放调整为只发放 2016 年度配额，且扩大主体范围，降低新行业纳入门槛，增加企业纳管数量。自 2016 年起，碳排放配额不再含年份标识，若企业的配额有结余，可以在后续年度使用，也可在交易平台进行交易，但 2013 ~ 2015 年企业留存的配额将根据有关规定结转为上海市统一的碳排放配额并进行管理。除此以外，此后上海将 CCER 占企业分配配额的抵消比由 5% 降至 1%，且 CCER 所属的自愿减排项目只能为非水电类项目。因此 $\Delta\alpha$ 在 2016 ~ 2018 年虽然较大，但变化相对平均，没有出现剧烈波动。2017 年，上海环境能源交易所开发了碳配额远期产品，协议期限为当月起，未来 1 年的 2 月、5 月、8 月、11 月月度协议，2018 年碳配额远期协议进行实物交割划转、实物交割转现金交割，从图 3.5 中可以看出，相关的金融产品以及金融创新使 $\Delta\alpha$ 在 2018 年后处于相对较低的水平，市场有效性较高。

北京作为全国首都，承担着展示中国对外形象这一重大责任，因此北京的环境治理要求迫切。从图 3.5 中可以看到很有意思的一个现象，高 $\Delta\alpha$ 和低 $\Delta\alpha$ 大概率交替发生，虽然本书暂时无法解释这一现象发生的内在机理，但无疑这种规律会给北京碳试点的有效运行提供参考。

广东省是中国的经济第一大省，其碳排放以工业行业为主，而工业排放又以六大高耗能行业为主，碳减排空间较大。广东碳试点 $\Delta\alpha$ 时变图主要分为两个部分，建立初期至 2019 年 8 月，在此期间 $\Delta\alpha$ 处于相对较低的水平，且变化幅度小，而 2019 年 8 月左右 $\Delta\alpha$ 突增，随后又缓慢下降。在 2019 年以前，广东是全国唯一实行配额有偿发放制度化的试点地区，从试点启动之初即确定了配额有偿分配机制，并逐步加大有偿分配比例，相比无偿发放会让管控企业产生无须花费代价就能轻易获得配额的心理，这一措施使交易主体从一开始就有积极性参与到碳配额交易活动中。除此以外，广东碳试点实施配额预发和限量核定制度以及通过组合配额方法实现分配边界和核算边界一致等多种措施，保障碳市场的有效运行。

天津碳试点自建立以来，交易最为不活跃，交易数据量少，数据交易日不连续，导致分析结果可能会存在误差，从图 3.6 中可以看出 $\Delta\alpha$ 一直处于高位，且波动巨大，有效性极低。

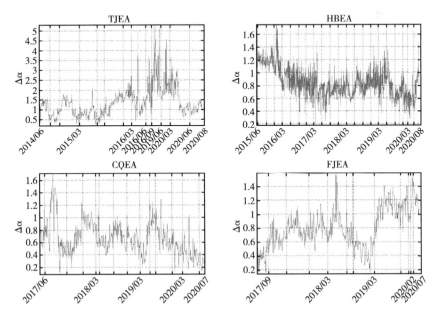

图 3.6　天津、湖北、重庆、福建碳试点 $\Delta\alpha$ 时变图

有别于深圳、上海、北京等碳交易试点，湖北经济增速高、排放体量大、产业结构重，湖北的工业排放占全省总排放的七成以上，并且钢铁、水泥、化工等大型企业集中在此。从图 3.6 中可以看出，湖北碳试点有效性自建立初期至 2017 年 3 月逐步提高，随后至 2019 年 6 月保持相对平稳，随后有效性又逐步提高，可以说湖北碳试点市场有效性总体处于缓慢提高的状态。湖北碳试点大型工业企业多，会导致拥有极多配额的企业会控制市场走向以及影响价格波动，而配额少的企业可能只是价格的接受者。

重庆碳试点在 2019 年 3 月之前 $\Delta\alpha$ 也呈现出大小交替的规律，自此以后一直逐步降低，因此可以认为重庆碳市点在 2019 年 3 月后运行较为有效。

福建碳试点同深圳碳试点类似，$\Delta\alpha$ 时变图均出现"M"形特征，自建立初期至 2018 年 7 月 $\Delta\alpha$ 上升，2018 年 7 月至 2019 年 5 月 $\Delta\alpha$ 下降，2019 年 5 月至 2019 年 9 月下降。深圳碳试点的分析窗口长度为 250 个交易日，福建碳试点的分析窗口长度为 120 个交易日，在不同分析窗口长度下，其 $\Delta\alpha$ 时变图呈现相似形状。

3.5 结论及建议

本书基于 EMD – based MFDFA 方法，分析并比较了深圳、上海、北京、广东、天津、湖北、重庆、福建八个碳交易试点碳排放权配额价格收益率的多重分形特征，与传统 MFDFA 方法进行比较，并根据多重分形参数分析市场有效性的时变特征，得到以下结论：

第一，在使用多重分形消除波动趋势分析法时，消除趋势函数的选择对于实证结果有着较为重要的影响。传统 MFDFA 方法使用的多项式拟合方法会忽视细节性信息，甚至得出相反结果，如重庆、福建碳交易试点的多重分形谱呈现完全不规则曲线。作为自适应算法，EMD 没有严格的假设条件，也克服了传统多项式拟合带来的误差，用 EMD 来消除趋势能有效地保留信息。碳市场作为新兴市场，是个复杂的动力学系统，中国不同碳交易试点其碳排放权配额也具有不同的价格行为，所以使用 EMD – based MFDFA 来分析研究中国碳交易试点是合适的。

第二，八个碳交易试点碳价收益率均存在多重分形特征。八个碳交易试点碳价收益率在整体上均存在以下特点：小幅波动具有相关性，换言之，碳价收益率出现小幅上涨（下降）会导致未来的收益率出现上涨（下降）；大幅波动具有反持续性，也就是说，碳价收益率的大幅上涨（下跌）会导致未来的收益率出现下跌（上涨）。基于此，碳交易管理部门应建立完善的风险管理制度，及时分析碳价收益率的波动特征，对将来可能产生的风险进行提前预估和防范。本书也对八个碳交易试点的多重分形特征来源做出分析，发现广东、天津、重庆、福建碳交易试点碳价收益率的多重分形特征是由于波动的长期记忆性导致的；上海碳交易试点碳价收益率的多重分形特征主要是由于尖峰厚尾的影响，长期记忆性也有部分影响；极值的尖峰厚尾分布对深圳、北京、湖北碳价收益率的多重分形特征有较大影响，长期记忆性效应也不可忽视。长期记忆性影响了碳价收益率的波动，在一定时期内，技术分析对预测市场走势具有一定作用，政策对市场产生的影响具有滞后性，尤其现在中国碳市场正处于深化完善阶段，需要出台较多政策调整碳市场的运行，还需要完善碳信息披露机制，减少信息不对称。

　　第三，北京、重庆碳试点有效性时变图呈现大小交替的规律，福建、深圳碳试点有效性时变图则呈现"M"形特征，说明北京和重庆、福建和深圳这两组碳市场在运行机制上具有一定共性。目前，每个碳试点均独立运行，没有衔接机制，而日后全国碳市场会把所有碳试点进行整合，在这个过程中可能会由于制度差异出现一些问题。根据本书的实证分析，建议可将北京和重庆、福建和深圳分别衔接，进行试点运行。从上海的 $\Delta\alpha$ 时变图来看，碳金融衍生品（包括碳期货、碳远期等）能有效提高碳市场运行的有效性，市场参与者可以利用碳金融衍生品发现碳现货价格，并且分散、转移价格风险。因此在全国碳市场开始交易后，应在恰当时及时开发碳金融衍生品，以提高碳市场有效性。

第4章 碳市场价格波动与风险识别

4.1 碳价波动影响因素分析

全球气候变化危及生态安全，正在威胁全球各国的可持续发展。为响应联合国提出的《2030年可持续发展目标》，中国启动了碳排放权交易试点和全国统一的碳排放权交易市场，以减少碳排放，实现可持续发展。随着碳排放权交易的增加，碳价的波动将影响市场参与者的信心。对于风险管理而言，有必要了解碳排放权的价格影响因素。在此背景下，有几个问题值得关注：第一，到底是什么影响了碳价，以及它是如何影响的。第二，随着碳价水平的变化，这一影响是恒定的还是变化的。在本书中，我们将对它们进行更详细的阐述。

由于全球经济的快速发展和工业化进程的加快，近几十年来化石燃料被广泛使用，造成了大量的二氧化碳排放。根据 Dudley（2019）的研究，2018年由能源消费产生的碳排放增加了2%，达到2011年以来的最高水平。这些排放极大地影响了人类社会的可持续发展，因此，碳排放受到了全球各国的广泛关注。为应对气候变化带来的环境挑战，各国通过了众所周知的《2030年可持续发展议程》和《巴黎协定》，以协调实施气候行动和可持续发展实践（UN，2019）。《2030年可持续发展议程》推动了全球经济发展与环境保护的协调（UN，2016），《巴黎协定》旨在通过控制温度目标（UNFCCC，2015）加强全球应对气候变化的能力。

为了遵守这些协议，中国一直积极参与国际合作，通过碳排放权交易试点和全国统一的碳排放权交易市场实现碳排放在2030年达峰的目标（NDRC，2015），被认为是通过市场机制减缓气候变化的有效方式（Jiang et al.，2014；Zhang et al.，2017；Chai and Zhou，2018）。为了发展碳排放权交易市场，中国自 2013 年以来在北京、湖北、深圳、广东、上海、天津和重庆启动了多个试点，并于 2016 年启动福建碳排放权交易试点，全国碳排放权交易市场于 2017 年 12 月 19 日启动（ICAP，2018）。这些尝试在中国都是相当新颖的，因为中国还没有形成一个成熟的碳排放权交易机制。多项证据表明，中国碳排放权交易试点运营存在诸多局限性，如资金支持不成熟、市场流动性弱、信息传递不确定等（Jiang et al.，2016；Munnings et al.，2016；Cong and Lo，2017）。这些因素导致价格异常，可能会对中国碳市场的发展产生不利影响（Zhou and Li，2019）。要克服这些限制，就必须了解碳价的动态变化，并在碳价及其影响因素之间建立科学的影响机制。本书的研究不仅有助于政策制定者制定合理的碳定价机制，而且为参与碳交易活动的企业和投资者管理碳价波动带来的风险提供有用的信息。

4.1.1　问题的提出

很多学者对碳价驱动因素进行了研究，文献主要分为两大类：一类文献关注能源价格对碳价的影响（Mansanet - Bataller et al.，2007；Kim and Koo，2010；Creti et al.，2012；Aatola et al.，2013；Hammoudeh et al.，2014a；Hammoudeh et al.，2014b；Hammoudeh et al.，2015；Yu et al.，2015；Zhang and Sun，2016；Chung et al.，2018；Zhu et al.，2019；Chevallier et al.，2019；Liu and Jin，2020）。Hammoudeh 等（2014a）分析了煤炭价格、石油价格和天然气价格对碳价的影响，发现天然气价格的上涨会抑制碳价，而煤炭价格对碳价的影响不显著。Yu 等（2015）综合考虑了碳市场与原油市场之间的线性和非线性关系。利用线性和非线性格兰杰检验和多尺度分析发现，在不同时间尺度下，碳价与油价之间存在不同的因果关系。Hammoudeh 等（2015）利用非线性自回归分布滞后模型分析了能源价格对碳价的非线性影响，发现石油价格和天然气价格对碳价有负影响。Zhang 和 Sun（2016）发现碳市场与能源市场之间存在正相关关系。Chevallier 等（2019）发现欧盟排放交易体系中的碳价和天然气价格之间存在负相关关系。

另一类文献关注的是宏观经济水平对碳价的影响。现有的文献并没有得出一致的结论，而是可以总结为不同的观点。一些学者提出宏观经济因素与碳价之间存在正相关关系（Chevallier，2011；Lutz et al.，2013；Koch et al.，2014；

Sousa et al. ，2014；Jiménez – Rodríguez，2019；Yuan and Yang，2020）。Koch 等（2014）利用多元回归模型研究了欧盟碳排放权交易体系第二阶段和第三阶段的第一年宏观经济活动的影响；他们发现宏观经济活动对欧盟碳配额价格产生了积极影响。Jimenez – Rodriguez（2019）对欧洲股票市场指数和欧盟碳排放权交易体系三个阶段欧盟碳配额价格进行因果关系检验得出的结论是：除了第一阶段外，经济活动对欧盟碳配额价格产生正影响。然而，另一些学者认为，宏观经济因素对碳价产生负影响（Bredin and Muckley，2011；Creti et al. ，2012；Tan and Wang，2017a），这与大多数研究证实的宏观经济因素与碳价的正相关关系相反。一些研究证实了宏观经济与碳价之间的非线性关系（Chev-allier，2011；Lutz et al. ，2013；Zhu et al. ，2019）。Yuan 和 Yang（2020）利用 GAS – DCS – Copula 发现股票市场的不确定性可以将风险转移到碳市场。

　　为了解释这种不一致的结论，Cai 等（2018）提出，矛盾的实证结果可能是由研究对象的非线性造成的。正如 Zhu 等（2019）所指出的，现有研究大多采用线性模型，只关注碳价及其影响因素之间的线性关系，而忽略了它们之间可能包含的非线性关系。忽略这些非线性因素可能导致无法全面考察碳价的影响因素。分位数回归可以有效检验能源价格（Hammoudeh et al. ，2014b）和宏观经济水平对碳价的非线性影响。我们以上证综指反映宏观经济水平（Zhang and Zhang，2016；Zeng et al. ，2017；Tan and Wang，2017a；Zhu et al. ，2019）。与能源价格不同，宏观经济水平可以间接影响碳价。宏观经济水平与工业生产之间存在不可分割的关系（Tan and Wang，2017a），这导致了碳排放。碳排放可以通过对碳配额的需求影响碳价。非参数分析用于分析经济发展与碳排放之间的关系（Azomahou et al. ，2006；Shahbaz et al. ，2017）。因此，本书还采用非参数分析方法研究了宏观经济水平对碳价的影响。

　　因此，我们提出了一种结合参数估计、非参数估计和分位数回归的半参数回归模型来描述碳价与其影响因素之间的非线性关系。该方法比指定的参数模型具有更大的灵活性（Cai and Xiao，2012）。我们设置一个函数作为模型的非参数部分，以反映宏观经济因素对碳价的影响，通过参数部分的斜率系数反映能源价格对碳价的影响。分位数回归方法首先由 Koenker 和 Basset（1978）提出的，目的是研究一个可观测的协变量对不同条件分位数下响应变量的影响，而不仅仅是协变量对响应变量的条件均值的影响（Fan and Liu，2016）。自 KoenRer 和 Basset（1978）文献发表以后，分位数回归由于其改善了金融问题实证研究的统计特性而成为一种流行的方法（Chuang et al.，2009；Lee and Li，2012；Zhu et al.，2016；Jiang et al.，2019）。Lee 和 Li（2012）基于分位数回归研究了多元化对企业绩效的影响。Zhu 等（2016）采用面板分位数回归研究了实际原油价格与中国股市回报之间的依赖关系。Jiang 等（2019）利用分位数回归研究了资本缓冲对中国银行风险承担的影响。

与普通最小二乘回归模型相比，分位数回归模型具有更强的稳健性，主要是因为分位数回归模型不需要对随机误差做任何假设，所以模型中的随机误差项可以满足任何概率分析。此外，由于分位数回归是对所有分位数的回归分析，因此分位数回归模型对数据中的异常值有很强的抵抗能力。与普通的最小二乘回归模型只拟合一条曲线不同，分位数回归可以拟合一簇曲线。当自变量对在不同分布位置的因变量有不同的影响时，条件分布的一般特征可以被更全面地描述。传统模型倾向于假设数据是正态分布的，而证据表明碳价存在尖峰厚尾和异方差的特性（Chevallier，2010；Feng et al.，2012；Ibrahim and kalaitoglou，2016；Cong and Lo，2017；Chai and Zhou，2018）。该半参数分位数回归模型在没有对数据分布进行任何假设的情况下，具有稳健性，能够充分描述因变量的分布，反映分布的尾部特征。此外，以往的研究主要关注影响因素对碳价的影响，未能评估其对极端碳价的影响，导致分析不完整。在正常和极端情况下，半参数分位数回归可以完全捕捉到影响因素对碳价的影响。

虽然中国进行了多年的碳交易试点，但在实施过程中仍缺乏完善的经验，存在一些值得探讨的问题。然而，中国碳市场的建设不能完全复制欧盟的成熟经验，因为中国的政策规划、经济体制和市场成熟度与欧盟有很大的不同（Lo，2016；Weng and Xu，2018；Chang et al.，2018）。因此，有必要根据中国国情对影响碳市场的因素进行研究，相关研究相当稀少（Zhao et al.，2017；Chang et al.，2018a；Fan et al.，2019；Zhou and Li，2019）。这一文献空白限制了我们对中国碳价影响机制的理解，阻碍了监管机构碳定价政策的制定和投资者碳价波动相关风险的管理（Zeng et al.，2017）。因此，本书采用半参数分位数回归分析了不同碳价水平下能源价格和宏观经济水平对中国碳价的影响，具有重要的现实意义。在本书中，我们通过半参数分位数回归的非参数成分来捕捉宏观经济水平对碳价的影响。

本书主要贡献有三个方面：第一，我们引入半参数分位数模型来研究影响碳价及其影响因素之间关系的机制，该模型比现有文献中使用的方法更灵活和稳健；第二，针对北京、湖北、深圳碳排放权交易试点的背景问题进行了探讨；第三，我们得出了一些与以往文献不同的有价值的新结论。

4.1.2 方法与数据

（1）理论方法。

为了评估碳价与其影响因素之间存在的非线性关系，我们对此问题采用了 Koenker（2011）开发的半参数分位数回归模型。该模型最大的优点是不仅可以观察到线性或非线性等变量之间的复杂关系，还可以捕捉到不同分位点下效应的差异，因此该模型具有广泛的应用空间。给定的 x_i 在 θ 分位点，y_i 的半参数分位数回归条件函数可以表示为：

$$Q_{y_i}(\theta \mid x) = x_i'\beta(\theta) + \sum_{d=1}^{D_\theta} m_{d,\theta}(x_{id}) \tag{4.1}$$

其中 y 为因变量，假设因变量依赖于 x。对于 $\beta(\theta)$，$\theta \in [0,1]$，表示半参数分位数回归的未知参数向量。利用任意形式的非参数分量 $m_d(x_{id})$ 对解释变量进行局部调整。在本书中，我们选择能源价格作为参数部分，宏观经济水平作为非参数部分。

我们可以通过解决以下最小化问题计算 $\beta(\theta)$：

$$\bar{\beta}(\theta) = \arg\min_{(\beta(\theta),m)} \sum \rho_\theta \left[y_i - x_i'\beta(\theta) - \sum_{d=1}^{D} m_{d,\theta}(x_{id}) \right] + \lambda_0 \|\beta(\theta)\|_1 + \sum_{d=1}^{D} \lambda_d V(\nabla V m_{d,\theta}) \tag{4.2}$$

其中损失函数 $\rho_\theta(\mu)$ 定义如下：

$$\rho_\theta(\mu) = \mu[\theta - I(\mu < 0)] \tag{4.3}$$

$I(\cdot)$ 为指标函数。该方法将残差分为正值和负值，权重为 θ 和 $1-\theta$（Koenker and D'Orey，1987）。$\|\beta(\theta)\|_1 = \sum_{k=1}^{K} |\beta(\theta)_k|$ 和 $V(\nabla m_d)$ 表示 m 的导数（或梯度向量）的总变化量（Koenker，2011）。根据 Koenker（2011），λ 的选择依赖于 Schwarz（1978）等准则：

$$SIC(\lambda) = n\log\hat{\sigma}(\lambda) + \frac{1}{2}p(\lambda)\log(n) \tag{4.4}$$

其中，$\hat{\sigma}(\lambda) = n^{-1} \sum_{i=1}^{n} \rho_\theta \left[y_i - x_i'\beta(\theta) - \sum_{d=1}^{D} m_{d,\theta}(x_{id}) \right]$，$p(\lambda)$ 是有效的拟合

模型的维度。Koenker（2011）提出缩小优化区域，然后利用某种形式的全局优化器缩小选择范围。通过对单个 λ 和多个 λ 的 R 软件函数优化，可以对 SIC（λ）进行优化。用于构建模型的 R 代码在 Koenker（2011）中提供。

为了减少时间序列的波动和异方差，我们对数据进行取自然对数处理。y_i 为因变量，表示碳价的对数，包括 BJA、HBA 和 SZA。i 表示从每个试点启动日期到 2019 年 6 月 28 日的时间范围。第 i 时间点的煤炭、石油和天然气价格分别用 $COAL_i$、OIL_i 和 LNG_i 表示。$STOCK_i$ 表示时间点 i 时上证综指日收盘价，根据已有文献可以作为宏观经济水平的代表（Zhang and Zhang，2016；Zeng et al.，2017；Tan and Wang，2017a；Zhu et al.，2019）。$\beta_1(\theta)$、$\beta_2(\theta)$ 和 $\beta_3(\theta)$ 分别反映了煤炭价格、石油价格和天然气价格对 θ 分位数的边际效应。$m_\theta(lnSTOCK_i)$ 为非参数分量，是宏观经济水平对碳价在 θ 分位点上非线性影响的任意函数。对于我们研究的具体问题，半参数分位数回归给出如下：

$$Q_{y_i}(\theta | x_i) = \alpha(\theta) + \beta_1(\theta)lnCOAL_i + \beta_2(\theta)lnOIL_i + \beta_3(\theta)lnLNG_i + m_\theta(lnSTOCK_i) \tag{4.5}$$

其中 $\alpha(\theta)$ 表示 θ 分位数上的截距。一般而言，该模型可以通过参数部分来捕捉能源价格对碳价的边际效应，宏观经济水平对碳价的影响可以通过非参数部分来表达。

（2）数据选取。

本书考察了中国碳排放权交易试点中碳价及其影响因素之间的依赖关系。截至 2019 年 6 月底，所有碳排放权交易试点项目已覆盖电力、钢铁、水泥等行业约 3000 个重点排放单位。累计交易量超过 3.3 亿吨，交易总额约 71 亿元。试点地区的碳排放总量和强度实现了"双下降"，这证实了碳市场在控制碳排放方面是有效的。在本书中，我们选取了三个碳排放权交易试点城市（北京、湖北和深圳）进行实证分析。这些试点城市的代表性和特殊性如下：

第一，中国的碳排放试点覆盖了北部、中西部和东南沿海地区，GDP 总量达到 22 万亿元，能源消耗 8.4 亿吨标准煤，分别占 19%、30% 和 21%（Zheng，2019）。在试点城市中，北京、湖北和深圳分别代表了华北、中西部和东南沿海地区。三个试点既有共同特征，又有地区差异，具有很强的代表性。

第二，这三个试点都有各自的特点。北京是中国的首都，其经济发展水平一直走在中国城市的前列。北京近期的碳排放结构和增长速度与其他试点省市存在明显差异。试点系统的设计充分考虑了社会经济发展、能源消费和碳排放的阶段性特点（Duan et al.，2018）。截至 2017 年，湖北碳排放权交易试点项目已经全面运行了两个周期，且交易量领先，市场流动性良好，碳价基本稳定，没有急剧上升或下降，如图 4.1 所示。累计成交额 3738.6 万吨，占全国成交额的 37%。湖北省碳排放权交易试点制度设计对保障碳市场稳定运行、协调经济发展与减排具有重要作用。与北京和湖北试点相比，深圳试点是唯一的副省级试点，但也是中国第一个开始运营的试点。深圳碳排放权交易试点覆盖了来自能源、工业、建筑和交通领域的 794 家实体（ICAP，2019）。

北京、湖北和深圳的碳配额价格从试点启动之日起至 2019 年 6 月 28 日止的每日收盘价均在 CSMAR 数据库（http：//www.gtarsc.com/）中查询。值得注意的是，SZA 的价格是由 SZA – 2013、SZA – 2014、SZA – 2015、SZA – 2016、SZA – 2017、SZA – 2018 和 SZA – 2019 产品分别提供的。2013 年 6 月深圳碳排放权交易试点启动时，市场上的可交易产品只有 2013 年深圳碳配额（SZA – 2013）。在以后的运作中，每年发放的配额用于完成当年及以后的年份。经过 7 年的市场运作，目前可交易的配额包括 SZA – 2013、SZA – 2014、SZA – 2015、SZA – 2016、SZA – 2017、SZA – 2018 和 SZA – 2019（Duan et al.，2018）。为了计算的一致性，根据 Chang 等（2018b）的样本数据计算所有交易产品的平均价格。三个碳排放权交易试点国家碳排放额度价格的动态特征如图 4.1 所示。

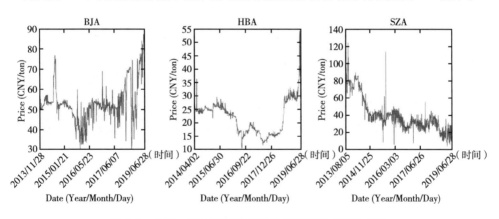

图 4.1 北京、湖北和深圳碳排放权交易试点碳价走势

就碳价波动的长期趋势而言，交易在北京和湖北碳排放权交易试点通常表现出一种"冲下来后，再次冲高"的特点。近年来，深圳碳排放权交易试点普遍进入了一个"连续下降与小增加"的状态。从长远来看，在碳试点初期，每个市场的平均交易价格为 20 ~ 55 元/吨。其中，湖北碳试点的交易价格最低，仅为 20 元/吨。尽管北京和深圳碳排放权交易试点价格开始时很高，但在接下来的几年里它们大幅下跌。特别是在 2015 年，首个履约期到来时，所有试点均表现出公开交易价格"高开低收"的趋势。试点实施后，各试点交易价格逐渐回升，并趋于稳定。2015 年底，北京和深圳碳价一直保持在 40 元/吨的高位，领先于其他试点。湖北碳试点价格徘徊在 22 元/吨左右，价格较低但适中。2016 年，只有北京碳排放权交易试点价格保持稳定，在 50 元/吨以上，并呈上升趋势，而其他试点价格持续下跌（Sun，2017）。深圳碳排放权交易试点首个期满后，价格降至 25 元/吨以下。2016 年 12 月底，湖北碳排放权交易试点价格先跌后涨，年末稳定在 19 元/吨左右。从 2018 年年中开始，湖北碳配额价格由 16 元/吨上涨至 30 元/吨（ICAP，2019），而北京碳配额价格波动较大，深圳碳配额价格下降。

北京和深圳碳试点的碳价波动幅度大于湖北试点。最近一年，北京碳排放权交易试点交易价格波动较大，2018 年 9 月大幅下跌至 30 元/吨，2018 年 10 月迅速上涨至 61 元/吨，最终在 2019 年 6 月达到 87 元/吨的峰值。与北京碳配额价格波动幅度较大不同，深圳碳排放权交易试点表现出更多的短期波动，在启动初期价格从 40 元/吨飙升至 122 元/吨，然后逐渐下降，直到在 20 ~ 40 元/吨的价格区间内相对稳定。与此相反，湖北碳配额价格波动相对较小。价格的波动给碳市场的稳定带来了很大的风险，不利于利益相关者参与市场。从图 4.1 的证据可以看出，探索影响碳价并导致其变化的因素对中国具有重要意义。

在影响碳价的因素方面，本书主要关注宏观经济因素和能源价格，包括煤炭、石油和天然气价格。以天津港动力煤平仓价表示煤价，从 WIND 数据库（表示为 COAL）中获取。石油价格用燃料油期货的结算价格表示，从 WIND 数据库（表示为 OIL）中获取。另外，WIND 数据库得到的天然气价格是根据六个报价机构（以 LNG 表示）的液化天然气平均出厂价计算得出的。除能源价格外，宏观经济因素也由于企业生产活动的影响而影响碳价，从而导致碳排放。因此，宏观经济水平是碳价的关键决定因素。在本书中，我们选择了雅虎财经（https://finance.yahoo.com/）的上证综合指数的收盘价作为宏观经济水平的代表，以股票表示，作为经济的"晴雨表"（Kang and Qiu，2003）。图 4.2 显示了驱动因素的数据序列，从中我们可以观察到 2015 ~ 2016 年的市场崩溃。上证综合指数在 2015 年 6 月达到最大值，但随后急剧下降。2016 年 8

月至 2017 年 2 月，煤炭和石油价格迅速上涨，并保持在高位。液化天然气在 2017~2018 年波动剧烈。

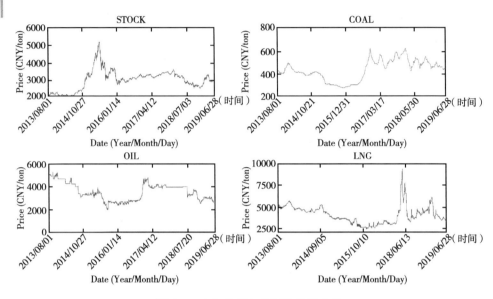

图 4.2　上证综指和能源价格的走势

表 4.1 总结了三个碳排放权交易试点的碳价、能源价格和上证综合指数的描述性统计。对每个碳排放权交易试点的 JB 检验拒绝了偏度为 0 和峰度为 3 的零假设。因此，JB 检验的结果表明，所有变量都具有非正态分布的特性。此外，我们运用普通最小二乘回归（OLS）对各碳排放权交易试点的碳价与煤炭价格、石油价格、天然气价格和宏观经济水平之间的关系进行建模。我们对数据取自然对数处理。将残差的核密度估计、频率直方图和正态分布密度函数图一起显示，比较如图 4.3 所示。结果表明，每个残差都是非正态的。因此，OLS 不适合建模碳价及其影响因素之间的关系。

表 4.1　　　　　　　碳价和影响因素价格的描述性统计

	BJA	HBA	SZA	LNG	COAL	OIL	STOCK
平均值	53.292	21.622	39.137	4012.672	424.229	3390.796	2958.016
中位数	52.110	23.000	34.920	3887.500	433.000	3315.000	3051.724
最大值	87.470	53.850	122.970	9400.000	613.000	5075.000	5166.350
最小值	30.000	10.070	3.300	2380.000	270.000	1832.000	1991.253

续表

	BJA	HBA	SZA	LNG	COAL	OIL	STOCK
标准差	9.730	6.119	19.065	1000.010	88.084	732.739	577.937
偏度	0.952	0.703	1.145	0.972	-0.159	0.181	0.474
峰度	4.746	4.428	4.055	5.260	2.119	2.040	4.071
JB 检验	236.889	207.963	340.484	733.466	53.688	62.582	122.609
P 值	0.000	0.000	0.000	0.000	0.000	0.000	0.000

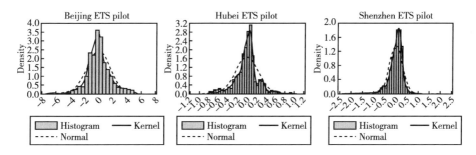

图 4.3　OLS 残差的非正态性检验

Brock – Decher – Scheikman（BDS）检验结果见表 4.2。结果表明，在 1% 的显著性水平下，碳价与其影响因素的关系是非线性的。因此，本书提出了半参数分位数回归技术对中国试点碳价及其影响因素之间的关系进行建模，克服了 OLS 方法的不足，并取得了优于其他传统方法的效果。

表 4.2　　　　　　　　　　　　　BDS 检验结果

试点	碳价/影响因素	m – 维								线性
		2		3		4		5		
		统计量	p 值	统计量	p 值	统计量	p 值	统计量	p 值	
北京	BJA/COAL	0.1387	0.0000	0.2319	0.0000	0.2908	0.0000	0.3258	0.0000	×
	BJA/OIL	0.1459	0.0000	0.2437	0.0000	0.3055	0.0000	0.3439	0.0000	×
	BJA/LNG	0.1406	0.0000	0.2360	0.0000	0.2980	0.0000	0.3369	0.0000	×
	BJA/STOCK	0.1497	0.0000	0.2535	0.0000	0.3211	0.0000	0.3638	0.0000	×
湖北	HBA/COAL	0.1934	0.0000	0.3296	0.0000	0.4237	0.0000	0.4883	0.0000	×
	HBA/OIL	0.1906	0.0000	0.3254	0.0000	0.4192	0.0000	0.4840	0.0000	×
	HBA/LNG	0.1878	0.0000	0.3194	0.0000	0.4101	0.0000	0.4721	0.0000	×
	HBA/STOCK	0.1914	0.0000	0.3263	0.0000	0.4199	0.0000	0.4843	0.0000	×

续表

试点	碳价/影响因素	m-维								线性
		2		3		4		5		
		统计量	p值	统计量	p值	统计量	p值	统计量	p值	
深圳	SZA/COAL	0.1449	0.0000	0.2534	0.0000	0.3254	0.0000	0.3723	0.0000	×
	SZA/OIL	0.1330	0.0000	0.2339	0.0000	0.2999	0.0000	0.3424	0.0000	×
	SZA/LNG	0.1377	0.0000	0.2421	0.0000	0.3119	0.0000	0.3578	0.0000	×
	SZA/STOCK	0.1545	0.0000	0.2682	0.0000	0.3440	0.0000	0.3946	0.0000	×

注：×表示碳价与其决定因素价格之间的关系在1%的显著性水平下是非线性的。

4.1.3 能源价格与宏观经济水平对碳价的影响

（1）能源价格对碳价的影响。

北京、湖北和深圳碳排放权交易试点的能源价格对碳价的影响可以通过参数部分的斜率系数来反映。半参数分位数模型的参数估计结果见表4.3。从表4.3可以看出，能源价格对碳价的影响是显著的。三个试点地区的能源价格对碳价的影响在不同碳价水平上存在明显差异。

对于北京碳排放权交易试点，煤炭价格几乎在所有分位数对碳价都有显著的正向影响（见表4.3），这与Tan和Wang（2017a）的研究结果一致，他们认为煤炭价格对欧盟碳排放权交易体系第二阶段的碳价有正向影响。导致这些结果一个可能的解释是，北京是中国经济发展前沿地区，经济的高速发展需要大量的能源消耗，北京的能源消耗以煤炭为主，在这种情况下，即使煤炭价格很高，企业可能不会减少对煤炭的需求，导致碳价的升高。结果还表明，煤炭价格在较高的分位数水平上有较大的影响。油价变化对碳价的影响在低分位数不显著，但在高分位数显著为负（见图4.4）。

与Hammoudeh等（2014b）一致，当碳价非常高时，原油价格上涨导致碳价下降。这一结果可能归因于低碳排放和低碳价，这是由高油价导致的石油消费减少所导致的。由于使用石油的生产成本高，企业在碳价高时会使用较少的石油。因此，在碳价分布的右尾部负向影响更大。天然气价格对碳价有显著的正向影响，这与Tan和Wang（2017a）的研究结果一致，他们认为天然气价格对欧盟碳排放权交易第二阶段碳价有正向影响。当碳价极低（0.05和0.1分位

表 4.3　半参数分位数回归结果：三个试点的斜率系数

试点	变量	$Q_{0.05}$	$Q_{0.1}$	$Q_{0.2}$	$Q_{0.3}$	$Q_{0.4}$	$Q_{0.5}$	$Q_{0.6}$	$Q_{0.7}$	$Q_{0.8}$	$Q_{0.9}$	$Q_{0.95}$
北京	β_{coal}	0.265***	0.284***	0.258***	0.272***	0.273***	0.304***	0.337***	0.404***	0.555***	0.865***	0.976***
	β_{oil}	0.028	0.122*	0.008	-0.041	-0.045	-0.069	-0.119*	-0.190**	-0.269**	-0.654***	-0.772***
	β_{LNG}	-0.061	-0.044	0.126***	0.107***	0.161***	0.217***	0.261***	0.334***	0.320**	0.325**	0.267*
湖北	β_{coal}	-0.133	-0.068	-0.153	-0.225*	-0.356***	-0.381***	-0.356***	-0.381***	-0.278**	0.258	0.408**
	β_{oil}	-0.097	-0.207**	-0.153*	-0.251***	-0.298***	-0.280***	-0.324***	-0.228**	-0.151**	-0.608***	-0.754***
	β_{LNG}	0.211***	0.207***	0.213***	0.246***	0.300***	0.363***	0.509***	0.510***	0.536***	0.519***	0.505***
深圳	β_{coal}	-2.095***	-1.552***	-1.376***	-1.334***	-1.207***	-1.174***	-1.122***	-1.104***	-0.981***	-0.952***	-0.902***
	β_{oil}	1.786***	1.207***	0.974***	0.935***	0.777***	0.776***	0.772***	0.808***	0.712***	0.766***	0.712***
	β_{LNG}	0.323	-0.118	0.071	0.196***	0.226***	0.228***	0.238	0.214***	0.182**	0.108**	0.036

注：本表为半参数分位数回归的参数部分斜率系数结果。*** 表示在 0.1% 的显著性水平下拒绝原假设。** 表示在 1% 的显著性水平下拒绝原假设。
* 表示在 5% 的显著性水平下拒绝原假设。

数）时，碳价的影响是负的，但不显著。此外，天然气价格的正影响随着分位数的增加而增加（见图4.4），而影响不显著的原因是天然气价格没有市场化（Zeng et al.，2017）。中国天然气行业最大的特点是其强大的垄断（Li and Lei，2018）。这一正向影响表明，天然气价格的上涨能够诱导企业使用更多的非清洁能源，产生更多的碳排放。因此，碳排放许可需求增加，导致碳价上涨。

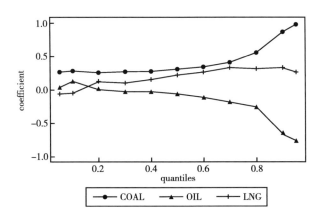

图4.4 能源价格对北京碳排放权交易试点碳价的影响

湖北碳排放权交易试点表明，煤炭价格的上涨可以导致碳价的大幅下降，除了极高分位点（0.9分和0.95分）外。这与Zhou和Li（2019）证实煤炭价格对湖北碳试点碳价有负影响的结论一致。能源密集型产业在湖北省产业结构中占有较大比重，煤炭是主要能源（Chang et al.，2018）。较高的煤炭价格会导致企业减少使用煤炭以降低成本，从而减少对碳配额的需求，导致碳价的下降。与煤炭类似，油价上涨对碳价的负面影响在所有分位数水平上都存在。这导致了一些研究（Tan and Wang，2017；Zhu et al.，2019），分析了石油价格和碳价之间的关系。油价的上涨减少了石油的消费，这反过来减少了对碳配额的需求，从而导致了碳价的降低。相比之下，天然气价格对碳价有显著的正向影响，如表4.3和图4.5所示。

此外，我们发现影响在不同的分位点存在显著差异。结果表明，在较高的分位数水平下（即碳价较高时），天然气价格对碳价的影响更大，反之亦然。这可能是由于天然气价格上涨，促使人们使用更多的非清洁能源，从而释放了更多的二氧化碳。这使企业对碳配额的需求增加，导致了更高的碳价。实际

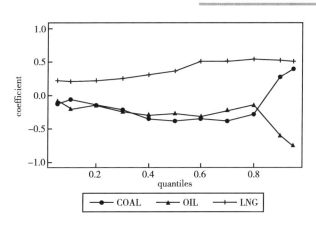

图 4.5　能源价格对湖北碳排放权交易试点碳价的影响

上，湖北碳排放权交易试点的能源密集型产业企业使用更多的非清洁能源，这对碳价的影响更大。在深圳碳排放权交易试点中，我们发现尽管排放密集型制造业部门的份额有所下降，但碳排放水平仍然很高，这与 Cong 和 Lo（2017）的结论一致。图 4.6 显示，深圳碳排放权交易试点煤炭价格对碳价存在显著的负影响。研究结果与 Tan 和 Wang（2017）的结论一致，他们认为在欧盟碳排放权交易体系的第一阶段和第三阶段，煤炭价格对碳价产生负影响。从表 4.3 可以看出，煤炭价格对碳价的负影响在各个分位数水平上都是显著的，在较低的分位数水平上影响较大，而在较高的分位数水平上影响较小。这可能是因为不断上涨的碳价（即较高的分位数水平）将导致企业减少生产和使用更少的煤炭。因此，煤炭价格对碳价的影响随着分位数的增加而减小。石油价格对碳

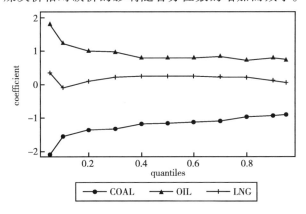

图 4.6　能源价格对深圳碳排放权交易试点碳价的影响

价有显著的正影响。这与 Hammoudeh 等（2014）得出的结论一致，他们认为人类活动对油价的冲击最初会导致碳价上涨。更有趣的是，石油价格和碳价从低分位点到高分位点依赖特征的变化（见表4.3和图4.6）。与 Tan 和 Wang（2017）得出的变化没有规律性（即逐渐下降和不断上升的）的结果不同，我们发现石油价格对碳价的影响随着分位数的升高而降低。我们的新发现可能是由以下条件产生的。在高分位点上碳价上涨导致企业降低生产，这可以减少石油消费，从而降低油价对碳价的影响。对于天然气价格的影响，与北京和湖北的两个试点相似，都对碳价有显著的正影响。

（2）宏观经济水平对碳价的影响。

在半参数分位数回归模型中，考察了北京、湖北和深圳碳试点的宏观经济水平对碳价的影响。为了进一步说明宏观经济因素在不同碳价水平上的影响，我们选取0.2、0.5和0.8分位数的结果，分别以图形表示宏观经济水平对碳价在低、中、高分位数水平上的影响。表4.4给出了该模型对所有分位数的估计，包括平滑参数、F统计量及其相关概率。当 $d=1$，…，D 时，F检验的零假设是 $m_d=0$。F统计量是 Koenker（2011）中 R 软件函数输出的一部分。表4.4显示，在0.1%的显著水平下，结果拒绝原假设，表明宏观经济因素对北京、湖北、深圳碳排放权交易试点的碳价具有显著影响。

在北京碳排放权交易试点中，宏观经济水平对碳价的影响为正，这与 Chevallier（2011）研究一致。我们可以从图4.7中看出，宏观经济因素对碳价的影响是正的。由于北京碳排放权交易试点的排放门槛和覆盖面积较低（Tan and Wang, 2017b），影响工业企业发展的宏观经济水平不太可能引起碳价的波动。然而，这一效应并非恒定不变，而是容易从较低的分位数向较高的分位数下降，反之，如果碳价较低，则会受到宏观经济波动的严重影响。由此可见，当碳价较高时，宏观经济水平对碳价影响较弱，这对碳定价政策的制定具有借鉴意义。

与北京碳排放权交易试点相似，宏观经济水平对湖北碳排放权交易试点碳价的影响显著为正，如图4.8所示。积极的影响可以归因于经济的繁荣与更高的产出和更多的能源消耗，这能导致更高的碳排放和更高的碳价。但宏观经济水平对碳价的影响并非从低位到高位都是恒定的，宏观经济水平对低、高位碳价的影响要小于中位碳价的影响，说明中位碳价更容易受到宏观经济水平变化的影响而出现波动。这表明，中等价格的碳配额对宏观经济因素的变化更为敏感。

表 4.4　半参数分位数回归的非参数部分的估计和检验

试点	参数	$Q_{0.05}$	$Q_{0.1}$	$Q_{0.2}$	$Q_{0.3}$	$Q_{0.4}$	$Q_{0.5}$	$Q_{0.6}$	$Q_{0.7}$	$Q_{0.8}$	$Q_{0.9}$	$Q_{0.95}$
北京	Lambda	0.089	0.286	0.081	0.119	0.141	0.161	0.268	0.098	0.173	0.064	0.064
	Penalty	13.31	3.988	21.52	15.42	16.2	16.86	13.01	19.52	17.07	30.62	29.65
	F 统计量	7.576	4.005	8.119	1.66	10.18	5.921	10.42	21.75	6.304	31.25	46.02
	P（>F）	0.000***	0.000***	0.000***	0.003**	0.000***	0.000***	0.000***	0.000***	0.000***	0.000***	0.000***
湖北	Lambda	0.017	0.032	0.108	0.198	0.103	0.124	0.340	0.131	0.151	0.107	0.052
	Penalty	138.8	85.1	43.34	31.01	41.95	47.47	25.25	26.93	20.72	31.84	42.45
	F 统计量	56.28	85.08	15.47	57.82	64.3	39.66	31.93	2.803	4.704	25.45	42.44
	P（>F）	0.000***	0.000***	0.000***	0.000***	0.000***	0.000***	0.000***	0.000***	0.000***	0.000***	0.000***
深圳	Lambda	0.026	0.081	0.196	0.24	0.176	0.189	0.141	0.196	0.058	0.121	0.109
	Penalty	129.1	64.14	30.24	31.27	41.57	35.74	33.63	23.02	60.51	14.21	12.55
	F 统计量	64.08	79.68	68.26	1.458e+09	94.39	3.724	79.08	65.43	17.14	38.94	29.21
	P（>F）	0.000***	0.000***	0.000***	0.000***	0.000***	0.000***	0.000***	0.000***	0.000***	0.000***	0.000***

注：本表为半参数分位数回归非参数项的结果。*** 表示在 0.1% 的显著性水平下拒绝原假设，** 表示在 1% 的显著性水平下拒绝原假设，* 表示在 10% 的显著性水平下拒绝原假设。

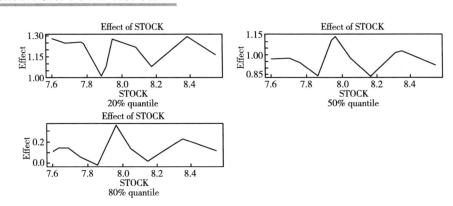

图 4.7　宏观经济水平对北京碳排放权交易试点碳价的影响

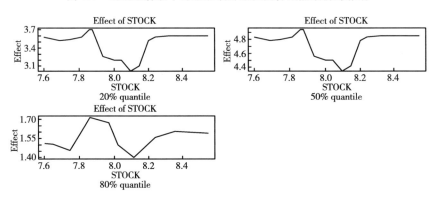

图 4.8　宏观经济水平对湖北碳排放权交易试点碳价的影响

与之前的研究结果相一致，宏观经济水平与深圳碳排放权交易试点的碳价之间也存在显著的正相关关系，这也是 Guo（2015）得出的结论。由图 4.9 可

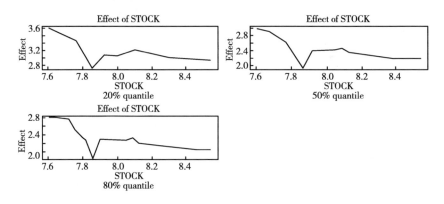

图 4.9　宏观经济水平对深圳碳排放权交易试点碳价的影响

知，在 0.2、0.5 和 0.8 分位数上，宏观经济因素对碳价的影响曲线近似呈"V"形，差异不大。这种形状表明，当宏观经济水平较低时，对碳价的影响非常高，但这种影响逐渐减小，直到"V"形曲线的底部。此外，这种效应随着宏观经济水平的提高而增大，达到一定水平后逐渐趋于平稳。

本书采用半参数分位数回归分析了北京、湖北和深圳三个试点城市的能源价格和宏观经济水平对碳价的非线性影响。影响因素对碳价的影响在不同碳价水平下存在明显差异。第一，实证结果表明，煤炭价格对北京碳排放权交易试点的碳价具有显著的正影响，在较高的分位数上，对碳价的影响较大。然而，煤炭价格对湖北碳排放权交易试点的碳价有负向影响，但在低分位点时影响不显著。在低分位点时，煤炭价格对深圳碳排放权交易试点碳价负影响更大。此外，在北京和深圳碳排放权交易试点，煤炭价格对碳价的影响大于石油价格和天然气价格，说明煤炭价格是碳价的主要影响因素。第二，油价对北京和湖北碳试点的碳价存在负影响，但在碳价较低时，对北京碳排放权交易试点的碳价影响不显著。与北京和湖北碳试点相比，油价上涨可能会对深圳碳试点的碳价产生积极影响，这可以归因于该地区对石油的巨大需求。石油价格对深圳碳排放权交易试点的碳价的影响随着分位数的增加而增加。第三，天然气价格对三个试点的碳价有积极的影响。而在北京和湖北碳排放权交易试点，天然气价格对碳价的影响更大。第四，宏观经济水平对北京、湖北和深圳碳试点的碳价的影响显著为正。在碳价较低时，宏观经济水平对北京和深圳碳试点的碳价的影响较大，在中等碳价水平下，对湖北碳试点碳价的影响较大。特别是当宏观经济水平极低时，宏观经济水平对碳价的影响更大。

从实证结果可以看出，天然气价格对碳价具有正向影响，这可以归因于天然气价格较高时企业会减少天然气的使用。在中国，天然气的价格近几十年来一直处于强势垄断地位，煤炭仍然是中国的主要能源来源。因此，应加快产业升级和能源结构调整，减少对煤炭的需求，提高清洁和可再生能源的比重。政府对天然气价格的适度下调可能会导致企业更多地使用天然气。此外，投资者应关注能源定价改革，以做出投资决策。结果表明，由于区域差异，不同试点地区能源价格的影响是不同的。因此，投资者应关注能源结构的区域差异，根据不同试点的能源价格与碳价之间的关系进行投资决策。例如，湖北和深圳碳试点的碳价可能会因为煤炭价格的上涨而下降，而对煤炭价格的正面冲击可能会导致北京碳试点的碳价上涨。

碳价对宏观经济水平的反应是剧烈的，这可能导致碳价的波动。但是，较大的波动可能会导致企业交易成本的增加，这可能会抑制企业参与碳交易。因此，政策制定者应密切关注碳价的波动，并出台多项政策，完善市场监管，及时有效调整碳价，降低市场风险。此外，建议投资者在宏观经济层面上预测碳价的波动。

研究结果表明，碳价受能源价格和宏观经济水平等外部因素的影响，导致碳价出现较大波动。必须通过政府的合理干预来纠正碳市场的"失灵"。结果表明，能源价格对碳价具有明显的影响，因此，政府可以调节能源价格，使碳价回归正常水平。例如，如果碳价过高，政府就可以通过市场和行政手段降低天然气价格，使其下降。特别是由于对不同碳价水平下的影响存在差异，如果政府通过调节影响因素的价格来调整碳价，政府就应该关注不同的碳价水平。

与成熟的国际碳市场情景相比，中国的碳排放权交易试点仍存在碳金融产品简单、交易量低等问题。因此，相关部门应推动碳金融产品的创新，并根据其特点有选择地引入碳金融产品。发展碳期货、碳期权等碳金融衍生品，吸引更多的市场参与者，这对促进碳市场的进一步发展至关重要。

如前所述，本书为投资者和决策者提供战略决策方面的建议。投资者不仅要关注碳价的波动，更要关注能源价格和宏观经济水平的变化。此外，能源改革也会影响碳价。政策制定者应制订若干规定，以确保碳价的正常波动。此外，政府应该建立一个相对完善的法律体系，以确保碳市场的正常运行。

4.1.4 碳市场风险识别

根据一般金融市场风险的概念，结合碳交易市场及其风险管理的特性，考虑市场风险的多源性，本书将碳交易市场风险定义为：碳排放权交易市场运作机制中由于多源风险因素的不确定性，给参与碳市场交易的宏微观主体实现既定的减排或者投资目标带来不利影响或者损失的不确定性。其中，市场风险要素包括利率、汇率、能源产品价格、股票价格以及衍生品价格、宏观经济等；这些市场要素可能直接对碳交易市场的参与主体产生影响，也可能是以间接方式如通过对其竞争者、供应商或者消费者来影响参与主体的投资决策行为。本书进一步将碳交易市场风险分为两种类型：①狭义碳交易市场风险是指因碳排放权相关资产的价格行为波动引起相关经济主体的收益不确定性变化。②广义碳交易市场风险指的是在碳排放权市场交易过程中，因多源市场风险要素利率、汇率、碳资产价格以及金融市场其他价格的波动存在相关关系（相依性）而共同作用引起收益的不确定性变化。

碳市场风险通常表现为碳资产价格的异常波动，导致对碳排放权交易整体的稳定性、企业碳资产价值产生负面影响而降低碳资产的流动性。碳价上升将会直接增加参与减排项目企业的履约成本、影响其生产经营的正常进行；而碳价下降则会造成企业持有碳资产缩水贬值、降低企业和投资者对节能减排和低碳项目的投资预期。目前国际上还没有形成统一碳市场，各个国家或地区碳市场在交易机制、地域范围和交易品种以及制度安排上存在很大差异，客观上增加了交易过程中的交易成本和周期，放大了市场因子波动的不确定性，从而引发市场风险。在碳排放权交易中，市场因子如价格、汇率、利率等波动具有独特的随机特征，将影响市场参与双方的利益，引发市场风险。整个经济的走势也可能引发碳市场风险。当宏观经济发生危机时，许多银行企业由于资金紧张，可能从碳排放权交易中撤出，从而使市场低迷；此外，由于经济出现衰退，多数企业因为减产导致碳排放量减少，从而对碳排放权的需求量下降。这些特征或因素不仅会导致市场风险，甚至可能对全球碳排放权交易市场造成巨大冲击，从而给碳市场参与主体带来重大损失。研究碳交易市场风险的识别与度量是促进碳交易活动健康发展的重要课题。

中国目前与碳排放权交易相关的碳金融市场还很不成熟，碳交易市场产品价格波动涉及多方面因素的综合影响，不仅易受市场供求机制的作用，更易受到政治变动、气候变化、配额分配、金融危机等诸多外界因素的影响，这些影响都会给碳交易市场的稳定带来大幅度的波动，导致市场呈现复杂不确定性等非线性系统的特征。碳交易市场的波动频繁会导致市场风险凸显，且受全球金融一体化发展的影响，碳交易市场也面临着多源市场风险要素并存问题的挑战。因此，碳交易市场风险的识别与度量是碳市场健康发展的关键问题，科学有效的碳交易市场风险管理是实现全球碳减排效果的重要保障。应逐步完善碳金融市场运行机制，加强对碳排放权交易市场价格的监管，强化对市场风险的监控，建立健全碳金融市场风险危机预警系统。风险防范的本质是风险识别、风险评估和风险控制，也就是在监管机构和金融机构共同参与下，建立一个可以对风险进行识别、度量以及控制的机制。碳市场风险管理的流程可分为风险识别、风险评估和风险控制等。

（1）风险识别是在风险发生之前，风险管理者运用各种方法和技巧发现潜藏的风险，并分析其形成的原因。对于碳金融风险的识别方法，一般可以凭借经验判断或感性认识等方式来判定风险的性质，并从中总结出风险损失的规律和一般的识别方法。其中专门针对碳排放权交易的风险识别需要从四个方面来把握：排放名单的确定、检测排放的方法、信息系统的管理以及碳排放注册登记。

（2）风险评估主要是针对风险事故发生后，对其造成的影响和损失进行量化评估，主要包括风险承受能力评估、风险的优先等级评估和风险概率及负面效应的评估等方面。经常使用的风险评估方法是定性分析、定量分析、计量经济学模型分析等方法。碳金融风险评估一般是在碳金融风险识别后，人们利用风险评估方法对碳金融风险进行评估。目前国际上对于碳金融风险的评估模型有很多，如度量信用风险的模型、度量碳排放权交易市场风险的模型、度量操作风险的统计度量模型等。

（3）风险控制是在风险识别和风险评估的基础上，风险管理者利用各种措施，通过各种途径来减少或消除风险损失的办法，它也是风险防范的核心。在碳金融市场上，风险管理者防范风险的途径有很多，如制度约束、政府监管、金融支持、信息系统管理、第三方机构参与核查等。管理者为规避由于信息不对称带来的风险，可以完善信息披露机制，建立碳金融数据库，另外，也可以通过创新碳金融产品、加强国际之间的合作等来转移分散风险。

4.2　碳价波动预测

4.2.1　问题的提出

工业革命以来，由于过度的碳排放所引起的全球气候变化对自然环境和人类生活产生了严重的影响，而以往经验表明，仅靠政府强制要求或者经济主体自愿减排很难达到理想目标。2005 年 2 月 16 日，《京都议定书》正式生效，各国相继建立碳交易体系，从而碳排放权具有了商品属性，能够在市场中交易流通；2016 年 11 月 4 日，《巴黎协议》正式生效，再次有效地推动了全球碳市场的发展。2005 年，作为世界上最大的碳排放权交易市场的欧盟碳排放权交易体系（EU ETS）开始交易，发展至今其包含 28 个欧盟成员国，贡献了全球约80% 的交易额；中国碳排放权统一交易市场于 2017 年 12 月 19 日正式建立，现在仍处于初级阶段。根据 ICAP 发布的《全球碳市场进展 2018》可知，截至 2018年，已经建立碳市场的司法管辖区的 GDP 占全球 GDP 的 50% 以上。因此，碳排放权交易市场是一个能够通过市场经济来达到有效的较低成本减排的方式，同时也是针对性减少碳排放、改善环境、实现可持续发展的有效手段。

随着碳市场的快速发展，碳价受到许多潜在因素的影响，变得更加不稳定。价格的不规则变动增加了碳市场的风险，影响了参与者的信心和减排目标的实现。碳排放权作为一种的商品，其价格的波动会影响碳排放权交易市场的稳定和利益相关者对于碳排放的决策。因此，理解碳价的动态变化规律，建立科学的碳价预测模型非常重要，不仅能够帮助碳市场参与主体管理风险，而且能够为管理当局制订科学的定价机制提供决策参考。碳价的合理预测成为参与碳市场的国家和企业所面临的极为关键的问题。科学地预测碳价，对于欧盟市场来说，能够有效地预防碳价波动剧烈给碳排放权交易市场带来的风险，从而稳定并且增强经济主体参与碳市场的积极性；而对于中国市场来讲，在一定程度上能够摆脱中国当前在国际碳市场的被动局面，提高企业主体的风险防范能力的同时减少其碳产品价格的流失，所以本书的研究具有重要的理论意义。同时，合理预测碳价对于改善环境有积极作用，加速了全球的产业经济从"高碳密集型"向"绿色低碳型"的转变，对于中国未来碳市场的发展起到了有效的推动作用，具有重要的现实意义。

4.2.2 基于 EMD - SVM 模型的碳价波动预测

国内外碳市场成熟度不同，针对不同的市场预测碳价的研究方法也不尽相同。但目前学者们对碳价预测的研究方法基本分为三类：分别是传统计量模型、机器学习和混合模型。计量经济模型主要包括广义自回归条件异方差（GARCH）模型、自回归（AR）模型和自回归滑动平均（ARMA）模型、协整滑动平均自回归（ARIMA）模型等。例如，Byun 等（2013）在研究了不同 GARCH 型模型的波动率预测能力时，发现 GARCH 模型的预测结果要优于 AR 模型、隐含波动率（IV）模型。然而，GARCH 型模型不一定是最佳预测模型，因为它们在样本预测中产生的令人满意的结果并不能应用到样本外的预测。

碳价时间序列具有非线性和非平稳的特征，使传统计量模型并不能很好地解决这个问题。因此，研究人员将机器学习引入碳价的预测。它被认为具有强推广、高速计算的特征，如邻近算法（KNN）、反向传播神经网络（BPNN）、最小二乘支持向量（LSSVM）等。但单一的机器学习方法的运用，并不能对序列相关复杂的非线性碳价预测进行高精准的预测，所以在现有研究方法中更常用的是用混合模型对碳价进行预测。例如，朱帮助和魏一鸣（2011）用 GMDH – PSO – LSSVM 的混合模型预测欧盟排放体系（EU ETS）的碳价，结果表明混合模型优于单一模型。Zhu 和 Wei（2013）针对传统 ARIMA 模型在预测非线性特征下碳期货价格时的缺陷，构建了 ARIMA – LSSVR 的混合模型，并对欧盟碳市场下的两种碳期货价格进行实证研究，结果表明混合模型优于 ANN 和 ARIMA 的单一模型。

国内碳市场方面，中国的碳排放权交易体系还处于起步阶段，对于研究中国碳市场碳价预测的相关文献很少。在中国排放交易计划下，仅有少数研究侧重于八个试点（北京、上海、天津、深圳、重庆、广东、湖北和福建）的碳价预测。Li 等（2015）将经验模式分解（EMD）与广义自回归条件异方差（GARCH）相结合，预测 2016 年深圳等五个试点城市的碳价，得到了令人满意的结果。

以上文献很少用包含机器学习方法的混合模型对不同碳排放体系进行预测效果对比，研究在不同交易体系下模型的适用性。本书选用 EMD – SVM 混合模型来对欧盟以及中国的两个碳交易试点城市进行碳价预测，以期对比模型在这些市场上的预测效果。Huang 等（1998）提出的经验模式分解（EMD），被认为是常用的数据预处理方法，可用于分解时间序列和消除随机波动率，该方法可以将时间序列分解成几个固有模式函数（IMF），使其残差具有高稳定性和高规则性等特征，因此被广泛应用于多个时间序列领域；支持向量机（SVM）具备了前面提到的机器学习方法的优点，具有学习速度快、全局性、泛化性能好等特点。

基于以上分析，由于碳价本身具有的高度复杂的非线性特征和国内外碳市场成熟度不同的差别。本书在对碳价进行预测时，选取国外欧盟和国内深圳、湖北两个试点城市这三个碳市场，运用 EMD – SVM 混合模型对其进行碳价预测，观察三个碳市场中的预测效果，以期找到此模型更适合的碳价预测市场，从而达到更精确预测碳价的目的。

4.2.2.1　理论与方法

（1）经验模态分解。

经验模态分解（Empirical Mode Decomposition，EMD）是由 Huang 等（1998）提出的一种针对非线性、非平稳性信号的自适应信号分解方法。它可以将信号中不同时间尺度的波动分解为几个具有不同频率的本征模态函数（IMF）和一个剩余变量，剩余变量代表着原始信号总体趋势。EMD 的具体分解步骤及其具体算法流程如下所示。

第一步：确定原始序列 x(t) 的极大值点和极小值点，采用三次样条函数分别对极大值点和极小值点进行拟合形成上下包络线，然后对这两条包络线取平均值，这样就得到了平均包络线 $m_1(t)$。

第二步：将原始序列 x(t) 减去第一步得到的平均值 $m_1(t)$ 得到了一个新序列 $h_1(t)$：

$$h_1(t) = x(t) - m_1(t) \tag{4.6}$$

如果 $h_1(t)$ 符合固有模态函数的定义，则继续执行下一个步骤。此时，$h_1(t)$ 即为求的第一个 IMF 分量，记为 $c_1(t)$。否则，则令：

$$x(t) = h_1(t) \tag{4.7}$$

返回第一步操作。

第三步：将原始序列 x(t) 减去第 1 个 IMF 分量 $c_1(t)$ 就得到了第一个去掉高频成分的差值序列 $r_1(t)$，即：

$$r_1(t) = x(t) - c_1(t) \tag{4.8}$$

对 $r_1(t)$ 重复以上操作就可以得到第二个 IMF 分量 $r_2(t)$ 和另一值序列 $r_2(t)$，直到不能分解为止，最后得到了一个常量余量 $r_n(t)$，$r_n(t)$ 可以代表原始序列的总体趋势。

第四步：EMD 算法分解完成。这时原始序列就分解成了 IMF 分量和总体趋势的叠加：

$$x(t) = \sum_{j=1}^{n-1} C_j(t) + r_n(t) \tag{4.9}$$

（2）支持向量机（SVM）。

SVM 算法是由 Cortes 和 Vapnik（1995）提出的一种新机器学习方法，它遵循结构风险最小化原则而非经验风险最小化，且可以对基于小样本高维度非线性系统实现精确拟合，具有较好的泛化能力。SVM 的基本思想是：把输入向量通过非线性映射函数 $\varphi(x)$ 将数据 x_i 映射到高纬度特征空间 F，并在 F 上进行线性回归。

简单来说就是把非线性可分变为线性可分，并把实数空间转换成特征空间。SVM 在高维特征空间中的回归函数为：

$$f(x) = w \cdot \varphi(x) + b \qquad (4.10)$$

其中，$\varphi(x)$ 为 R^m 空间到 F 空间的非线性映射函数，$x \in R^m$，ω 为权向量，b 为偏置向量。

根据结构风险最小化原则，可以转化为以下带约束的问题：

$$\min J = \frac{1}{2} \parallel w \parallel^2 + C \sum_{i=1}^{n} \zeta_i + \zeta_i^*$$

$$\begin{cases} y_i - w \cdot \varphi(x_i) - b \leqslant \varepsilon + \zeta_i \\ w \cdot \varphi(x_i) + b - y_i \leqslant \varepsilon + \zeta_i^* \\ \zeta_i, \zeta_i \geqslant 0, i = 1, 2, \cdots, n \end{cases} \qquad (4.11)$$

其中，$\parallel w^2 \parallel$ 反映了模型的复杂程度，其值越小则置信风险越小。ε 为不敏感损失系数，ζ_i，ζ_i^* 为松弛变量，c 为惩罚变量，n 为样本的容量。公式（4.11）是一个标准的约束优化问题，可运用拉格朗日函数对标准的约束优化问题进行求解，由此得到函数：

$$f(x) = \sum_{1}^{n} (a_i - a_i^*) K(x_i, x_j) + b \qquad (4.12)$$

其中 a_i 和 a_i^* 表示拉格朗日乘子。$K(x_i, x_j)$ 为高维空间内积运算核函数，可表示为 $K(x_i, x_j) = \varphi(x_i)\varphi(x_j)$，核函数的基本作用就是接受两个低维空间里的向量，能够计算出经过某个变换后在高维空间里的向量内积值。鉴于径向基核函数较其他核函数具有参数少、性能好的特点，所以本书采用径向基核函数作为 SVM 的核函数，定义如下：

$$K(x_i, x_j) = \exp\left(-\frac{\parallel x_i - x_j \parallel^2}{2\sigma^2}\right) \qquad (4.13)$$

4.2.2.2 数据选取与描述

由于要对不同市场的碳价进行预测，考虑到欧盟是全球第一大碳交易市场，中国如果建立起统一的碳交易市场其交易量将超过欧盟，因此本书选取了欧盟和中国两个交易体系。目前中国全国统一碳市场还处于建设阶段，没有全国性的交易活动，只有八个试点城市的交易数据。2013 年 6 月 18 日，深圳第一个在中国开展碳排放权交易，第二年湖北也开始进行碳交易，目前湖北已成为八个试点城市中交易量最大的，所以本书选取了湖北、深圳两个试点城市。国际碳行动伙伴组织（ICAP）网站（https：//icapcarbonaction.com/en/ets - prices）提供了全球所有市场的碳价数据，本书从其下载了欧盟、湖北、深圳三个交易市场的碳配额价数据。为保证数据的一致性，三个市场统一使用欧元为货币单位，货币汇率已进行换算。此外，为了保证数据的可比性以及时间上的一致性，三个市场均选取 2014 年 5 月 1 日至 2018 年 3 月 29 日的数据，如图 4.10 所示。本书以 8：2 的比例将总样本划分为训练样本和测试样本。

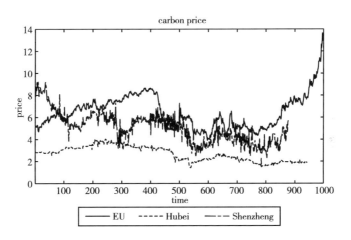

图 4.10　欧盟 EU ETS、中国湖北和深圳交易试点的碳价序列

4.2.2.3　EMD 分解

对于自适应算法 EMD 而言，其能够根据数据特征自动分解出不同数量的 IMF，不需要预先设定 IMF 的数量，最终碳价的 EMD 分解结果如图 4.11 所示。从图 4.11（a）中可以看出，IMF1 的变化频率高，波动较大，它反映了原信号的噪声信息；IMF2 ~ IMF6 及余项变化频率低，包含原信号的周期性和趋势性信息。

对比三个市场的高频信号，发现图 4.11（a）的波动性相比于图 4.11（b）、（c）更大。本书认为此现象可能由以下因素导致：欧盟碳市场 2014 ~

2018 年有着迅猛的发展，碳价也随之增长，但受到一些外生事件的影响，如合规事件、碳排放信息披露，会导致价位较高的碳价波动较大；相反，国内的碳市场还处于试验阶段，每个试点城市的交易量相对来说不是很大，另外，国内碳价较低，变化幅度小。

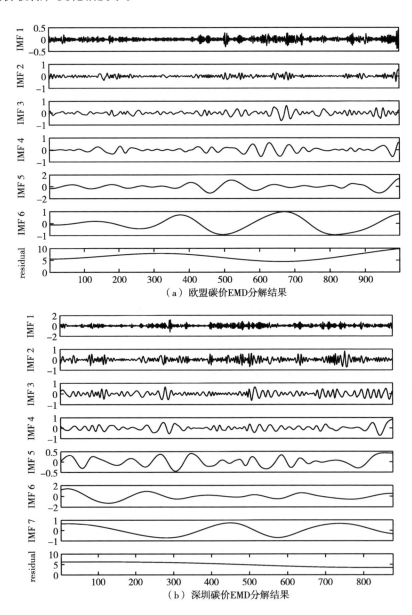

（a）欧盟碳价EMD分解结果

（b）深圳碳价EMD分解结果

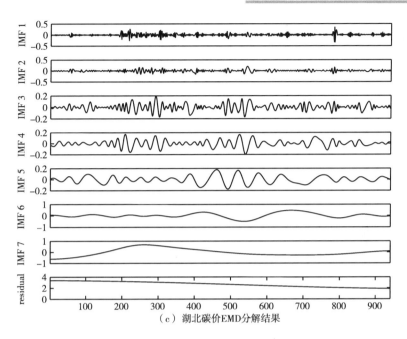

（c）湖北碳价EMD分解结果

图 4.11　EMD 分解结果

4.2.2.4　SVM 预测

SVM 对于线性不可分问题的处理是将输入向量映射到一个高维特征向量空间，并在特征空间里训练模型，其预测原理是通过输入变量与输出变量之间的关系来训练模型，用得出的模型来预测以后的值，即用前 m 个交易日的价格预测第 m + 1 个交易日的值。本书使用 Matlab 中的 libsvm 工具箱实验操作，其有待确定的参数有输入变量的个数（即 m 值）、不敏感损失函数系数、核函数类型。鉴于径向基核函数较其他核函数具有参数少、性能好的特点，所以本书采用径向基核函数作为 SVM 的核函数。输入变量的个数及不敏感损失函数系数通过交叉验证获得最优值，每个市场对应的最优值由自己的数据样本决定。为了使数据的特征能够统一度量，建立的模型更加准确，程序能够更快收敛，我们将特征值进行归一化，在得出结果后将其反归一化还原为真实值。此外，由于使用前 m 个交易日来预测第 m + 1 个值，训练样本加测试样本将比观测值少 m 个，因为数据集前 m 值只能用作输入变量，从第 m + 1 个开始才能作为输出变量。三个市场的预测结果对比与误差见图 4.12、图 4.13 和图 4.14。

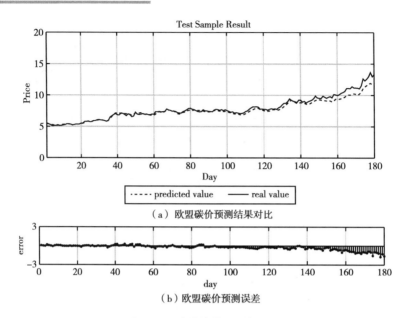

（a）欧盟碳价预测结果对比

（b）欧盟碳价预测误差

图 4.12 欧盟碳价预测与误差

从图 4.12、图 4.13 和图 4.14 可以看出，EMD－SVM 模型作出的预测总体趋势上与实际值差不多一致，符合碳价的变化趋势，但是对具体价格的预测还达不到很高的准确率。从图 4.12 可以看出，模型对欧盟碳价的预测在短期

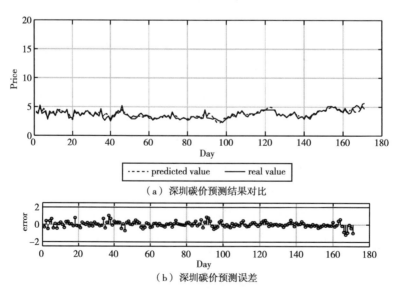

（a）深圳碳价预测结果对比

（b）深圳碳价预测误差

图 4.13 深圳碳价预测与误差

内误差还是比较小的，误差也没有大的波动；但长期看来，随着时间的增加，其误差也逐渐增大，预测效果有了很大的下降。如图 4.13 和图 4.14 所示，此模型在预测国内碳市场碳价时与预测欧盟一样，相比于长期预测，短期预测的误差更小，预测效果更佳。不同于图 4.12，图 4.13、图 4.14 在短期内的误差波动较大，说明预测精度的稳定性较差。图 4.14 在某个时点的预测值甚至出现很大的波动，当然这不能排除数据统计的准确性有误的问题。后面本书将对模型的短期预测能力进行探讨。

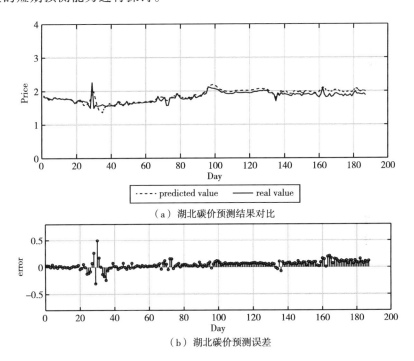

（a）湖北碳价预测结果对比

（b）湖北碳价预测误差

图 4.14　武汉碳价预测与误差

4.2.2.5　误差分析

为了对本模型的预测性进行评价并且对误差进行有效的测量，本书应用误差评估度量平方误差（SSE）、平均方根误差（RMSE）以及平均绝对误差（MAE）三个指标作为评价准则，这三个指标的大小可以反映预测的准确性，即指数值越小，模型性能越好。SSE、RMSE 和 MAE 分别定义为：

$$\text{SSE} = \sum_{t=1}^{T} \left(x_t - \hat{x}_t \right)^2 \tag{4.14}$$

$$RMSE = \sqrt{\frac{1}{T} \sum_{t=1}^{T} (x_t - \hat{x}_t)^2} \qquad (4.15)$$

$$MAE = \frac{1}{T} \sum_{t=1}^{T} |x_t - \hat{x}_t| \qquad (4.16)$$

其中，x_t 和 $\hat{x}_t$，$t = 1$，2，3，…，T 分别表示时间点 t 的实际值和预测值，T 表示数据测试集的大小。

计算结果如表 4.5 所示，另外，本书还计算了测试集前 100 个预测值的误差指标。

表 4.5   预测误差值

	SSE	RMSE	MAE
欧盟	35.9067	0.4466	0.2899
深圳	18.3315	0.3274	0.2442
湖北	1.489	0.0892	0.0663

从表 4.5 可以观察出，EMD – SVM 模型对欧盟碳价预测误差在 SSE、RMSE、MAE 三个指标上都比国内的两个碳交易城市高出很多，虽然本书在前面阐述过模型在欧盟碳价短期预测效果较好，误差波动较小，但 SSE、RMSE、MAE 衡量的是模型整体预测能力。同一种模型对不同市场有着不同的预测效果，本书只是从历史碳价中挖掘信息从而预测碳价，但是不同市场的某一时刻碳价包含不一定相等时间长度的历史信息，而且有些信息可能未能被模型挖掘出来，影响到预测结果。对比周建国的实证结果，EMD – SVM 在深圳碳市场价格预测结果优于 EEMD、PSO – ELM、ELM、SVM、BPNN。就整体预测准确度而言，EMD – SVM 在国内市场预测效果相对于欧盟而言要好。

表 4.6 是测试集前 100 个预测值（短期）的误差指标以及与全部测试集误差的比较，从表中可以看出，欧盟前 100 个预测值的 SSE、RMSE、MAE 有很大

表 4.6   前 100 个测试样本预测误差

	SSE	降低比例（%）	RMSE	降低比例（%）	MAE	降低比例（%）
欧盟	1.9376	94.60	0.1392	68.83	0.1076	62.88
深圳	10.8449	40.84	0.3293	0.58	0.2468	1.06
湖北	0.7852	47.26	0.0886	0.67	0.0527	20.51

程度的下降，这充分说明 EMD – SVM 模型在欧盟碳市场的短期预测能力远远超过国内碳市场。

4.2.2.6　结论

研究贡献在于：（1）针对碳价时间序列非线性、非平稳特性，使用 EMD – SVM 模型对其进行价格预测，首先对原碳价时序进行信号分解得到不同 IMF，使用 SVM 从 IMF 中挖掘历史碳价信息训练模型并作预测。（2）使用欧盟和中国深圳、湖北三个交易市场的价格数据进行实证分析，探讨 EMD – SVM 模型在不同国家、不同市场上的预测效果。EMD – SVM 模型在三个市场上作出的预测总体趋势上与实际值差不多一致，符合碳价的变化趋势，但是对具体价格的预测还达不到很高的准确率。模型对欧盟碳价的预测在短期内误差较小；长期看来，随着时间的增加，其误差也逐渐增大，预测效果下降显著。模型在预测国内碳市场碳价时与预测欧盟一样，相比于长期预测，短期预测的误差更小，预测效果更佳。就整体预测准确度而言，EMD – SVM 在国内市场预测效果相对于欧盟而言要好。

针对不同 IMF 使用了同一种预测方法，而不同 IMF 其频率不同，因此模型的适用性会影响预测效果。在以后的研究中，我们将针对不同的 IMF 找其相适应的模型，以提高准确度；本书只使用了一种方法来对比两个国家碳交易体系的预测效果，在今后的研究中可以增加模型与市场以进行充分的对比；在实证研究中，我们发现 SSE、RMSE、MAE 相对较高的市场，其碳价也相对较高，其中是否有相关性值得我们进一步探讨。

4.2.3　基于 FIG – SVM 模型的碳价波动预测

自欧盟排放交易计划（EU ETS）推出以来，碳排放配额成为稀缺资源。欧盟碳配额（EUA）作为一种新型的金融资产，在现货及其衍生品期货市场中交易活跃。碳价信号的引导作用可以有效地降低全球碳排放的成本。随着碳市场的快速增长，因受到许多潜在因素的影响，碳价变得更加动荡。价格的不规则波动增加了碳市场的风险，影响了参与者的信心和减排目标（Feng et al.，2012）。因此，了解碳价动态并建立科学的碳价预测模型至关重要（Zhang and Wei，2010）。这项研究旨在预测 EUA 的价格，以便帮助受 EU ETS 监管的碳市场参与主体管理风险，使与这种定价机制有关的决策者受益。与此同时，投资领域的科学预测工具可以帮助投机者从波动性交易中寻找短期套利机会，并在碳市场上制订有效的投资策略。

鉴于科学预测模型的重要性，许多研究者提出了预测碳价的模型与方法，通常分为两大类（Sun and Zhang，2018）。早期文献往往在经典的统计方法如ARIMA、GARCH、VAR 和 Markov 转换模型等背景下预测碳价（Benz and Trück，2009；García – Martos et al.，2013；Sanin et al.，2015；Dhamija et al.，2017）。这些方法通常表现为参数化或线性，大多数估计过程都使用极大似然法。在这种情况下，时间序列变量必须服从正态分布的假设，或者样本观察必须足够长。但实际上碳价不具有线性特征，或者通常无法以线性方式预测（Chevallier，2011；Arouri et al.，2012；Lutz et al.，2013）。Chevallier（2011）发现碳价波动中呈现出强烈的非线性，采用非参数预测模型可以大大减少预测误差。Arouri 等（2012）捕获了碳价的非对称性和非线性特征，并强调构建碳价非线性预测模型的必要性。为获得更好的非线性近似，关于碳价预测的实证研究越来越多地使用计算智能技术（Zhu and Wei，2013；Fan et al.，2015；Atsalakis，2016；Zhu et al.，2017；Zhang et al.，2018；Zhu et al.，2018；Sun and Zhang，2018；Zhu et al.，2019；Han et al.，2019）。这些文献主要涉及人工神经网络、模糊逻辑、进化算法、支持向量机（SVM）和混合模型，它们利用了智能算法和统计模型的优势获得了良好的预测结果。尽管神经网络表现出良好的非线性逼近能力，但它易于陷入局部最优、过度训练和训练不足。因此，神经网络在应用复制的时间序列方面显示出某些局限性。支持向量机（SVM）与传统的学习理论不同，遵循结构化而不是经验性风险最小化的原则，因此具有良好的推广性。鉴于此优势，该方法被大量用于碳价预测问题，显示出比其他方法更高的稳健性（Zhu et al.，2017；Zhang et al.，2018；Zhu et al.，2018；Zhu et al.，2019）。值得注意的是，使用 SVM 以及传统的时间序列分析方法（如 ARIMA、GARCH 和经验模式分解）构建各种混合模型，在非平稳和非线性时间序列分析中表现出色，尤其是近年来较多文献开始预测中国的新兴碳市场（Sun and Zhang，2018；Han et al.，2019；Song et al.，2019），预测准确性得以提高。

尽管前面提到的各种时间序列模型能够对碳价数据进行高精度预测，但是对于现实世界信息用户而言，这些模型可能不是决策者所需要的。现有文献侧重于高精度低效率的点预测，为了追求数值计算上的准确度而耗费大量时间成本。然而，事实表明计算市场价格的精确数字并非绝对必要。例如，股票投资者更适合通过预测未来股票价格的变化空间并从中获利，而不是获取一些具体的股票价格数字。股价变化空间的预测有助于投资者抓住套利机会进而做出合理的投资决策。同样的原则也适用于碳市场。因此，对于大多数投资者来说，真正重要的是对碳价进行变化空间预测，而非点预测。但是，很少有文献预测碳价的变化空间，这对于投资者提前估算最大或最小损失并做出最佳决策非常重要。据此，提出一个新的基于模糊信息粒化和支持向量机（FIG－SVM）的碳价变化空间预测模型来填补这一空白，弥补以往点预测方法的不足。正如 Zadeh（1979）首次提出的，通过模糊信息粒化（FIG）处理的原始数据来弥补点预测的不足。这个有用的工具为开发具有非平稳和非线性特征的复杂时间序列过程的快速空间预测模型提供了适当的解决方案（Ruan et al.，2013）。自此，学者们越来越多地使用信息粒化来处理复杂时间序列数据（Wang et al.，2013；Lu et al.，2015；Chen and Chen，2015；Hryniewicz and Kaczmarek，2016；Yang et al.，2017；He et al.，2019）。该研究的贡献在于：通过引入模糊信息粒化（FIG）工具来处理具有非平稳和非线性特征的碳价时间序列，为快速空间预测模型提供合适的解决方案；构建基于 FIG－SVM 的碳价变化空间预测模型，减少 SVM 的输入尺度，提高预测效率；以欧盟碳市场与中国碳市场价格波动数据为例，验证模型是否具有良好可推广性；为投机者抓住套利机会提供若干重要启示，为决策者管理碳市场波动风险提供早期预警。

4.2.3.1 理论与方法

20 世纪 60 年代，Zadch 教授首次提出了模糊集合论，并于 1979 年提出了信息粒的概念，将一组相似的研究对象作为一个整体米研究，放在一起的对象做成一个整体就叫作信息粒。信息粒作为信息的表现形式在我们的周围是无所不在的，它是人类认识世界的一个基本概念。粒化计算是信息处理的一个新分支，隶属于软计算科学，它包括词计算理论、粗糙集理论、商空间理论和区间计算等。到 20 世纪 90 年代，信息粒化逐渐受到人们的关注，成为一个研究热点。信息粒化（IG）是粒计算和词语计算的主要方面，研究信息粒化的形成、表示、粗细、语义解释等。作为处理复杂时间序列问题的高效粒化系统，粒计算广泛应用于构建、描述和处理信息颗粒，并迅速发展成为一个新的研究领域

（Huang et al.，2013；Pedrycz，2014）。从本质上讲，信息颗粒是通过不可区分性、功能相近性、相似性、函数性等来划分的对象的集合。粒化计算（GrC）是信息处理的一种新的概念和计算范式，覆盖了所有有关粒化的理论、方法、技术和工具的研究。它是词计算理论、粗糙集理论、商空间理论、区间计算等的超集，也是软计算科学的一个分支，它已成为粗糙、海量信息处理的重要工具和人工智能研究领域的热点之一。粒化过程根据其自身的特征将大量复杂的信息分为几个块，每个块都定义为一个信息颗粒。通过去除一些不相关的信息，将大规模时间序列中的复杂问题分解为简单问题（Ruan et al.，2013；Yang et al.，2017）。模糊信息粒化的具体原理如下所示。

给定一个碳价时间序列 $X = \{x_1, x_2, \cdots, x_n\}$，信息粒可以表示为如下形式：

$$g \overset{\Delta}{=} (x \text{ is } G) \text{ is } \lambda \tag{4.17}$$

其中，论域 U 通常为实数集合 $R(R_n)$，x 是 U 中取值的变量，G 是 U 的凸模糊子集，λ 是单位区间的模糊子集。

将未来碳价的变化空间视为一个信息粒度，则可以构建模型来预测未来一段时间的变化空间。与基于数值的点预测方法相比，该模型可以更好地帮助投资者做出合理的决策。如何设计信息颗粒是开发颗粒时间序列模型的主要目标，具有以下主要信息颗粒模型，包括基于模糊集理论的模型（Zadeh，1997；Pedrycz and Vukovich，2002；Bandyopadhyay et al.，2011）或基于粗糙集理论的模型（Liang et al.，2009；Qian et al.，2010；Meher and Pal，2011）等。本书采用模糊集理论，其中常用的模糊粒子表现出以下基本形式：三角型、梯型、高斯型和抛物型。在这些形式中，Yang 等（2017）使用三角型作为适当形式，并指出为什么三角型与其他形式不一样，在此不作赘述。三角型在时间窗口中涵盖了尽可能多的信息，颗粒的含义更易于理解。基于上述考虑，本书采用了 Pedrycz 和 Vukovich（2002）提出的三角型模糊粒子，表达式如下。

$$T(x; a, m, b) = \begin{cases} 0, & x \leq a, \\ \dfrac{x-a}{m-a}, & a < x < m, \\ \dfrac{x-b}{m-b}, & m \leq x < b, \\ 0, & x \geq b \end{cases} \tag{4.18}$$

其中，a、m 和 b 是标量参数，分别对应于单个窗口的三个变量 Low、R 和 Up，这些参数是通过粒化获得的。变量 Low、R 和 Up 分别表示窗口中时间序列变化的最小值、平均值和最大值。

对于给定的时间序列，可以采用如下优化方法构造一个适当的三角形颗粒 $T(a, m, b)$。

$$\max_{a,m,b} \sum_{Y_i \in Y} \frac{T(Y_i; a, m, b)}{measure\{Supp[T(a, m, b)]\}} \tag{4.19}$$

其中，$measure[Supp(T)]$ 是 $T(a, m, b)$ 的支持度度量，$T(Y_i)$ 是 Y_i 的隶属度。

$$T(Y_i; a, m, b) = \begin{cases} \dfrac{x-a}{m-a}, x < m \\[2mm] \dfrac{x-b}{m-b}, x \geq m \end{cases} \tag{4.20}$$

对于如何得到合适的颗粒，我们可以通过最小化分母测度［Supp（T）］和最大化分子 T（Y_i）来求解优化方程，以获得含有足够经验信息的颗粒的高特异性。

4.2.3.2 数据选取与描述

在实证分析部分，选取三个时间序列数据集包括欧盟碳配额（EUA）的现货价格和在欧盟碳排放权交易体系下交易量最大的两种期货价格。所有原始碳价数据均来自欧洲能源交易所的网站（http：//www.eex.com）。事实表明，2008 年金融危机之前碳价逐渐上涨并在 2008 年达到顶峰（Chevallier，2009；Daskalakis et al.，2009；Mansanet–Bataller et al.，2011；Rilttler，2012）。但是，此后碳价却呈现相反的趋势，即急剧下降。本书以 2009～2019 年的碳价时间序列数据为样本期间考察后危机时代的碳市场价格变化。EUA 现货价格数据集自 2009 年 1 月 16 日至 2019 年 3 月 22 日，共有 2443 个观察结果。EUA 期货价格数据集包括两个期货合约 DEC18 和 DEC19，其中 DEC18 的样本期间为 2012 年 3 月 26 日至 2018 年 12 月 17 日，包含 1705 个观测值；DEC19 的样本期间为 2012 年 3 月 26 日至 2019 年 3 月 26 日，包含 1771 个观测值。这些时间序列的基本变化趋势如图 4.15～图 4.17 所示，数据的基本统计量描述见表 4.7。

 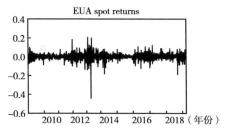

图 4.15　EUA 现货价格序列和收益序列的变动趋势

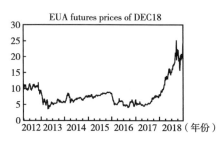 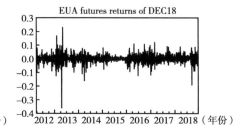

图 4.16　EUA 期货 DEC18 价格序列和收益序列的变动趋势

 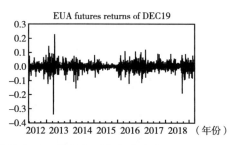

图 4.17　EUA 期货 DEC19 价格序列和收益序列的变动趋势

表 4.7　　　　欧盟碳配额 EUA 价格序列与收益序列的描述性统计量

	EUA 现货		EUA 期货 DEC18		EUA 期货 DEC19	
	价格序列	收益序列	价格序列	收益序列	价格序列	收益序列
均值	9.5310	0.0002	8.1587	0.0005	8.9314	0.0003
中值	7.5950	0.0000	7.1150	0.0011	7.4400	0.0011
最大值	25.1900	0.2106	25.2400	0.2334	25.5600	0.2292
最小值	2.6800	−0.4466	3.4800	−0.3638	3.7100	−0.3412
标准差	4.8402	0.0329	3.8572	0.0319	4.7028	0.0311
偏度	0.9405	−0.9881	1.9159	−0.9703	1.7496	−0.8960
峰度	3.0575	20.4610	6.4729	17.4954	5.3223	15.7228
Jarque – Bera 统计量	360.3567	31419.3800	1898.8660	15185.5700	1300.7370	12174.6200

图 4.15 描绘了 EUA 现货价格变动趋势及收益波动特征，其中收益率的计算采用对数收益率。可以看出，EUA 现货价格时间序列似乎不是平稳的，它表现出剧烈的波动，从 2009 年 1 月 16 日的 12.32 欧元下降到 2012 年 12 月 4 日的 5.71 欧元，降幅高达 53.65%。这种急剧下降可以由一些决定因素解释，如宏观经济（Koch et al.，2014）或政策因素（Tu and Mo，2017）等。此后，EUA 现货价格从 2012 年 12 月 4 日的 5.71 欧元上涨到 2019 年 1 月 22 日的 25.01 欧元，涨幅约为 338%。这种大幅下跌或上涨的态势表明碳市场处于不稳定的状态，存在较大的波动风险。图 4.16 和图 4.17 分别展示了 EUA 期货合约 DEC18 和 DEC19 的价格序列和收益序列，呈现了与 EUA 现货类似的波动态势。从图 4.15 中 EUA 现货价格序列和图 4.16、图 4.17 中 EUA 期货价格序列的变动趋势可以看出，两个市场相关性较高，在两个市场上做方向相反的对冲交易能够较好地达到套期保值的目的；但同时发现，两个市场的波动幅度和频率并不是完全相同。从图 4.15 中 EUA 现货收益序列和图 4.16、图 4.17 中 EUA 期货收益序列的波动态势可以看出，两个市场均存在波动聚集性特征，即较大收益的出现往往预期随后会伴随着大的收益，反之亦然。这源于外部冲击对资产收益波动的持续性影响，导致收益率呈现异方差特征，在有的时刻方差很大，并且持续一段时间；而在另外的时刻方差很小，也会保持一定的惯性，即残差项方差与其前期方差存在一定的关系。

表 4.7 中 EUA 现货收益序列和 EUA 期货收益序列的偏度为负，表明序列的分布相对于标准正态分布是"左偏"的，有长的左拖尾往往意味着投资收益看涨的可能性小于看跌的可能性；峰度值大于 3，即分布的凸起程度大于标准正态分布，是"尖峰厚尾"的，因而极值事件容易发生；同时，Jarque-Bera 检验的结果表明，数据拒绝服从正态分布的假定。这与大多数现有研究的观点一致（Chevallier，2010；Karantzis and Milonas，2013；Viteva et al.，2014；Uddin et al.，2018）。碳价收益序列数据本身存在的诸如非平稳性、尖峰厚尾、波动聚集、条件异方差等特征要求在建模时要谨慎、适当，以免造成模型的失真。此外，本书采用一些经典的时间序列检验方法来验证碳价非平稳和非线性特征的存在。首先，有必要检验这些时间序列是否非平稳，增广的 Dickey-Fuller 检验（ADF）和 Phillips-Perron 检验是现有文献中最常用的基于非平稳单位根基本原理的检验方法。表 4.8（a）、（b）分别为 ADF 检验结果和 Phillips – Perron 检验结果。结果表明，EUA 现货价格和期货价格在 1%、5% 和 10% 的显著性水平上均具有非平稳特征。

表 4.8 　　 EUA 现货价格序列和 EUA 期货价格序列的非平稳性检验

	EUA 现货	EUA 期货 DEC18	EUA 期货 DEC19
(a) ADF 检验			
t – 统计量	– 0.8185	0.8239	– 0.2305
概率	0.8132	0.9945	0.9321
各显著性水平下临界值：			
1%	– 3.4328	– 3.4340	– 3.4338
5%	– 2.8625	– 2.8630	– 2.8630
10%	– 2.5673	– 2.5676	– 2.5676
(b) Phillips – Perron 检验			
Adj. t – 统计量	– 0.6770	1.6015	0.1372
概率	0.8505	0.9995	0.9684
各显著性水平下临界值：			
1%	– 3.4328	– 3.4340	– 3.4338
5%	– 2.8625	– 2.8630	– 2.8630
10%	– 2.5673	– 2.5676	– 2.5676
(c) 断点 ADF 检验			
t – 统计量	– 3.1497	– 4.3648	– 3.8930
概率	0.6151	0.2706	0.5113
各显著性水平下临界值：			
1%	– 5.1497	– 5.7114	– 5.7114
5%	– 4.6106	– 5.1550	– 5.1550
10%	– 4.3073	– 4.8610	– 4.8610

然而，在异常情况下，这些测试并不足以令人信服。传统的单位根检验方法只能识别包含截距项或趋势项的时间序列中是否存在单位根，而对识别时间序列存在突变点情形下的单位根无能为力。如果平稳时间序列含有突变点，应用 ADF 检验和 Phillips – Perron 检验方法，很有可能会得出接受序列非平稳性的原假设，导致检验结果失真。已有文献表明碳市场价格序列存在突变点，且突变点前后碳价结构会发生变化（Chevallier，2011；Tan and Wang，2017）。当碳价存在这些结构性突变点时，传统单位根检验的结果是不稳定的。因此，

有必要使用突变点单位根检验来验证碳价时间序列的非平稳性。本书采用的是 Perron（1989）提出的 IO（innovational oulier）检验，即假设突变的发生是一个渐进过程，和外生冲击服从同一动态过程。检验结果显示，EUA 现货价格序列和期货价格序列均接受原假设，存在单位根，是具有结构突变点的非平稳序列。根据最大化截距项突变点 t 统计量的选择方法，在 2017 年 9 月 5 日和 2018 年 1 月 15 日发现了两个结构突变点，在这两个时间节点潜藏着显著的价格跃迁行为。

此外，检验 EUA 现货和期货价格的非线性特性也很重要。我们对时间序列的非线性检验采用了 Zhu 等（2018）使用的 Brock – Decher – Scheikman（BDS）检验方法，包含 2 ~ 6 个嵌入维度。由表 4.9 可知，我们所研究的样本数据是非线性的，与其他学者的研究结果一致（Chevallier，2011；Arouri et al.，2012；Lutz et al.，2013；Zhu et al.，2018）。碳价非线性特征的结论表明，基于线性研究范式的传统预测模型不适用于碳市场。为了解决这个问题，采用基于统计学习理论的 SVM 模型对碳价时间序列进行非线性回归估计。以上证据表明，EUA 现货和期货价格序列具有复杂的非平稳非线性特征，其波动导致碳市场风险加剧，影响市场参与主体的信心。科学预测 EUA 现货和期货价格的变化空间对碳市场风险管理者和决策者具有重要意义。

表 4.9　EUA 现货价格序列和 EUA 期货价格序列的非线性 BDS 检验

维数	EUA 现货		EUA 期货 DEC18		EUA 期货 DEC19	
	BDS 统计量	p 值	BDS 统计量	p 值	BDS 统计量	p 值
2	0.1974	0.0000	0.1994	0.0000	0.2006	0.0000
3	0.3357	0.0000	0.3391	0.0000	0.3416	0.0000
4	0.4320	0.0000	0.4366	0.0000	0.4403	0.0000
5	0.4987	0.0000	0.5046	0.0000	0.5095	0.0000
6	0.5445	0.0000	0.5519	0.0000	0.5579	0.0000

4.2.3.3　实证结果

（1）样本训练集与测试集划分。

根据 Alizadeh 等（2015）的研究，我们将整个数据集分为两个子集来检验预测模型的有效性。选取样本数据的前三分之二作为训练模型的数据集，得到最优参数估计，最后三分之一的样本被用作测试集，根据建立的模型预测未来的碳市场价格。训练集与测试集划分区间的详细信息如表 4.10 所示。

表 4.10 样本的训练集与测试集划分区间

价格序列		观测值	样本期间
EUA 现货	整个样本区间	2443	2009 年 1 月 16 日 ~2019 年 3 月 22 日
	训练集	1629	2009 年 1 月 16 日 ~2016 年 1 月 13 日
	测试集	814	2016 年 1 月 14 日 ~2019 年 3 月 22 日
EUA 期货 DEC18	整个样本区间	1705	2012 年 3 月 26 日 ~2018 年 12 月 17 日
	训练集	1137	2012 年 3 月 26 日 ~2016 年 9 月 27 日
	测试集	568	2016 年 9 月 28 日 ~2018 年 12 月 17 日
EUA 期货 DEC19	整个样本区间	1771	2012 年 3 月 26 日 ~2019 年 3 月 26 日
	训练集	1181	2012 年 3 月 26 日 ~2016 年 11 月 28 日
	测试集	590	2016 年 11 月 29 日 ~2019 年 3 月 26 日

（2）模糊信息粒化处理。

采用模糊信息粒化方法对原始数据进行预处理，这个基本过程包括四个步骤：第一步，确定需要进行粒化处理的碳价数据和粒化窗口宽度；第二步，根据时间窗口将原始数据分解为多个子序列；第三步，选择合适的模糊隶属度函数粒化每一个子序列；第四步，完成模糊信息粒化过程。

这四个步骤将原始的碳价时间序列细化为以下颗粒：Low（最小）、R（平均）和 Up（最大）。首先，将每个窗口的相对较小的值粒化生成 Low，它可以表示原始数据变化的最小值；其次，R 是由每个粒化窗口的平均值生成的，表示原始数据变化的主要主导；最后，从每个颗粒化窗口的较大值生成 Up，表示原始数据变化的最大值。

对每个窗口进行模糊粒化处理后，得到三个变量 Low、R 和 Up，如图 4.18 所示。这些变量分别对应三角模糊粒化中的 a、m 和 b 三个参数。粒化后碳价时间序列的 SVM 输入尺寸减小，可以提高预测效率。因此，FIG 理论被成功地整合到支持向量机模型中，以开发省时、稳健的预测器。FIG - SVM 混合模型能够在较短的时间内产生较好的拟合结果，有利于大规模、非平稳和非线性的时间序列预测。

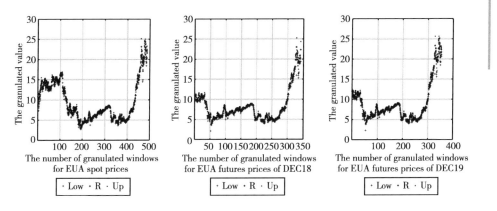

图 4.18　EUA 现货和 EUA 期货 DEC18、DEC19 价格序列粒化结果

（3）参数优化。

只有经过训练的模型具有合适的参数后，才能检验模型的通用性。选择最优的支持向量机参数是很有必要的，因为它极大地影响了支持向量回归预测的质量。这个选择过程涉及两个关键的参数：惩罚参数 c 和内核参数 g（缩写为$c-g$）。支持向量机的最优参数选择过程没有国际公认的统一方法，比较常见的方法是在给定范围内计算 $c-g$ 参数。例如，将选定的 $c-g$ 参数的训练集作为原始数据集，采用交叉验证方法（K-CV），获得选定 $c-g$ 参数对应数据集的训练精度。最后，选取训练集精度最高的 $c-g$ 参数作为 SVM 模型的最佳参数。

然而，意外的问题偶尔会发生，因为多对 $c-g$ 可能对应多个最大精度。本书解决这一问题的方法是选择 c 最小的参数，以获得最大的精度。如果有多对 g 对应最小的 c，则我们搜索的第一个 $c-g$ 参数被选为最佳参数。这是由于以下事实：惩罚参数过高会导致过度学习，具体来说，训练集和测试集的准确率分别很高和很低，或者泛化性降低。因此，在所有能达到最高验证精度的$c-g$ 参数中，认为惩罚参数越小的选择越合理。表 4.11 显示了优化 SVM 参数的交叉验证结果。以 EUA 现货价格时间序列中的 Low 参数为例，详细说明支持向量回归预测过程。得到交叉验证条件下的最优参数组合为松弛参数 $c=1$，核参数 $g=0.0055$。Low 参数的优化参数选择结果如图 4.19 所示。等高线图和三维视图验证了支持向量机参数对其回归结果的显著影响。EUA 现货和期货价格时间序列中 R 和 Up 的其他最优参数搜索过程也得到了类似的结果，为简捷起见，这里省略。

表 4.11   SVM 参数优化结果

Carbon prices		Best c	Best g
EUA spot	Low	1	0.0055
	R	2.8284	0.0055
	Up	64	0.0442
EUAfutures—DEC18	Low	2	0.0625
	R	1	0.0313
	Up	64	0.0625
EUAfutures—DEC19	Low	1	0.0625
	R	4	0.0884
	Up	181	0.0039

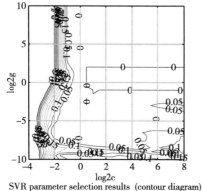
SVR parameter selection results (contour diagram)

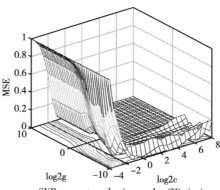
SVR parameter selection results (3D view)

图 4.19　EUA 现货价格序列的 Low 参数选择结果

（4）预测 Low（最小值）、R（平均值）和 Up（最大值）。

在获得合适的 Low（最小值）、R（平均值）和 Up（最大值）颗粒并为支持向量机选择最优的 c－g 参数后，本书将这些输入支持向量机模型中，预测下一个窗口可能的变化范围。接下来，本书以这里的 EUA 现货价格为例来展示提出的 FIG－SVM 结果。图 4.20 为 Low（最小值）、R（平均值）和 Up（最大值）模糊粒子对 EUA 现货价格的拟合结果。predict low、predict r 和 predict up 时间序列分别描述了 Low、R 和 Up 模糊粒子的预测值，分别接近于显示 Low、R 和 Up 模糊粒子实际值的原始 Low、原始 R 和原始 Up 时间序列。

（5）预测绩效测度。

本书以 ARIMA、ARFIMA 和 Markov－switching 方法为基准，比较本书所

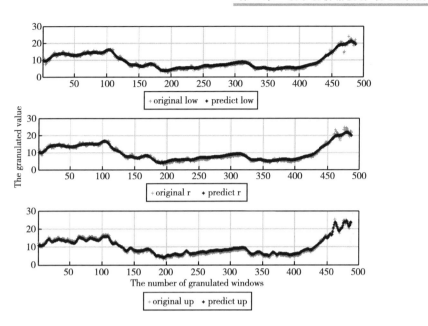

图 4.20 EUA 现货价格的 Low（最小值）、R（平均值）和 Up（最大值）预测结果

提出的 FIG – SVM 预测模型与其他广泛使用的预测方法的预测能力。对于评价标准，本书选择的是均方根误差（Root Mean Square Error，RMSE）。

$$RMSE = \sqrt{\frac{1}{N} \sum_{t=1}^{n} (\hat{y}_t - y_t)^2} \tag{4.21}$$

该公式表示本书提出的模型的预测值与实际数据的偏离程度。随着 RMSE 的减小，预测值将会与实际值更加一致。从表 4.12 可以看出，与传统的 ARI-MA 模型相比，FIG – SVM 预测模型对 EUA 现货、EUA 期货 DEC18 和 DEC19 时间序列的预测误差分别降低了 40.06%、33.88% 和 25.49%。此外，本书的模型优于其他预测模型如 ARFIMA 和 Markov – switching。从这一角度来看，本

表 4.12 FIG – SVM 与传统预测模型的有效性对比结果

预测模型	EUA 现货	EUA 期货 DEC18	EUA 期货 DEC19
均方根误差（Root Mean Square Error，RMSE）			
ARIMA	0.031879	0.031678	0.030991
ARFIMA	0.031872	0.031690	0.030940
Markov – switching	0.031856	0.031577	0.030878
FIG – SVM	0.019108	0.020945	0.023091

续表

预测模型	EUA 现货	EUA 期货 DEC18	EUA 期货 DEC19
误差下降百分比（%）			
FIG – SVM/ARIMA	40.06%	33.88%	25.49%
FIG – SVM/ARFIMA	40.05%	33.91%	25.37%
FIG – SVM/ Markov – switching	40.02%	33.67%	25.22%

书提出的 FIG – SVM 预测模型具有良好的拟合性能，验证了 FIG – SVM 模型在对具有非平稳性和非线性特征的复杂时间序列进行预测时的有效性。

（6）碳价格变化空间预测。

在得到 FIG – SVM 训练预测器后，利用测试数据对碳价时间序列的变化空间进行预测，并对预测效果进行评价。由表 4.13 可知，支持向量机可以对 Low、R、Up 模糊粒度进行回归预测，分别得到未来 5 个交易日内 Low、R、Up 参数。然后，通过检验未来 5 天的碳价是否在之前预测的范围内发生变化，验证 FIG – SVM 模型预测的有效性。我们将这一数据与前 5 个交易日进行比较，以考察碳价变化的总体趋势。结果表明，对未来 5 天碳价变化的预测区间是准确的。此外，EUA 现货价格在接下来的 5 天较前 5 天呈下降趋势。EUA 期货价格变化的结果则相反，而 12 月 18 日和 12 月 19 日的碳价在随后 5 天较前 5 天呈现上升趋势。

4.2.3.4 结论

首先，提出一种碳价变化空间预测模型，这是现有碳价预测研究所忽略的。前人的研究主要集中在碳价的点预测方法上，但对碳价时间序列的变化空间预测研究较少。事实上，变化空间预测在实际投资应用中更为重要，投资者可以根据预测的变化空间决定购买看涨或看跌资产。此外，投资者可以根据 Low、R 和 Up 模糊粒度提前估计损失或收益的最大值或最小值。本书为参与碳金融产品交易的投资者和风险管理者提供了一些重要的启示。市场参与者可以利用变化空间预测模型，通过预测碳期货的波动率来对冲头寸，为碳市场风险管理提供了一个更完善的工具。

其次，在过去简单支持向量机预测中引入模糊信息粒化处理方法，有利于建立优良的预测器，节省时间，增强鲁棒性。粒化方法从碳价时间序列中产生 Low（最小值）、R（平均值）和 Up（最大值）颗粒，将大规模的复杂时间序

表 4.13　EUA 现货价格与 EUA 期货 DEC18、DEC19 价格变化空间预测结果

碳价	原始数据						变化空间
EUA 现货	日期	2019/3/11	2019/3/12	2019/3/13	2019/3/14	2019/3/15	实际变化空间 [Low, R, Up] = [20.57, 21, 21.71]
	价格	22.18	22.22	22.16	22.61	22.35	
	日期	2019/3/18	2019/3/19	2019/3/20	2019/3/21	2019/3/22	预测变化空间 [Low, R, Up] = [18.79, 19.89, 22.60]
	价格	21.71	21	21.52	20.82	20.57	
EUA 期货 DEC18	日期	2018/12/3	2018/12/4	2018/12/5	2018/12/6	2018/12/7	实际变化空间 [Low, R, Up] = [20.16, 21.47, 23.37]
	价格	20.64	20.73	19.68	19.99	20.3	
	日期	2018/12/10	2018/12/11	2018/12/12	2018/12/13	2018/12/14	预测变化空间 [Low, R, Up] = [16.66, 19.38, 23.88]
	价格	20.86	20.16	21.47	22.32	23.37	
EUA 期货 DEC19	日期	2019/2/18	2019/2/19	2019/2/20	2019/2/21	2019/2/22	实际变化空间 [Low, R, Up] = [19.25, 21.28, 22.28]
	价格	20.02	20.2	20.47	18.82	18.93	
	日期	2019/2/25	2019/2/26	2019/2/27	2019/2/28	2019/3/1	预测变化空间 [Low, R, Up] = [17.05, 17.86, 23.66]
	价格	19.25	19.67	21.28	21.69	22.28	

列问题分解为一些简单的问题进行独立处理。因此，模糊信息粒化方法通过降低数据复杂度和保留固有的基本信息提高了预测效率。

再次，在碳价变化空间预测的背景下，比较 FIG – SVM 模型与传统的 ARIMA、ARFIMA 和 Markov – switching 模型的预测效果。实验结果表明，根据 RMSE 的预测精度标准，FIG – SVM 方法总体上优于其他基准模型，证实了 FIG – SVM 模型在对具有非平稳和非线性特征的复杂碳价时间序列进行变化空间预测过程中的可行性和有效性。

最后，虽然本书提供了上述贡献，但其他问题仍有待进一步解决。例如，未来的一个挑战是在建立智能计算预测模型之前，使用一些方法将时间序列重建为一个近似序列。碳价时间序列的复杂变化和波动是一个非线性的、动态的系统问题，其特征是强非线性且具有随机的、显著的噪声和其他混沌特性。这样的系统往往表现出不稳定的波动性，导致风险高度集中。因此，混沌非线性动力学系统模型是分析市场价格行为特征的一种选择。此外，基于统计学习理论和相空间重构技术的支持向量机模型可以应用于碳价预测。这可能为研究碳价波动的本质特征提供新的方向。

4.3 碳价预测理论方法最新进展

温室气体过度排放引发的全球气候变化问题日益严重，给人类生存环境和可持续发展带来巨大挑战。碳排放权交易体系为世界各国低碳发展提供了一个有效的市场机制（Zhao et al.，2016）。国际碳行动伙伴组织（International Carbon Action Partnership，ICAP）发布的《全球碳市场进展报告》（2020）指出，碳排放权交易体系是减缓气候变化行动的关键组成部分。与政府强制命令和经济补贴等减排政策不同，碳排放权交易体系已被证实能够以最低成本解决环境问题，创新性地激励企业将资金和技术更多地投入低碳发展从而主动实现减排目标（Zhang et al.，2020）。

在碳市场运行过程中，碳排放权交易价格成为市场参与主体和监管部门了解和掌握碳市场运作情况的核心要素之一，同时也是检验碳市场成熟与否的标志（Fan et al.，2019）。然而，受到国际政治经济环境、气候、信息不对称等因素的影响，碳价呈现出剧烈波动态势，给碳市场参与主体及监管部门带来一定风险，降低了市场活跃度进而影响减排效果。科学判断碳价波动特征并以此为基础构建具有较高适用性与较强性能的预测方法，不仅能够帮助参与碳市场的控排企业和投资机构规避风险，而且有利于政府相关部门掌握碳价波动规律，完善碳市场交易机制（Tan and Wang，2017）。因此，开展碳价预测研究成为学术界研究的热点。

现有文献表明，碳价具有明显的三类特征：第一，碳价序列具有较高的非平稳性、非线性特征，使传统计量模型无法精准地刻画碳价波动（Zhu and Wei，2013）；第二，碳价具有多尺度、多频率特征，基于"分解—预测—集成""分解—重构—预测—集成"思想构建的混合模型能够将碳价序列转化成易于分析的平稳子序列，相比单项预测模型，能够实现更准确的预测（Zhu et al.，2017；Tian and Hao，2020）。第三，碳价序列已被证实具有多重分形与混沌的特性，以非线性、非参数方法能够更好地拟合碳价的走势（Fan et al.，2015；Yang et al.，2018）。由前可知，碳价预测的核心挑战在于如何充分考虑序列的数据特征，有针对性地设计出与之匹配度最高的预测模型，提高预测能力。

碳价波动不同阶段具有不同波动性行为（Benz and Truck，2009），并且受到内部市场机制和异构环境的共同影响而呈现出多维数据特征（Feng et al.，2011；Tang et al.，2013）。因此，预测模型需要紧密结合并有效地刻画碳价的数据特征。本书基于数据特征驱动与分解集成混合模型的新视角充分考虑碳价波动特征，全面梳理现有文献中不同碳价预测模型的优劣，主要贡献在于：

第一，从主流时间序列预测方法出发，按照传统计量模型、人工智能模型与混合模型三个类别对现有碳价预测文献进行系统的归类，并清晰地梳理出模型演变发展的脉络。

第二，基于数据特征驱动分解集成方法论（Tang et al.，2016），紧扣碳价序列特征，对碳价预测过程的"分解""重构""预测""集成"步骤所应用主要方法的实现原理和技术特点进行归纳。引入该方法论的优势在于，构建合理、有效预测模型的前提条件是确保研究模型的数据针对性与研究序列的数据特征相匹配；另外，有效地刻画序列的数据特性也是改进预测模型、优化预测性能的一个重要创新方向。

第三，以欧盟碳排放权交易体系和中国碳排放权交易试点为研究对象，结合碳价特征，进一步探讨碳价预测模型的演化过程、研究样本，并对结果有效性的评价指标进行归纳，推动对于碳预测的深入研究。

本节将在第二部分按照主流分类方法，将现有文献按照传统计量模型、人工智能模型和混合模型分类梳理，并对常用方法进行介绍。第三部分梳理以EU ETS、中国碳排放权交易试点为研究对象的预测模型的演化过程、研究样本以及有效性评价指标。第四部分为结论与展望。

4.3.1 主流碳价预测模型

传统计量模型是经典的时间序列预测方法，模式简化且固定，对于符合其假设条件的碳排放权交易价格序列具有良好的拟合预测能力，是碳市场波动性预测、风险控制、资产评估的常用工具之一。如表4.14所示，在传统计量模型中广泛应用于碳价预测的方法是广义自回归条件异方差（Generalized Autoregressive Conditional Heteroskedasticity，GARCH）模型、随机波动（Stochastic Volatility，SV）模型、机制转换（Regime Switching，RS）模型和向量自回归（Vector Autoregressive，VAR）模型。

GARCH模型能够描述碳价序列的厚尾效应和波动情况，有效地捕捉碳价收益率波动聚集和异方差现象。Byun和Cho（2013）发现，由于碳期货交易量较少、碳价波动的走势有别于过去模式并且易受到外部条件影响，相比K最近邻（K - Nearest Neighbor，KNN）和隐含波动率（Implied Volatility，IV），GARCH类模型展现出更好的碳价波动性的预测性能。Ren和Lo（2017）通过ARMA - GARCH - M分析中国深圳碳试点价格收益率波动行为，Zhou和Li（2018）通过VEC - GARCH模型研究碳价波动性与外界条件的关系。考虑到碳价的杠杆效应，能够捕捉非对称特征的GJR - GARCH模型（Byun and Cho，2013）、TARCH模型（Chang et al.，2013）被引入碳价波动性研究，它们对碳价的拟合能力优于其他GARCH族模型。Sanin等（2015）在ARMAX - GARCH模型框架中加入了时变跳跃概率函数，使其能够更加准确地分析碳价短期价格行为。然而，GARCH族等计量模型的使用必须遵循其函数方程设定的简单线性关系，这一点在复杂多变的碳市场背景下是很难实现的。

表 4. 14　　　　　　　　　　　　　**传统计量预测模型**

Study	Model	Conclusion
Seifert 等 (2008)	DSGE	碳价不遵循任何季节性模式，并且表现出与时间、价格相关的波动结构
Benz 和 Truck (2009)	MRS/AR – GARCH	碳价对数收益率显示出尖峰厚尾特征以及不同阶段具有不同的波动性行为
Chevallier (2011)	Nonparametric 模型	碳价具有很强的异方差和非对称性，该模型相比线性模型预测性能大大提升
Feng 等 (2011)	ARFIMA	碳价具有短期记忆性且其波动没有明显的复杂内生非线性动力学现象
Byun 和 Cho (2013)	GARCH 族/KNN/IV	GARCH 族模型的性能优于 IV 和 KNN；原油、煤炭、电力价格为碳价驱动因素
Chang 等 (2013)	ECM – GARCH/ECM – TARCH	碳价便利收益具有均值回归性和杠杆效应，有助于捕获市场价格行为
Hammoudeh 等 (2014)	BSVAR	碳价会受原油、煤炭、天然气和电力价格影响，且各种能源价格对碳价的影响各不相同
Zhu 等 (2014)	Zipf	碳价具有非对称性、长期记忆性和趋势特征
Sanin 等 (2015)	ARMAX – GARCH	交易量急剧增加和公告发布均会引起碳价跳跃现象
Li 等 (2016)	RSJM	模型能够捕获碳价波动聚集性行为和政策变化影响下的动态变化
Zeitlberger 和 Brauneis (2016)	MRS – GARCH	模型能够捕捉碳价非对称性和波动聚集性特征，具有更好的预测性能
Wang (2016)	Network ADL	模型中加入非结构化信有助于提高碳价预测效果；可以挑选更有效的非结构化信息，提高预测性能
Zhang 和 Yang (2016)	Grey – Markov	模型能够捕捉碳价总体趋势性、随机波动性特征；推测碳价具有周一效应
Ren 和 Lo (2017)	ARMA – GARCH – M	中国深圳碳市场交易量存在明显波动和过高峰度；碳价收益率与以条件方差表示的预期风险呈负相关
Chang 等 (2017)	AR – GARCH/AR – TGARCH/MRS – AR – GARCH	碳价具有显著的动态行为、杠杆效应、价格聚集行为和机制转换行为
Kim 等 (2017)	MCMC – SV	碳价具有明显的随机波动性、跳跃行为和杠杆效应；碳价的跳跃行为会影响波动性估计

续表

Study	Model	Conclusion
Zhou 和 Li（2018）	VEC – GARCH	碳价与能源价格，宏观经济指标和空气质量之间存在长期均衡关系；外部信息对碳价的影响都在短期内
Canakoglu 等（2018）	SVAR	发现碳价、电价和燃料价格之间存在联合关系
Zhao 等（2018）	MIDAS	组合 MIDAS 模型有较高的预测性能；煤炭价格是碳价的最佳预测者；基于原油价格的预测与实际碳价具有相似趋势，但高于实际碳价
Song 等（2019）	模糊随机差分模型	立足于中国政策导向型碳试点的现状，预测与需求相关的政策公布后的碳价波动情况
Lyu 等（2020）	MCMC – SV	碳价存在波动聚集性；EU ETS 和中国碳市场的波动稳定性上仍存在不足

不同于传统的 GARCH 族模型，随机波动（Stochastic Volatility，SV）模型是分析碳价波动性问题的一种离散模型，改进了 GARCH 模型存在长期预测精确度不高、稳定性不足的问题。通过马尔可夫链蒙特卡罗（Markov chain Monte Carlo，MCMC）算法估计 SV 模型参数，很大限度地增加了 SV 模型的灵活性，实现了对碳价波动性的有效分析（Kim et al.，2017；Lyu et al.，2020）。

在市场经济周期、政府政策等外部条件影响下碳价会发生急剧跳跃、突变等结构性变化（Chevallier，2011），现有文献往往通过机制转换（Regime Switching，RS）及其衍生模型刻画碳价非对称性和波动聚集性特征。Benz 和 Truck（2009）发现相比 AR – GARCH 模型，具有正常值和峰值两种机制的马尔可夫机制转换（Markov Regime Switching，MRS）模型能够更好地拟合碳价波动性。Chang 等（2017）运用 AR – GARCH、AR – TGARCH 和 MRS – AR – GARCH 模型分别对碳价的波动性、非对称效应和机制转换行为进行分析。Li 等（2016）、Zeitlberger 和 Brauneis（2016）也分别使用带有隐马尔可夫链的机制转换与跳扩散模型（Regime Switching Jump Diffusion Model，RSJM）、MRS – GARCH 模型证实了 RS 模型以及衍生模型对于碳价非线性特征具有重要的解释能力。

由于碳价波动受到其他能源价格的影响（Byun and Cho，2013），向量自回归（Vector Autoregressive，VAR）模型能够解决能源价格与碳价之间的潜在内生关系以及短期动态问题。Hammoudeh 等（2014）、Canakoglu 等（2018）分别应用贝叶斯结构向量自回归（Bayesian Structural Vector Autoregressive，BSVAR）模型、结构向量自回归（Structural Vector Autoregressive，SVAR）模型研究碳价与其他能源价格的关系，并在此基础上对碳价进行预测。

为了在精确刻画碳价波动特征的同时提高模型预测性能，学者扩展了计量模型的形式和推断方法：Seifert 等（2008）提出动态随机一般均衡（Dynamic Stochastic General Equilibrium，DSGE）模型。Chevallier（2011）引入非参数模型（Nonparametric model）证实了碳价具有非线性和非对称性特征。Feng 等（2011）在 ARIMA 模型基础上引入分整差分概念，构建了不依赖于具体假设的自回归分数积分移动平均（Autoregressive Fractionally Integrated Moving Average，ARFIMA）模型，从非线性动力学、混沌理论角度研究碳价波动性。Zhu 等（2014）、Zhang 和 Yang（2016）分别采用 Zipf 模型、改进灰度理论—马尔可夫（Grey－Markov）模型。Song 等（2019）则建立了模糊随机微分模型（Fuzzy Stochastic Differential Model）以量化相关政策对碳价波动性的影响，并且基于模型的模糊系数来预测碳市场实际供需。

前述的传统计量模型通过历史数据序列预测碳价。然而，Wang（2016）从大数据角度出发，采用同时加入结构化和非结构化信息的网络结构自回归分布滞后（Autoregressive Distributed Lag，ADL）模型。Zhao 等（2018）采用混频数据抽样（Mixed Data Sampling，MIDAS）模型，通过包含高频经济和能源指标的混合频率数据实现每周碳价预测。

由前可知，传统计量模型可以较好地刻画碳价波动性的两个重要特征：非对称效应和聚集效应。然而传统计量模型必须建立在时间序列具有线性、平稳性特征的假设上，与碳价序列呈现的高度复杂性特征相悖，无法处理碳价的非线性部分，容易造成局部瞬态信息流失，以至于无法得到满意的预测结果。

4.3.2　人工智能模型

随着研究的不断深入，学者逐步认识到传统计量模型在分析具有非平稳、非线性以及高度复杂特性的碳价序列时会失效。相比传统计量模型存在模式固定等局限，人工智能模型参数估计过程不严格遵循统计学理论，通过自学习、自适应的迭代学习对参数进行调整与修正。该模型能够通过对碳价历史数据序列的训练学习，捕捉到其中隐藏的非线性映射关系，能够将碳价特征与复杂多变的外界因素相结合以实现预测误差最小化，具有较强的泛化能力和稳健性，因此在碳价预测中得到了广泛应用。如表 4.15 所示，在人工智能模型中广泛应用于碳价预测方法是人工神经网络（Artificial Neural Network，ANN）以及用于参数优化的智能寻优算法。人工神经网络是一种数据驱动的自适应非线性函数逼近模型，对时间序列非平稳、非线性特征具有强大的刻画与建模能力，其基本原理是通过不断调节权值、阈值以及网络结构，最小化拟合误差的迭代过程。Han 等（2019）建立组合混频数据抽样—反向传播神经网络（Mixed Data Sampling – Back Propagation Neural Network，MIDAS – BPNN）模型，Ji 等（2019）建立自回归差分移动平均—卷积神经网络—长短期记忆网络（Autoregressive Integrated Moving Average – Convolutional Neural Network – Long Short Term Memory network，ARIMA – CNN – LSTM）模型，以上两个模型将传统计量模型与深层神经网络结合，有效捕捉碳价线性和非线性特征。

表 4.15 人工智能预测模型

Study	Model	Conclusion
Zhu 和 Wei（2013）	ARIMA – LSSVM	ARIMA、LSSVM 分别捕获了碳价线性、非线性成分，提高预测准确性
Fan（2015）	PSR – MLPNN	验证了可以用混沌理论解释碳价波动行为，有效地表现碳价非线性特征，并且显示出良好预测性能
Han 等（2015）	FDL – GA – ridge	模型有能力选择自身合适的预测因子，能够应对由碳价复杂性引起的技术问题
Atsalatis（2016）	PATSOS	一种混合神经模糊控制器，成为预测碳价的新型方法
Zhang 等（2017）	MSVR – PSO – W	模型考虑到对碳价有重大影响的因素，实现了碳价区间预测，预测碳期货价格下一个交易日的最高和最低价格
Shi 和 Zhu（2017）	PSO – PSR – LSSVR	PSO 同步优化 PSR、LSSVR 的参数，能够捕捉到隐藏在碳价中的非线性模式
Jiang 和 Peng（2018）	CPSO – BPNN	基于碳价混沌特性，弥补了 BPNN 收敛速度慢、易陷入局部极值的弊端，实现了碳价预测模型精确性和稳定性的双重优化
Yahşi 等（2019）	FFNN、DT、RF	S&P 清洁能源指数是最有影响力的碳价变化解释变量，其次是 DAX 指数和煤炭价格；传统 RF 是基于所有指标的最佳预测模型

续表

Study	Model	Conclusion
Han 等（2019）	MIDAS – BPNN	碳价对煤炭价格、温度、空气质量指数都比对其他因素更敏感；为中国政府和企业有效预测碳价提供工具
Ji 等（2019）	ARIMA – CNN – LSTM	ARIMA、CNN、LSTM 可以充分发挥自己的优势，该模型能够更好地拟合碳价
Zhao 和 Wang（2019）	PSO – GM	深圳碳试点平均价格呈现出先下降后上升趋势；并预测在未来 5 年内，呈现出基本平稳略有上升趋势

考虑到碳价的混沌特征，Fan 等（2015）在相空间重构（Phase Space Reconstruction，PSR）基础上构建了多层感知器神经网络（Multi – Layer Perceptron Neural Networks，MLPNN）模型；Jiang 和 Peng（2018）采用混沌粒子群优化（CPSO）算法优化反向传播神经网络（Back Propagation Neural Network，BPNN），实现对碳价更为精准的预测。

除了上述模型外，Yahşi 等（2019）比较了前馈神经网络（Feedforward Neural Network，FFNN）、决策树（Decision Tree，DT）和随机森林（Random Forest，RF）的预测性能。鉴于碳价具有高度复杂性，Zhu 和 Wei（2013）构建了自回归差分移动平均—最小二乘支持向量机（Autoregressive Integrated Moving Average – Least Squares Support Vector Machine，ARIMA – LSSVM）模型，Atsalatis（2016）则创新地建立由两个自适应神经模糊推理系统（Adaptive Neuro – Fuzzy Inference System，ANFIS）组成的闭环反馈机制 PAT-SOS 模型，实现碳价线性特征获取和非线性预测技术良好结合。

人工智能模型参数估计是一个通过不断机器迭代学习以寻找最小拟合误差的函数结构与参数估计值的过程，为了获得更合适的参数，多种智能寻优算法被提出并引入碳价预测中。智能寻优算法能够帮助预测模型显现更好的自学习、泛化能力，同时避免了人为选择参数导致的结果随机性。粒子群优化（Particle Swarm Optimization，PSO）算法是一种基于群体智能的全局随机搜索算法，具有收敛速度快、全局最优特点，能够有效地改进预测模型易陷入局部极值、收敛速度慢等缺陷（Kennedy and Eberhart，1995）。Zhang 等（2017）将 PSO 用于优化多输出支持向量回归（Multioutput Support Vector Regression，MSVR）的参数，有效提高了 MSVR 的泛化能力和抗噪能力。Shi 和 Zhu（2017）使用 PSO 对相空间重构（Phase Space Reconstruction，PSR）和最小二乘支持向量机（Least Squares Support Vector Regression，LSSVR）模型进行同步优化，保证两者参数组合整体最优，打破组合预测模型参数单独或者轮流优化的限制，对碳价中隐藏的非线性、混沌特征具有良好捕捉能力。Jiang 和 Peng（2018）通过混沌粒子群优化（CPSO）算法对 BPNN 的权值和阈值进行迭代寻优。Zhao 和 Wang（2019）构建 PSO 优化的灰度模型（PSO – GM），解决了传统分数阶灰色预测模型最优阶数选择的问题。

同样作为一种全局优化随机搜索算法，遗传算法（Genetic Algorithm，GA）通过不断接近最优解的方式实现对人工智能算法参数估计过程优化，降低其陷入局部极值的风险，获得更快的收敛速度，提高最终预测结果精确度。Han 等（2015）通过把有限分布滞后（Finite Distributed Lag，FDL）模型和由 GA 优化的岭回归（Ridge regression）算法相结合预测碳价。

由前可知，在人工智能模型中，单项模型往往不如两个及两个以上不同方法集成模型（即组合预测模型）的预测效果。这是因为组合预测模型通过将不同预测方法组合或集成，充分利用每个方法的优势，从不同角度发掘碳价序列复杂的内部信息，分散单个方法的风险并减少整体不确定性，进而预测精确度在一定程度上得到提升（Bate and Granger，1969）。然而人工智能模型也暴露出不少缺陷和问题，如过度拟合、参数敏感和局部极值等，影响了最终预测结果。

4.3.3 数据特征驱动的分解集成预测思想

碳价序列处于一个高度复杂性系统中，呈现出明显的非平稳、非线性、多尺度与混沌特性。传统计量模型与人工智能模型在碳价预测中存在各自的缺陷，导致预测结果缺乏稳定性。Wang 等（2005）提出 TEI@I 模型，其核心思想是"分解—预测—集成"，即首先将时间序列进行分解，有效地降低了碳价非平稳、多尺度特性带来的建模复杂度；其次，使用传统计量方法预测序列大体趋势、使用人工智能模型预测非线性部分，更好地捕捉碳价非线性、混沌特性；最后将分量预测结果集成得到最终预测结果。实证研究表明，分解集成混合模型能够更全面、清晰地把握碳价的各种特性及影响因素，进而更加准确地预测碳价未来变动，成为近些年碳价预测领域的一个主流发展趋势。如表 4.16、表 4.17 所示，本书将碳价预测分解集成混合模型分为"分解—预测—集成""分解—重构—预测—集成"两种思想构建的模型。

表 4.16 　　　　　　　　　　"分解—预测—集成"混合模型

学者	分解	预测	集成	结论
Zhu 和 Wei （2011）	GMDH	PSO – LSSVM	线性	该模型具有较高的泛化能力，在国际碳市场价格数据变化较大情况下进行碳价预测是具有优势的
Gao 和 Li （2014）	EMD	PSO – SVM	线性	该模型能够有效解决预测结果滞后和拐点误差较大的问题，提高预测精确度
Sun 等 （2016）	VMD	SNN	线性	该模型可以捕捉碳价内在复杂特征，能够进行强非线性映射，减少了碳价非线性、非平稳特征对预测的影响
Zhu 等 （2017）	EMD	PSO – LSSVR	线性	该模型更好地捕捉碳价特征，有效地解决过拟合问题，提高模型学习效率和预测精确度
Sun 等 （2018）	WT	BA – KELM	线性	该模型预测具有很强历史相关性的非平稳、非线性、不规则碳价时，具有良好的预测精确度和稳定性
Sun 和 Zhang （2018）	MRSVD	AWOA – ELM	线性	该模型预测性能优于 MRSVD – WOA – ELM、EMD – IWOA – ELM 等基准模型
Zhang 等 （2019）	MRSVD	MFO – ELM	线性	碳价预测不仅考虑碳价历史序列，还需要考虑外部因素，如：能源价格、经济因素等；该模型在预测中展现出明显优势
Wang 等 （2019）	VMD – ICA	RBFNN	线性	二次预处理提高了预测准确性，减少复杂碳价非线性、非平稳特征造成的预测难度
Xiong 等 （2019）	VMD	FMRVR – MOWOA	线性	提出多步提前预测模型，且证实多步提前预测是有潜力且有效的技术
Zhou 等 （2019）	ESMD	GWO – ELM	线性	该模型仅在考虑碳价历史序列时，才能合适并且有效地预测
Sun 和 Huang （2020）	EMD – VMD	GA – BPNN	线性	二次分解能够更好地捕捉碳价非线性、非平稳特征，有效缩短预测时间，提高模型预测精确度和稳健性
Lu 等 （2020）	CEEMDAN	GWO – KNEA	线性	模型的高预测精确度并不意味着高预测稳定性；该模型在最多的数据集上体现了高预测准确度和稳定性
Yang 等 （2020）	MEEMD	IWOA – LSTM	线性	与 BP、ELM 相比，LSTM 展现出更高的预测性能；证实了该模型预测有效性

表 4.17   "分解—重构—预测—集成"混合模型

学者	分解	重构	预测	集成	结论
Zhu（2012）	EMD	F2C	GA – ANN	线性	模型简单，实现稳定地预测非平稳、非线性碳价
Yang 等（2018）	Db3	Db3	GA – RBFNN	线性	碳市场具有多重分形和混沌特征，该模型能够得到准确反映碳价特征的细节信息，极大提高预测精确度
Sun 和 Duan（2019）	FEEMD	SE/PSR	PACF – PSO – ELM	线性	将混沌理论与 PACF 相结合，能够充分刻画碳价特性；验证了该模型有效性
Zhu 等（2019）	VMD	EC	Holt's/NARNN/LSS-VR	线性	提出了基于 IOWA 算子的最优组合预测模型对重构后的分量进行预测
Liu 和 Shen（2020）	EWT	FCM	GRUNN	线性	该模型充分考虑了碳价内在特征，实现了算法之间优势互补；减少了非平稳、非线性特征对预测的影响，展现出良好的预测性能
Hao 等（2020）	ICEEM – DAN	SE	MOGOA – WRELM	线性	该混合模型基于特征选择和多目标优化算法，提高了预测精确度和稳定性
Tian 和 Hao（2020）	VMD	PSR	HOA – ANFIS	线性	该模型是由分析模块和预测模块构成的改进碳价预测系统，其中预测模块包括了点预测和区间预测
Zhu 等（2015）	EMD	HC	高频分量 NAR 低频分量 SVM/ANN 趋势分量 ARCH	ARIMA	提出根据重构后分量特征选择合适预测模型，最后集成得到更为精确的预测结果
Zhang 和 Yang（2016）	ESMD	分类	高频分量 NAR 中频分量 WNN 低频分量 SVM	PSO – SVM	验证中国碳试点碳价具有非平稳性、非线性，与 EU ETS 碳价波动特征相同；提出多频率混合模型，预测精确度、方向把握以及运算效率均有所提高
Zhu 等（2018）	EMD	Lempel – Ziv	高频分量 GRACH 低频分量 PSO – LSS-VM 趋势分量 PSO – LSS-VM	PSO – LSSVM	该模型是新型自适应多尺度非线性集成模型，预测非平稳、非线性和不规则的碳价是有竞争力的
Zhang 等（2018）	CEEMD	分类	趋势分量 CIM 随机分量 GARCH 周期性分量 ACA – GNN	线性	根据重构产生分量特征，选择适当模型，充分利用模型优势，能够得到更加准确、稳定的预测结果

（1）分解。

碳价是受多种随机因素影响而呈现出非平稳、非线性、高噪声等特征的多尺度时间序列，单项模型通常只能针对碳价波动某一方面的主要影响作出预测，将碳价内隐藏的不同特征的信息同质化。学者们利用自适应性分解算法将复杂碳价序列分解成多个不同频率且相对平稳的子序列，增强了波动规律性，更好地发掘不同频率子序列的内部规律和本质特征，从而提高碳价预测准确性（Zhu et al.，2015）。碳价预测模型中常用的分解算法有：小波变换、经验模态分解及其改进算法。

小波变换（Wavelet Transform，WT）将时间序列分解为一系列近似分量（Approximation Component）和细节分量（Detailed Component）。其基本原理是用小波函数族去逼近一个序列，提供一个随频率而改变的"时间频率"窗口，实现了时域和频域上的定位，以减少碳价中不同频率特征信息相互干扰和耦合的影响。Sun 等（2018）、Sun 和 Duan（2019）分别应用其对碳价序列进行分解。然而，WT 缺乏自适应性，对复杂事件序列分解效果较差，需要和其他方法连同使用。Sun 和 Zhang（2018）、Zhang 等（2019）、Liu 和 Shen（2020）分别采用多分辨奇异值分解（Multi – Resolution Singular Value Decomposition，MRSVD）和经验小波变换（Empirical Wavelet Transform，EWT），两种算法均改进了经验模态分解过于烦琐、WT 高冗余度的弊病，更有效地捕捉碳价复杂特性，提高最终预测效果。

由 Huang 等（1998）提出的经验模态分解（Empirical Mode Decomposition，EMD）是用于分解非平稳、非线性、高信噪比时间序列的完全自适应信号处理方法。EMD 将碳价序列分解为若干个不同频率特征的本征模式函数（Intrinsic Mode Function，IMF）和一个残差序列，解决了碳价随机波动性强、相邻频带互扰问题，计算复杂度低且具有一定的自适应性，克服了 WT 的缺陷。Zhu（2012）、Gao 和 Li（2014）、Zhu 等（2015）、Zhu 等（2017）、Zhu 等（2018）、Sun 和 Huang（2020）将其应用于碳价预测中。

然而 EMD 的分解结果存在模式混叠、端点效应等问题（Upadhyay 和 Pachori，2015）。Dragomiretskiy 和 Zosso（2014）在维纳滤波和希伯尔特变换基础上，提出了变分模态分解（Variational Mode Decomposition，VMD）算法，通过非递归优化方法取代了递归方法筛选子序列，具有有限方差和稳定性较高特点，克服 EMD 算法缺点并显示出强大的噪声稳健性和信号分解能力。Sun 等

（2016）、Zhu 等（2019）、Wang 等（2019）、Sun 和 Huang（2020）、Tian 和 Hao（2020）将其应用于碳价预测中。同时，学者也采用多种改进的 EMD 算法，如极点对称模态分解（Extreme – point Symmetric Mode Decomposition，ES-MD）算法（Zhang and Yang，2016；Zhou et al.，2019）、带有自适应白噪声的完全集合经验模态分解（Complete Ensemble Empirical Mode Decomposition with Adaptive Noise，CEEMDAN）算法（Lu et al.，2020）、改进的集成经验模态分解（Modified Ensemble Empirical Mode Decomposition，MEEMD）算法（Yang et al.，2020）、快速集成经验模态分解（Fast Ensemble Empirical Mode Decomposition，FEEMD）算法（Sun and Duan，2019）、改进的带有自适应白噪声的完全集合经验模态分解（Improved Complete Ensemble Empirical Mode Decomposition with Adaptive Noise，ICEEMDAN）算法（Hao et al.，2020）、完全集合经验模态分解（Complete Ensemble Empirical Mode Decomposition，CEEMD）算法等（Zhang et al.，2018）。改进 EMD 算法解决了 EMD 存在的问题并且降低计算复杂度、提高计算速度，有效平滑了碳价序列的边缘和噪声，提高了碳价预测精确度和稳定性。

此外，Zhu 和 Wei（2011）将数据分组处理方法（Group Method of Data Handling，GMDH）作为分解算法，该算法是一种能够在数据中进行知识抽取的自组织数据挖掘算法。Yang 等（2018）基于碳市场多重分形与混沌特征，通过多贝西小波三层变换（Daubechies Wavelet，Db3）对碳价序列进行分解和单支重构。除了单一分解算法外，Wang 等（2019）将 VMD 与独立成分分析（Independent Component Analysis，ICA）相结合，在对非平稳、非线性碳价序列进行模式分解和因素提取时展现了出色性能，降低预测难度。Sun 和 Huang（2020）则通过 VMD 进一步分解 EMD 获得的 IMF1，减少碳价序列不规则性，有效提高预测精确度。

（2）重构。

重构是将分解生成的子序列处理为更有规律且稳定的分量，有利于学者根据它们的波动特征选择合适算法进行预测，最终达到减小提高模型预测效果的目标。根据解决问题的不同，将重构方法分为：子序列重构和相空间重构。

子序列重构将分解生成的碳价子序列重构为几个频率不同、易于描述且具有特定经济意义的分量。若直接使用生成的子序列进行预测，则存在以下问题：第一，生成的子序列较多，预测模型的计算量较大；第二，子序列预测误差容易产生累积效应；第三，子序列理论基础相对单薄，没有太多经济意义。Zhang 和 Yang（2016）、Zhang 等（2018）依据主观经验将子序列重构成新分量。而利用算法对子序列的特征进行重构，能够提供较为客观的标准，使结果更具有科学的理论基础，如重构算法（Zhu，2012）、聚类算法（Zhu et al.，2015；Zhu et al.，2019；Liu and Shen，2020）、复杂度算法（Zhu et al.，2018）以及样本熵（Sample Entropy，SE）算法（Sun and Duan，2019；Hao et al.，2020）等。

除了子序列重构，相空间重构也被引入碳价预测领域。目前已有多位学者验证了碳价具有混沌特性（Fan et al.，2015；Yang and Liang，2017），由 Packard 等（1980）、Takens 等（1981）提出的相空间重构（Phase Space Reconstruction，PSR）将混沌理论引入碳价序列预测，其通过计算嵌入维和时间延迟，构建一个低维相空间并在这个空间中将混沌吸引子恢复。Fan 等（2015）、Shi 和 Zhu（2017）、Sun 和 Duan（2019）、Tian 和 Hao（2020）采用 PSR 算法，使单维复杂波动的碳价序列中隐含的非线性等物理特性以及驱动因素等信息充分显露，该方法简单易行且提高了预测精确度。

（3）预测。

现有的碳价预测单项模型可以分为两类：传统计量模型和人工智能模型。这些模型也常作为模态预测方法广泛应用在分解集成混合模型的构建中，旨在弥补自身缺陷、更好地发挥预测优势。例如，人工神经网络：脉冲神经网络（Spiking Neural Networks，SNN）（Sun et al.，2016）、小波神经网络（Wavelet Neural Network，WNN）（Zhang and Yang，2016）、灰度神经网络（Grey Neural Network，GNN）（Zhang et al.，2018）、径向基函数神经网络（Radial Basis Function Neural Network，REFNN）（Wang et al.，2019；Lu et al.，2020）、反向传播神经网络（Back Propagation Neural Network，BPNN）（Sun and Huang，2020）等。除了人工神经网络外，在分解、重构的基础上对各分量进行预测的常用模态预测方法包括：支持向量机（Support Vector Machine，SVM）、极限学习机（Extreme Learning Machine，ELM）及其改进算法。

与传统人工神经网络模型相比，由 Vapnik（1995）提出的支持向量机（Support Vector Machine，SVM）是一种基于经验风险最小化、结构风险最小化的人工智能算法，其在非线性、高维度的小样本训练集上能够得到比其他算法更好的结果，有效地解决过度拟合问题。基本原理是首先将碳价样本投射到一个高维空间中，通过选择核函数，找到一个超平面使两个类别的样本点到超平面的最近距离最大化。Gao 和 Li（2014）、Zhu 等（2015）、Zhang 和 Yang（2016）将 SVM 应用于模态预测。Suykens 等（2002）在 SVM 的基础上提出了最小二乘支持向量机（Least Square Support Vector Machines，LSSVM），利用二次损失函数取代不敏感损失函数，利用构造损失函数将二次寻优变为求解线性方程，进而实现降低算法复杂性、加快计算速度，能够在大规模数据建模方面取得了良好效果。与 SVM 类似，LSSVM 的参数缺少统一规则，因此确定参数十分关键。Zhu 和 Wei（2011）、Zhu 等（2017）、Zhu 等（2018）均采用 PSO 优化的 LSSVM 预测碳价。

与上述模型相比，Huang 等（2004）提出的极限学习机（Extreme Learning Machine，ELM）具有较少的训练参数、更好的泛化能力和更快的收敛速度，并且可以克服基于梯度的学习方法中可能出现的训练速度慢、局部极值等问题。其核心思想是随机选取输入层与隐含层的连接权值及隐含层神经元的阈值。Sun 和 Zhang（2018）、Zhang 等（2019）、Zhou 等（2019）、Sun 和 Duan（2019）均采用 ELM，不同的是，分别选择自适应鲸鱼优化（Adaptive Whale Optimization，AWO）、飞蛾—火焰优化（Moth - Flame Optimization，MFO）、灰狼优化（Grey Wolf Optimizer，GWO）、PSO 对 ELM 进行参数优化。除此之外，改进 ELM 算法被引入模态预测：Sun 等（2018）选择核极限学习机（Kernel - based Extreme Learning Machine，KELM），该算法以核映射取代随机映射，不会受到隐含层节点数干扰。Hao 等（2020）使用加权正则极限学习机（Weighted Regularized Extreme Learning Machine，WRELM），在 ELM 基础上引入了权重因子和正则系数，考虑到结构化风险并且有效避免了离群点和过拟合对预测结果的影响。并且，他们分别选择了蝙蝠优化算法（Bat optimization Algorithm，BA）、多目标蝗虫优化算法（Objective Grasshopper Optimization Algorithm，MOGOA）进行优化以增强预测的拟合优度与泛化能力。

Krogh 和 Vedelsby（1995）提出，当混合模型中包含的单项模型足够多样化且使用方式足够准确时，混合模型会取得更加精确的预测结果。与表 4.17 中其他模型选择单一模态预测方法不同，Zhu 等（2015）、Zhang 和 Yang（2016）、Zhu 等（2018）、Zhang 等（2018）根据重构生成分量的波动特征，针对性地确定合适的预测方法，即构建多频率混合预测模型以更显著地提高预测精确性和稳定性。

与人工智能模型相似，多种智能寻优算法被广泛应用于模态预测算法参数优化。除以上提到的 PSO（Zhu and Wei，2011；Gao and Li，2014；Zhu et al.，2017；Sun and Duan，2019）、GA（Zhu，2012；Sun and Huang，2020）优化算法，Xiong 等（2019）、Lu 等（2020）、Yang 等（2020）分别通过多目标鲸鱼优化算法（Multi – Objective Whale Optimization Algorithm，MOWOA）、GWO、改进鲸鱼优化算法（Improved Whale Optimization Algorithm，IWOA）优化快速多输出相关向量回归（Fast Multi – output Relevance Vector Regression，FM-RVR）、基于核方法的非线性 Arps 扩展（Kernel – based Nonlinear Extension of the Arps decline，KNEA）模型、长时短期记忆（Long Short – Term Memory，LSTM）的参数和阈值。Tian 和 Hao（2020）则将蝴蝶优化算法（Butterfly Optimization Algorithm，BOA）和正弦余弦算法（Sine Cosine Algorithm，SCA）组合而成的混合优化算法（Hybrid Optimization Algorithm，HOA）对 ANFIS 进行优化。

（4）集成。

与分解算法功能相对应，集成算法的作用是将各个分量的预测结果整合得到最终预测结果。

鉴于多种信号分解方法均以线性分解的方式对原始碳价序列进行分解，简单加成（Simple Addition，SA）是一种简单、有效且常用的集成方法，即将各个分量结果相加集成得到最终预测结果，被广泛应用于碳价预测的分解集成混合模型（Gao and Li，2014；Sun et al.，2016；Zhu et al.，2017；Zhou et al.，2019；Yang et al.，2020）。Zhu 等（2015）则提出 ARIMA 模型线性加成（Linear Addition，LA）。Wang 等（2019）则根据 ICA 的分离矩阵 A 对分量预测结果线性加和。

计算每个子序列占碳价原始序列的比例，将子序列预测结果按照该比例线性加和集成，得到最终预测结果。

不同于上述线性加成方法，Zhang 和 Yang（2016）、Zhu 等（2018）分别使用 PSO – SVM、PSO – LSSVM 非线性集成算法对分量预测结果集成，非线性集成算法有利于捕获各个分量之间非线性映射关系，进而提升最终预测结果精确度。

4.3.4 碳价预测理论发展趋势与有效性评估

（1）碳价预测理论发展趋势。

本书将以欧盟碳排放权交易体系和中国碳排放权交易试点为特定研究对

象，全面探讨碳价预测模型的发展趋势与模型有效性评价指标。本书统计并清洗56篇文献的关键词（合并含义相同且表述相似的关键词、算法均以简称标注等），以聚类方法进行关键词共现图谱绘制。如图4.21所示，点的大小代表了出现该关键词频率高低（即点度中心性）：第一，EMD、VMD、ELM、LSS-VM等人工智能算法出现频率较高，说明具有较强的非线性拟合能力、良好的稳健性和收敛速度快优势的人工智能算法逐步取代了以GARCH为主的传统计量模型，被广泛应用于碳价预测之中。第二，"Hybrid models""Multiscale prediction""Modes reconstruction"等关键词出现频率较高，证实了有效地处理非平稳、非线性、多尺度碳价特征的分解集成混合模型逐步取代了单项模型，最终能够取得更优异的预测结果。第三，"Asymmetry effect""Chaos analysis"等关键词有所体现，说明碳价的数据特征识别始终是构建与数据匹配且反映数据特征的预测模型的保证，也是推动其进一步改进的动力。第四，"Electricity""Coal""Crude oil"等关键词与"Carbon price"联系紧密，说明碳价受多种因素作用而体现出复杂性和不规律性。

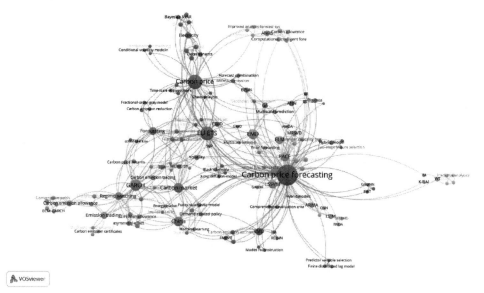

图4.21 综述文献关键词共现图

图4.22为2008~2020年中发表的碳价预测文献的演化过程，发表文献总体数量呈现上升趋势，且自2015年以来，文献总数量迅速增加。通过分析传统计量模型、人工智能模型、混合模型的研究趋势发现：第一，2008~2014

年，主要集中于运用传统计量模型对碳价进行研究。第二，2015 年至今，碳价预测领域受到了越来越多学者的关注，并且随着学者对碳价序列具有非平稳、非线性、多尺度、混沌等特性的认识深入，预测模型从计量模型向基于"分解—预测—集成"思想构建的多步骤、多尺度混合模型发展。第三，2018 年至今，基于"分解—预测—集成"思想构建的混合模型文献数量迅速增加，说明多尺度混合集成预测模型正在成为碳价预测模型的主流。

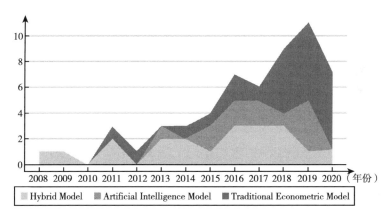

图 4.22 碳价预测文献研究的演化过程

为了更清晰地分析碳价预测模型的演化过程，本书将 56 篇文献按照欧盟碳排放权交易体系和中国碳排放权交易试点为研究对象进行梳理。如表 4.18 所示，以 EU ETS 为研究对象的文献中呈现以下特征：第一，主要通过传统计量模型对碳价波动特征进行描述，证实了碳价具有非对称性、波动聚集性、长期记忆性和趋势性（Seifert et al.，2008；Benz and Truck，2009；Chang et al.，2013；Zhu et al.，2014；Sanin et al.，2015；Li et al.，2016；Zeitlberger and Brauneis，2016；Kim et al.，2017），为基于碳价的数据特征选择预测模型奠定坚实基础。同时，也有学者通过碳价影响因素描述碳价波动行为，发现碳价与能源价格、政策变化和异构环境密切相关（Feng et al.，2011；Byun and Cho，2013；Hammoudeh et al.，2014；Li et al.，2016；Canakoglu et al.，2018；Zhao et al.，2018），为考虑多因素碳价预测提供了思路。第二，人工智能模型方面，鉴于碳价同时具有非平稳和非线性特征，采用传统计量方法与机器学习算法相结合的模型（Zhu and Wei，2013；Han et al.，2015；Ji et al.，2019）或机器学习组合模型（Atsalatis，2016；Zhang et al.，2017），同时考虑到碳价具有混沌特性，Fan 等（2015）、Shi 和 Zhu（2017）将相空间重构引入预测模型。第三，分解集成混合模型方面，鉴于碳价的非平稳、非线性和多尺度特性，Sun 等（2016）、Zhu 等（2017）、Wang 等（2019）、Liu 和 Shen（2020）等构建分解集成混合模型以减少碳价复杂特性对预测效果的影响，而 Zhu 等（2015）、Zhu 等（2018）、Zhang 等（2018）则根据分解、重构之后各分量波动特征以及经济含义采用不同方法，构建混合预测模型，Yang 等（2018）考虑到碳市场多重分形与混沌特性，构建的预测模型能够更好地反映碳价细节信息。

而以中国碳排放权交易试点为研究对象的文献起步相对较晚：第一，传统计量模型方面，与 EU ETS 相似，中国碳试点价格也具有显著的随机波动性、非对称效应等，与能源价格、经济指标和空气质量存在长期均衡关系（Zhang and Yang，2016；Ren and Lo，2017；Chang et al.，2017；Lyu et al.，2020）。Zhou 和 Li（2018）则基于中国政策导向型碳试点情况，预测政策对碳价的影响程度。Wang（2016）则考虑通过加入非结构信息提高碳价预测精确度。第二，人工智能模型方面，基于碳价的非平稳、非线性、不规则特性，Zhao 和 Wang（2019）则预测未来 5 年内深圳碳试点碳价呈现基本平稳略有上升趋势，Han 等（2019）发现碳价的变化与煤炭价格、温度、空气质量相关，多因素预测碳价也受到了越来越多的关注。第三，分解集成混合模型方面，考虑到碳价非平稳、非线性、多尺度、混沌特性，Zhu 等（2019）通过 IOWA 集成算子将 LSSVR、非线性自回归神经网络（Nonlinear Autoregressive Neural Network，NARNN）模型和 Holt's 指数平滑方法（Holt's exponential smoothing method，Holt's）三种模型的预测结果构建成最优组合预测模型（Combined Forecasting Model，CFM），Xiong 等（2019）提出多步提前预测（Multi-step-ahead Forecasting）模型，Tian 和 Hao（2020）建立了一个包含点预测模型和区间预测模型的碳价预测系统，在丰富了预测方法多样性的同时，也取得了更精确且稳健的预测结果。

同一预测模型在不同的碳市场或不同的研究区间内展现出的预测精确度和模型适应性并不相同。为了分析以欧盟碳排放权交易体系和中国碳排放权交易试点为特定研究对象的研究区间分布情况，本书将区间细分为"EU ETS Ⅰ""EU ETS Ⅱ""EU ETS Ⅲ"和"中国"四类并进行可视化。如图 4.23 所示，第一，以 EU ETS 为研究对象时，研究区间的选择主要集中于 Phase Ⅱ（2008~

2012 年）和 Phase Ⅲ（2013～2020 年）。第二，2016 年至今，选择中国碳排放权交易试点作为研究对象的文献数量增加。

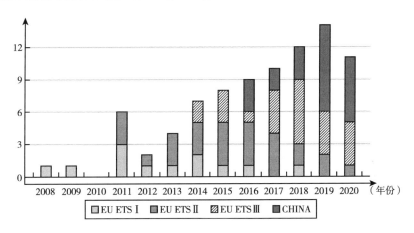

图 4.23　碳价预测模型研究区间分布

　　究其原因，于 2005 年正式成立的欧盟碳排放权交易体系，是目前世界上涉及碳排放规模最大、影响范围最广、流动性最强的碳排放权交易体系，在世界碳市场建设中处于代表性和示范性地位，因此选择 EU ETS 作为研究对象的文献是最多的。而主要选择 Phase Ⅱ（2008～2012 年）和 Phase Ⅲ（2013～2020 年）作为研究区间，是因为 Phase Ⅰ（2005～2007 年）处于碳价波动较大的碳市场试运行阶段。

　　由于 2013 年 6 月 18 日到 2016 年 12 月 22 日中国八个碳试点相继启动交易，2016 年开始，选择中国碳排放权交易试点为特定研究对象的文献逐渐增多。鉴于目前中国八个碳试点的发展进度略有差别，本书对以中国碳排放权交易试点为研究对象的 22 篇文献所选择的碳试点进行统计并可视化，如图 4.24 所示，选择频率较高的碳试点为深圳、湖北、上海碳试点。原因在于：首先，于 2013 年 6 月 18 日启动的深圳碳试点是中国启动最早的碳交易试点，具有样本数量最多且市场化程度最高的优势；其次，湖北碳试点在八个碳试点中具有高流动性且交易量居于领先地位；最后，上海碳试点也有交易量大且成立时间较长的优势。

　　综上所述，选择研究对象以及研究区间时，该市场的交易量、交易时长以及市场的成熟度往往被考虑在内，合适的数据集对验证预测模型的准确性和有

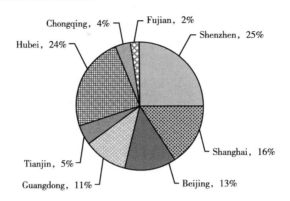

图 4.24　中国八个碳试点研究的文献比重

效性起到了重要的作用。

（2）碳价预测模型的有效性评估。

通过对文献中用于评价碳价预测模型的预测性能的方法进行梳理，研究中通常采用两类不同的预测评价标准：预测值精确度的评价指标和预测方向精确度的评价指标。

在预测值精确度方面，常见的评价指标包括：均方误差（Mean Square Error，MSE）、均方根误差（Root Mean Square Error，RMSE）、平均绝对误差（Mean Absolute Error，MAE）以及平均绝对百分误差（Mean Absolute Percent Error，MAPE）。而在预测方向精确度方面，通常选用 D_{stat}（Directional prediction statistics）作为评价指标。而以上均为点预测有效性评价指标，目前碳价预测文献集中于点预测，仅有 Zhang 等（2017）、Tian 和 Hao（2020）考虑到了区间预测。相比点预测，区间预测能够考虑大量潜在的预测因素，量化了预测不确定性进而减少随机变化，能够为碳市场风险管理提供价值。常用的区间预测评价指标是：U_I（the interval U of Theil statistic）。

（3）结论。

碳价预测是一个新兴而热门的领域，模型预测精确性和稳定性双重提高有助于市场参与者进行科学决策、合理投资以规避碳价波动带来的风险，有利于政策制定者正确地评估碳市场效率、及时制订相关政策以保持碳市场稳定发展。本书引入数据特征驱动建模思想，从碳价特征角度对预测模型从主流模型和研究对象两个方面进行梳理和归纳，结论如下：

第一，碳价特征是推动预测模型不断改进、预测精确度和稳定性不断提升的重要原因。随着学者们对碳价非平稳、非线性、多尺度与混沌特征的认识逐步清晰,预测模型从传统计量模型向人工智能模型、分解集成混合模型逐步转变,并且机器学习算法得到了广泛应用。

第二,数据特征驱动分解集成混合模型能够更好地把握碳价特征,从"分解""重构""预测""集成"四个步骤出发,有效帮助模型从不同尺度上捕捉碳价系统的内部规律,从而实现模型预测精确度和稳定性双重提升,该模型成为碳价预测模型的主流发展趋势和创新方向。

第三,同一模型在不同碳市场或不同研究区间内显现出不同的预测性能。中国碳试点碳价与 EU ETS 碳价波动相似,国外相关文献和预测模型具有重要的参考价值。但是中国碳试点仍面临着一些问题,如八个碳试点发展状况不均衡、碳市场有效性有待进一步提高等。因此,结合中国碳试点的发展现状有助于更好地创新碳价预测模型。

然而,总结现有研究文献的同时,本书也发现了该领域尚存的一些不足之处。为了实现更精准地预测碳价,本书归纳出三个方面的未来研究方向:

第一,大多数预测模型仅考虑碳价历史序列,而碳价是受到政策、经济、能源价格等多因素影响的复杂时间序列,在构建预测模型时引入更多因素,能够更全面、系统地识别碳价序列的内部规律与本质特征。

第二,多步式预测会更为深入和广泛。多步式预测模型能够更加深入地刻画碳价特征,有利于提升模型的预测性能、做出长期预测和决策。

第三,市场参与者与监管部门可以构建集成不同类型模型的实时预测系统,针对碳市场的特征选择适合的预测模型,更好地发挥模型优势。

第5章 碳市场风险测度方法

5.1 问题的提出

《联合国气候变化框架公约》与《京都议定书》的生效及欧盟碳排放权交易制度的建立与实施，催生了一个全新的金融领域——碳金融。世界银行碳金融部门、国际金融公司、国际投资银行是国际碳金融市场的主要推动者，商业银行、保险公司、基金公司和证券公司是国际碳金融市场的主要投资者。其中，国际顶尖商业银行如花旗银行、巴克莱银行、荷兰银行等率先执行"赤道原则"开展相关碳金融项目融资，积极对低碳项目提供贷款、碳信用咨询、理财产品等金融服务。国际碳金融市场逐步完善，碳金融业务进一步拓展。

与国际市场相比，国内碳市场的发展相对缓慢。中国作为《京都议定书》非附件 I 国家不承担强制减排任务，但能够以发展中国家的身份参与清洁发展机制（CDM）下的项目开发。因此，中国碳金融早期实践主要是通过 CDM 参与到国际碳市场。商业银行等金融机构为企业提供融资、投资、碳减排认证顾问等一揽子服务，积累了一定经验，获得初步发展。例如，兴业银行率先推出碳资产质押授信业务，为 CDM 项目提供融资支持；中国银行推出一系列碳金融产品包括基于 CDM 的节能减排融资项目和基于碳排放权的金融理财产品等。近年来，金融机构在碳市场交易中扮演着愈来愈重要的角色，不仅为碳交易主体提供直接或间接的融资支持，而且直接活跃于国际碳市场。碳市场的快速发展给中国金融业带来机遇的同时，也因其交易的特殊性给商业银行带来严峻挑战。张跃军和魏一鸣（2011）指出，欧盟碳市场作为一种新型金融市场吸引全球金融机构的关注和实质参与，但因其不可预测性给中国 CDM 项目收益和相关银行理财产品的收益带来了较大风险。对碳金融市场风险进行识别与准确评估有助于增强国内商业银行等金融机构对国际碳金融业务的风险管理能力。

国内外学者针对碳交易价格波动引发的市场风险测度及影响因素分析开展了大量的研究。Christiansen 等（2005）指出政策及其监管问题是驱动欧盟 EU ETS 价格变化的重要因素。Alberola 和 Chevallier（2009）发现碳价受到市场机制及其外界不稳定环境（如气候政策、减排配额分配、宏观经济波动等因素）的影响，出现较大幅度的波动，从而降低碳金融市场参与主体的信心。Blyth 和 Bunn（2011）通过建立碳价形成的随机模拟模型，分析政策、市场和技术风险的共同演化，发现政策的不确定性是价格风险的主要来源。部分学者强调宏观经济因素影响碳价的波动（Chevalier，2009；Koch et al.，2014；Yu and Mallory，2014；Zhu et al.，2015），发现发达国家经济的衰退，容易导致对碳排放指标需求的减少，供求关系的变化也给碳金融业务带来巨大的市场风险。测度碳价波动风险的文献主要采用以下几类模型与方法：一是 GARCH 族模型，如杨超等（2011）、Feng 等（2012）、Reboredo 和 Ugando（2015）、蒋晶晶等（2015）、Ren 和 Lo（2017）；二是随机波动（SV）模型，如刘维泉和郭兆晖（2011）；三是资本资产定价模型（CAPM）与 Zipf 方法，如唐葆君和申程（2013）。大多数文献表明，基于 GARCH 模型和极值理论的风险价值 VaR 方法在测度碳市场价格波动风险上更具有优势。

现有文献在碳市场风险测度方法上的研究已取得较大成果并作出重要贡献，但多数文献主要解决的是单一风险测度问题，较少关注风险的多源性特征。而实践表明，碳市场风险来源复杂，尤其是国内碳交易主体参与国际交易时面临碳价波动和汇率波动两大风险。为了提高风险评估与控制能力，中国金融机构必须度量整体风险，即需要解决风险集成问题。本书将碳金融市场集成风险定义为中国金融机构参与欧盟 CER 交易时所面临的碳价与汇率两类风险因子的整合，即运用 Copula 函数理论将风险因子之间的非线性动态相关性连接起来计算碳金融市场的整体风险。

针对碳价与汇率两类风险因子的整合，采用连接（Copula）函数理论。与张晨等（2015）文献的不同之处在于：该文献在确定风险因子边缘分布时采用参数法通过构建 Copula – ARMA – GARCH 模型来确定碳价风险和汇率风险的边缘分布，而本书采取非参数法确定风险因子的边缘分布。理由是参数法需要事先对分布做出假设，容易造成模型的设定偏差。Chevallier（2011）在进行碳价波动特征分析时，发现非参数模型相较于线性自回归模型能够减少

15%的预测误差。黄金波等（2014，2017）指出相对于参数和半参数方法，非参数方法不需要事先对分布函数形式做任何模型设定，避免人为的模型设定风险和参数估计偏差，能够给出较为准确的风险估计。此外，非参数核估计方法可以允许金融时间序列数据之间相互依赖。

本书采用非参数核估计方法确定碳金融市场价格波动与汇率波动两类风险因子的边缘分布，构建 Copula – CVaR 模型度量碳金融市场多源风险因子之间非线性、动态相依结构并对多源风险进行集成测度。研究工作在理论方法层面上不仅避免了参数法人为设定边缘分布类型可能造成的偏差，而且通过引入条件风险价值（CVaR）克服了传统风险价值（VaR）在解决市场风险测度问题时的缺陷；在应用层面，提高碳金融市场多源风险集成测度的准确度，对商业银行等金融机构参与国际碳金融业务时提高风险识别、评估与控制能力具有一定的参考价值。

5.2 模型与方法

5.2.1 风险集成技术——连接（Copula）函数

碳金融市场是一个多种因素相互作用的复杂系统，风险因子的多样化和相关性对集成风险管理提出了更高要求。传统的集成风险测度方法以单一风险因子的简单加总或建立依赖于正态分布的多元线性模型为主，忽略了风险因子的非线性与动态相关等特性。张金清和李徐（2008）指出，由不同类型的风险因子共同作用所产生的风险与单种风险因子所驱动的风险有着本质的差别，单种风险因子所驱动的风险测度方法一般都不适用于集成风险的度量。因此，探索更科学合理的集成风险测度方法以准确刻画碳金融市场多源风险因子之间的非线性及动态相关性是本书研究的主要目的。

本书引入连接（Copula）函数将不同类型的分布整合成一个联合分布，克服传统方法的弊端，将包含厚尾分布信息的边缘分布函数纳入集成风险测度模型，不仅可以准确刻画不同类型风险因子之间的非线性相依关系，而且可以很好地描述风险因子相关性随市场波动和时间推移而变化这一特征，提高碳金融市场集成风险测度的准确性。现有文献将连接（Copula）函数作为风险集成技术的应用主要集中在银行、股市等传统金融领域，而对碳金融等新兴领域的探索尚未展开。例如，学者李建平等（2010）对商业银行的信用风险、市场风险和操作风险进行集成测度，假定各种风险损失率服从特定的分布（beta分布、正态分布和对数正态分布），研究不同置信水平、不同相关结构下的风险值和集成风险管理。严太华和韩超（2016）运用GJR模型对沪深股市四个行业风险变量进行过滤并将极值理论与Copula函数相结合计算行业集成风险价值。与以上文献不同的是，在解决碳金融市场集成风险测度问题时，本书采用非参数方法确定两类风险因子的边缘分布，避免参数方法人为设定分布类型可能造成的偏差。

Copula函数是将n个一元边缘分布连接为一个由n个随机变量组成的多元联合分布。对于任何一个多元分布，能够提取出边缘分布和用于捕获相关结构的Copula函数。本书要刻画碳金融市场价格波动与汇率波动两类风险因子的边缘分布，涉及二元随机变量X和Y的Copula函数，其标准表达式为：

$$H(x,y) = C[F(x), G(y)] \tag{5.1}$$

其中，$C(u, v)$为Copula函数，$F(x)$和$G(y)$是边缘分布函数，$H(x, y)$是联合分布函数。边缘分布函数信息包含在$F(x)$和$G(y)$中，而相关性信息包含在$C(u, v)$中。相关关系完全取决于Copula函数，而数据的特征形状（如均值、标准差、偏度和峰度）则取决于边缘分布。该方法在解决碳金融市场相关性问题时的优势在于：第一，Copula函数的选择不受边缘分布选择的限制且边缘分布不需要一致；第二，Copula函数可以刻画收益分布的非正态性质，如"尖峰厚尾"特征；第三，Copula函数可以描述不同资产收益之间复杂的非线性关系。

Copula函数主要包括椭圆类Copula和阿基米德Copula。椭圆类Copula服从椭圆分布且尾部对称，最常用的是高斯Copula和学生t-Copula。阿基米德Copula由参数α表示的生成元$\phi_\alpha(t)$构建，通过选择不同的生成元能够得到不同的Copula函数族，如Clayton Copula、Frank Copula和Gumbel Copula等。

5.2.2　风险测度指标 CVaR/VaR

风险价值（Value at Risk，VaR）是金融市场风险测度的主流方法，可将同一市场的不同风险因子或不同市场的风险进行集成，较准确地测度由相互作用的不同风险来源产生的潜在损失。VaR 的定义是在一定置信水平 β 下，某一资产或资产组合在一定持有期内可能出现的最大损失。在数学上，VaR 表示为收益 r 分布的 1 - β 分位数，其表达式为：

$$\Pr(r \leqslant -VaR) = 1 - \beta \tag{5.2}$$

若以 F(.) 表示资产组合收益的累积概率分布函数，资产组合的 VaR 表示为：

$$VaR = -F^{-1}(1 - \beta) \tag{5.3}$$

VaR 虽然指的是损失值，但习惯上用正值表示。由于它具有概念简单、易于理解的优点，成为国际上主流的金融风险度量方法，但在应用上却存在两大缺陷：第一，VaR 不满足一致风险测度理论中的次可加性公理，即组合的 VaR 可能会大于组合中各资产的 VaR 之和，违背金融理论分散化投资的基本常识。第二，VaR 未考虑超过分位点的下方风险信息，其尾部损失测量的非充分性误导投资者忽略小概率发生的巨额损失情形，而成为风险管理的遗漏。

鉴于 VaR 存在的诸多不足，Rockafellar 和 Uryasev（2000）提出条件风险价值（Conditional Value at Risk，CVaR）来弥补 VaR 的缺陷。CVaR 是指资产组合在一定持有期内损失超过风险价值 VaR 的条件均值，反映超额损失的平均水平。在置信水平 β 下，收益 r 的 CVaR 简单表达式为：

$$CVaR = -E\{r | r \leqslant -VaR\} \tag{5.4}$$

CVaR 是一种一致性风险度量方法，不仅具有 VaR 模型的优点，而且具有次可加性、凸性等优良的理论性质，在投资组合优化决策中的应用潜力很大，但在其他领域的实践还需要进一步探索与完善。

5.2.3 非参数 Copula - CVaR 集成风险测度模型

本书将连接（Copula）函数与条件风险价值（CVaR）相结合，提出基于非参数 Copula - CVaR 模型的碳金融市场集成风险测度方法。该方法的主要思想为通过连接（Copula）函数将具有非正态性质、相互关联的多个风险因子"连接"起来，构建由多个风险因子驱动的资产组合收益率的联合分布，进而计算资产组合的集成风险 CVaR 的值。

与现有文献的不同之处，主要体现在：一是连接（Copula）函数的边缘分

布采用非参数法避免参数法的假设；二是以 CVaR 作为风险测度指标弥补 VaR
的缺陷；三是采用 Copula 变换相关系数的 CVaR 分析法计算 Copula – CVaR 的
值。最后，通过 Kupiec 回测检验对模型进行失败率检测，并对比分析其他几
类传统方法，验证本书所采用非参数 Copula – CVaR 模型的优劣。

（1）非参数法确定边缘分布。

确定风险因子边缘分布的方法有两种：一种是参数法；另一种是非参数法。
参数法假定风险因子服从某种含有参数的已知分布，如正态分布、t 分布等常见
分布，即密度函数的形式是已知的，需要由样本估计其中的参数。参数法依赖于
事先对总体分布的假设，而做出这种假设往往是困难的。非参数法则不存在这样
的"假设"困难。因此，本书选用非参数法确定 Copula 边缘分布。任仙玲和张
世英（2007，2010）提出采用非参数核密度估计描述单个金融资产的边缘分布，
建立 Copula – Kenel 模型度量 VaR。核密度估计的定义为：设 $\{x_i\}$ 是来自连续
分布函数 $F_i(x_i)$ 的同分布样本，$F_i(x_i)$ 的非参数核密度估计为：

$$\hat{F}_i(x_i) = \int_{-\infty}^{x_i} \hat{f}_i(s)\,ds, \ \hat{f}_i(x_i) = \frac{1}{Th}\sum_{t=1}^{T} K\left(\frac{x_i^{(t)} - x_i}{h_i}\right) \quad (5.5)$$

其中，$K(\cdot)$ 为核函数，h 为窗宽。核函数可以有多种不同的表示形式，常用
核函数为高斯核。张冀等（2016）指出，对于数据量很大的样本如资本市场
交易数据，参数模型的分布设定对结果有一定的影响，建议使用非参数 Copula
模型准确度量资产之间的复杂依赖关系。

（2）Copula – CVaR 的估计方法。

文献将 Copula 函数应用于风险价值计算的方法主要归纳为三类（柏满迎
和孙禄杰，2007）：Copula – VaR 的解析方法、Copula 变换相关系数的 VaR 计
算方法和 Monte – Carlo 模拟方法。现有文献多数采用第三种方法，如张晨等
（2015）、张金清和李徐（2008）、李建平等（2010）和赵鲁涛等（2015）。然
而，Monte – Carlo 模拟虽然对于风险因子非常灵活，但也存在一个潜在的弱
点——模型风险，即对相关风险因子指定一个随机过程，而这一特定随机过程
却不一定是最合适的。若该资产的随机过程不能实现，风险值的计算就可能存
在很大不确定性。因此，尝试选用文献提到的第二种计算方法，即 Copula 变
换相关系数的分析方法。与该文献不同的是，本书选择的风险价值测度指标是
CVaR，克服了 VaR 不满足一致风险测度理论中次可加性等缺陷。为进一步提

高风险测度的准确性，将传统 CVaR 计算分析方法中的线性相关系数替换为性质更好的秩相关系数或尾部相关系数，而这两类相关系数都可以用 Copula 函数表示出来，具体表达式为：

$$\tau_{ij} = 4\iint\limits_{0\ 0}^{1\ 1} C(u,v)\,dC(u,v) - 1, \quad \rho_s = 12\iint\limits_{0\ 0}^{1\ 1} C(u,v)\,du\,dv - 3$$

$$\lambda^{up} = \lim_{u\to1^-}\frac{\hat{C}(1-u,1-u)}{1-u}, \quad \lambda^{low} = \lim_{u\to0^+}\frac{C(u,u)}{u} \tag{5.6}$$

其中，τ_{ij} 是 Kendall 秩相关系数，ρ_s 是 Spearman 秩相关系数，λ^{up} 是上尾相关系数，λ^{low} 是下尾相关系数。

计算集成风险价值 CVaR 的表达式为：

$$CVaR = k_\beta \sigma_p - E[r_p] \tag{5.7}$$

$$k_\beta = \frac{-\int_{-\infty}^{-z_\beta} x\varphi(x)\,dx}{1-\beta} \tag{5.8}$$

其中，z_β 是置信水平 $\beta\in(1/2,\ 1)$ 对应的标准正态分位数。σ_p 和 $E[r_p]$ 分别代表组合收益的标准差和期望值。碳价与汇率组合收益的标准差 σ_p 大小取决于组合内各变量之间的相关系数。

传统的 Risk Metrics 方法采用的 ρ_{ij} 是基于正态性假设的线性相关系数。基于 ρ_{ij} 的组合收益的标准差 σ_p 计算如下：

$$\sigma_p = \sqrt{\sum_{i=1}^n \sigma_i^2 + 2\sum_{i<j}^n \rho_{ij}\sigma_i\sigma_j} \tag{5.9}$$

进一步推导可得出 CVaR 关于线性相关系数的表达式为：

$$CVaR = k_\beta \sigma_p - E[r_p]$$
$$= k_\beta \sqrt{\sum_{i=1}^n \sigma_i^2 + 2\sum_{i<j}^n \rho_{ij}\sigma_i\sigma_j} - E[r_p] \tag{5.10}$$

CVaR 关于非线性相关系数（Kendall 秩相关系数）的表达式为：

$$CVaR = k_\beta \sigma_p - E[r_p]$$
$$= k_\beta \sqrt{\sum_{i=1}^n \sigma_i^2 + 2\sum_{i<j}^n \tau_{ij}\sigma_i\sigma_j} - E[r_p]$$
$$= k_\beta \sqrt{\sum_{i=1}^n \sigma_i^2 + 2\sum_{i<j}^n \left[4\iint\limits_{0\ 0}^{1\ 1} C(u,v)\,dC(u,v) - 1\right]\sigma_i\sigma_j} - E[r_p]$$

$$\tag{5.11}$$

5.3 实证分析

5.3.1 实证数据的选取与描述

中国商业银行等金融机构参与国际碳金融市场的渠道主要集中在《京都议定书》确立的 CDM 机制下信贷投融资等业务。在该机制下交易的金融产品主要是经核证减排量（CER）。此外，欧盟碳排放权交易体系在全球碳市场中占据最重要地位，交易的活跃度与参与率都较高，中国碳金融主要以欧元作为交易货币。因此，本书选取 CDM 机制下碳减排金融产品 CER 现货价格和欧元兑人民币的汇率作为表征碳金融市场价格波动和汇率波动的样本数据。《京都议定书》执行期分为第一承诺期（2008～2012 年）和后京都时代（2012 年以后）。《京都议定书》第一承诺期结束后，伞形国家集团不但没有达到一期减排目标，而且态度越来越消极。日本、俄罗斯、新西兰等国纷纷退出协定。与第一承诺期相比，2012 年以后《京都议定书》的约束力锐减，官方没有明确提出"第二承诺期"的概念，而是称其为"后京都时代"。样本区间也相应划分为两个子集：样本 1 代表第一承诺期，数据选自 2009 年 3 月 13 日至 2012 年 12 月 31 日（剔除掉早期试运行数据）；样本 2 代表后京都时代，数据选自 2013 年 1 月 2 日至 2017 年 6 月 7 日。数据来源于彭博数据终端（CER 数据）与中国外汇管理局（汇率数据）。图 5.1 和图 5.2 分别描述碳价与汇率时间序列的各种特征，从左到右依次是价格（PRICE）、收益（RETURN）及波动率（VOLATILITY）。其中，收益序列呈现波动聚集性，波动率特征通过建立 GARCH（1，1）模型计算收益序列的条件标准差来刻画。

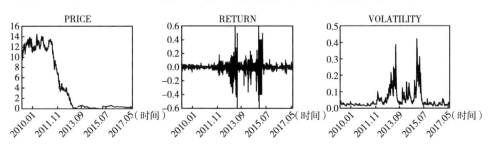

图 5.1 碳价时间序列特征（2009 年 3 月 13 日–2017 年 6 月 7 日）

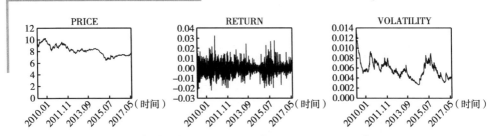

图 5.2 汇率时间序列特征（2009 年 3 月 13 日 – 2017 年 6 月 7 日）

通过对比图 5.1 和图 5.2，发现碳价波动比汇率波动更加剧烈。从图 5.1 看出，CER 价格在 2012 年以后出现"断崖式"滑落，几乎下降为零。CER 收益率也在 2012 年及 2015 年前后出现极端异常波动。这是由于 2012 年 12 月 31 日是《京都议定书》第一承诺期的有效截止日，国际社会对《京都议定书》达成二期承诺存在分歧，导致 2012 年前后碳价出现大幅震荡。2012 年以后该框架协议失去其在第一承诺期的强制约束力，引起 CER 交易锐减，价格急剧下降，由第一承诺期的 14 欧元/吨下跌至后京都时代的 0.3 欧元/吨。但图 5.1 中后京都时代 CER 价格序列曲线近似于水平线，无法直观地识别出其波动状态。为了更加清晰地观测 2012 年以后 CER 价格与收益序列的波动特征，将全样本划分为两个子集，分别对样本 1（第一承诺期）和样本 2（后京都时代）进一步展开细致描述，如图 5.3 所示。可以看出，后京都时代 CER 价格波动依

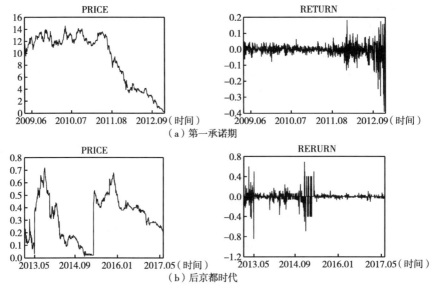

图 5.3 样本 1（a）第一承诺期和样本 2（b）后京都时代的碳价时间序列特征

然非常剧烈，除受到 2012 年《京都议定书》第二轮谈判的影响而导致价格突降之外，2015 年由于《巴黎协定》对"京都模式"的改革使国际气候谈判更加顺利而引起 CER 价格从 0.02 欧元/吨上升至 0.6 欧元/吨，涨幅超过 96.7%。可见，国际政治与气候谈判对碳价波动的影响巨大。

表 5.1 描述了碳价（CER）与汇率（EXCHANGE）收益序列的几个关键统计量。图 5.4 和图 5.5 将核密度估计图、频率直方图和正态分布的密度函数图放在一起加以对比，并用数据分布的分位数与正态分布的分位数之间的关系曲线来进行检验。碳价与汇率收益序列的关键统计特征归纳如下：

（1）各收益序列的偏度值非零，表明序列分布相对于正态分布是有偏的。碳价收益序列的偏度值为负，呈左偏态分布，即比正态分布有向左侧延伸的长尾，如图 5.4 所示。汇率收益序列的偏度值为正，呈右偏态分布，即比正态分布有向右侧延伸的长尾。

（2）各收益序列的峰度值均大于 3，即序列分布凸起程度均大于正态分布。与汇率收益序列相比，碳价收益序列峰度值更高，更明显地呈现出"尖峰厚尾"现象。

（3）Jarque – Bera 统计量的观察值都较大，且其相伴概率 p 值均接近为零，则拒绝原假设，即验证了碳价与汇率收益序列不服从正态分布。

（4）由数据分布的分位数与正态分布的分位数之间的关系图可以看出，碳价收益序列比汇率收益序列偏离正态分布的程度更大，非正态性特征更为显著。

表 5.1　　　　　　　碳价与汇率收益序列的统计特征

收益序列	均值	最大值	最小值	标准差	偏度	峰度	Jarque – Bera 统计量
全样本（2009 年 3 月 13 日 – 2017 年 6 月 7 日）							
碳价	− 0.00405	0.69315	− 0.84730	0.07225	− 0.81862	35.70558	93471.91
汇率	− 0.00007	0.03337	− 0.02232	0.00580	0.22271	5.69518	650.4721
第一承诺期（2009 年 3 月 13 日 – 2012 年 12 月 31 日）							
碳价	− 0.00426	0.18305	− 0.39087	0.04295	− 2.69707	24.73691	20272.59
汇率	− 0.00006	0.03337	− 0.02232	0.00657	0.13834	4.59928	106.4681
后京都时代（2013 年 1 月 2 日 – 2017 年 6 月 7 日）							
碳价	− 0.00386	0.69315	− 0.84730	0.09020	− 0.53765	26.31377	25486.86
汇率	− 0.00007	0.02764	− 0.01999	0.00504	0.36535	7.14670	829.572

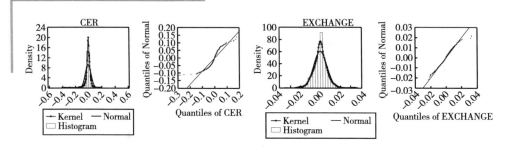

图 5.4　样本 1（第一承诺期）碳价和汇率收益序列的非正态分布检验特征

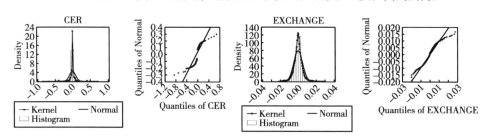

图 5.5　样本 2（后京都时代）碳价和汇率收益序列的非正态分布检验特征

　　通过以上对样本数据特征的分析，发现以正态性假设为前提的传统 VaR 计算分析方法是不合理的。而通过引入非参数核估计方法确定 Copula 函数的边缘分布，可以更加准确地刻画单个资产收益率分布的非正态性质，如"尖峰厚尾"特征，并且能够把具有非正态性质的多个风险因子"连接"起来，构建组合收益的联合分布，度量组合的集成风险。

5.3.2　实证结果分析

　　碳金融市场集成风险测度主要分为五个步骤，如图 5.6 所示。
　　步骤 1：确定风险因子边缘分布与联合分布。
　　样本数据特征的分析结果表明，碳价与汇率收益序列不服从正态分布，常见分布中难以找到相应类型，以分布假设为前提的参数法不再适用。而核密度估计从样本自身出发研究数据特征，不需要对数据分布附加任何假定，不利用数据分布的先验知识。因此，本书采用非参数核密度估计方法确定碳金融市场两类风险因子的边缘分布。以第一承诺期为例，图 5.7（a）显示出非参数核密度估计分布函数的曲线与样本经验分布函数的曲线几乎完全重合，说明该方

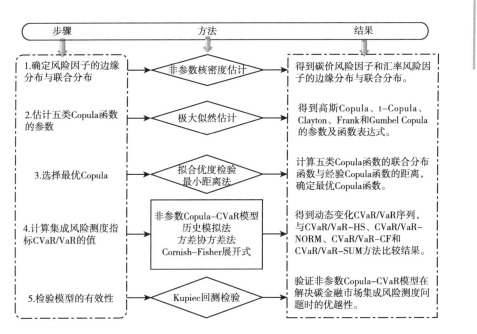

图 5.6　碳金融市场集成风险测度的实证分析流程

法的估计效果较好。图 5.7（b）描绘出碳价风险因子与汇率风险因子的边缘分布 U、V 及其两类风险因子的联合分布 C(u，v)。

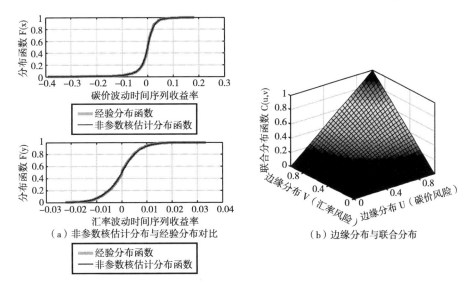

图 5.7　第一承诺期碳价风险因子与汇率风险因子的边缘分布及联合分布

步骤 2：估计五类 Copula 函数的参数。

在确定碳价与汇率两类风险因子的边缘分布之后，用极大似然法分别估计二元高斯 Copula、t–Copula，以及阿基米德 Copula 函数族的 Clayton Copula、Frank Copula 和 Gumbel Copula 的参数及其函数表达式，具体结果如表 5.2 所示。

表 5.2　　　　　　　　　　　　Copula 函数的参数估计结果

Copula 类型	参数 估计值	Copulas 函数形式	与经验 Copula 的距离
样本 1：第一承诺期（2009.3.13–2012.12.31）			
高斯	0.0561	$\hat{C}_{Gaussian}(u,v) = \int_{-\infty}^{\Phi^{-1}(u)} \int_{-\infty}^{\Phi^{-1}(v)} \frac{1}{2\pi\sqrt{1-0.0561^2}} e^{\frac{x^2-2\times0.0561xy+y^2}{2(1-0.0561^2)}} dxdy$	0.0207
t	0.0587	$\hat{C}_t(u,v) = \int_{-\infty}^{t_3^{-1}(u)} \int_{-\infty}^{t_3^{-1}(v)} \frac{1}{2\pi\sqrt{1-0.0587^2}} \left(1 + \frac{x^2-2\times0.0587xy+y^2}{3\times(1-0.0587^2)}\right)^{-\frac{4+2}{2}} dxdy$	0.0209
Clayton	0.0638	$\hat{C}_{Clayton}(u,v) = \max[(u^{-0.0638}+v^{-0.0638}-1)^{-1/0.0638}, 0]$	0.0178*
Frank	0.3327	$\hat{C}_{Frank}(u,v) = -\frac{1}{0.3327}\ln\left(1+\frac{(e^{-0.3327u}-1)(e^{-0.3327v}-1)}{e^{-0.3327}-1}\right)$	0.0225
Gumbel	1.0177	$\hat{C}_{Gumbel}(u,v) = \exp\{-[(-\ln u)^{1.0177}+(-\ln v)^{1.0177}]^{1/1.0177}\}$	0.0271
样本 2：后京都时代（2013.1.2–2017.6.7）			
高斯	0.0199	$\hat{C}_{Gaussian}(u,v) = \int_{-\infty}^{\Phi^{-1}(u)} \int_{-\infty}^{\Phi^{-1}(v)} \frac{1}{2\pi\sqrt{1-0.0199^2}} e^{\frac{x^2-2\times0.0199xy+y^2}{2(1-0.0199^2)}} dxdy$	0.0133
t	0.0753	$\hat{C}_t(u,v) = \int_{-\infty}^{t_3^{-1}(u)} \int_{-\infty}^{t_3^{-1}(v)} \frac{1}{2\pi\sqrt{1-0.0753^2}} \left(1 + \frac{x^2-2\times0.0753xy+y^2}{3\times(1-0.0753^2)}\right)^{-\frac{4+2}{2}} dxdy$	0.0412
Clayton	0.0056	$\hat{C}_{Clayton}(u,v) = \max[(u^{-0.0056}+v^{-0.0056}-1)^{-1/0.0056}, 0]$	0.0127*
Frank	0.8339	$\hat{C}_{Frank}(u,v) = -\frac{1}{0.8339}\ln\left(1+\frac{(e^{-0.8339u}-1)(e^{-0.8339v}-1)}{e^{-0.8339}-1}\right)$	0.1233
Gumbel	1.0135	$\hat{C}_{Gumbel}(u,v) = \exp\{-[(-\ln u)^{1.0135}+(-\ln v)^{1.0135}]^{1/1.0135}\}$	0.0153

注：*标注的是各类 Copula 函数（高斯 Copula、t–Copula、Clayton Copula、Frank Copula 和 Gumbel Copula）与经验 Copula 之间的欧式距离最小值。

步骤 3：选择最优 Copula。

在确定风险因子的边缘分布与联合分布并计算出各类备选 Copula 函数之后，对 Copula 进行拟合优度检验。根据最小距离法，通过比较不同 Copula 函数与经验 Copula 之间的平方欧式距离，选择最优 Copula。若某一类型 Copula 函数可以较好地拟合样本数据，说明其分布函数的理论值 C 与经验 Copula 的估计值 $\hat{C}$ 比较接近，则使 C 与 $\hat{C}$ 距离最小的理论 Copula 为最优 Copula 函数。样本的经验 Copula 函数计算如下：

$$\hat{C}_{Empirical}(u,v) = \frac{1}{n}\sum_{i=1}^{n} I_{[F_n(x_i) \le u]} I_{[G_n(y_i) \le v]}, \ u,v \in [0,1] \tag{5.12}$$

其中，x_i 和 y_i 为碳价与汇率收益序列的样本数据，$F_n(x)$ 和 $G_n(y)$ 分别为 x 和 y 的经验分布函数。$I[\cdot]$ 为示性函数，当 $F_n(x)$ 小于或等于 u 时，$I=1$，否则 $I=0$。计算出各类 Copula 函数与经验 Copula 的平方欧氏距离：

$$d_{Gauss}^2 = \sum_{i=1}^{n} \left| \hat{C}_{Empirical}(u_i,v_i) - \hat{C}_{Gauss}(u_i,v_i) \right|^2 \tag{5.13}$$

通过对比表 5.2 中的最后一列数据，发现样本 1（第一承诺期）和样本 2（后京都时代）中各类型 Copula 函数与经验 Copula 之间的距离最小值分别为 0.0178 和 0.0127，对应的函数均为 Clayton Copula，因此，样本 1 和样本 2 均选取 Clayton Copula 刻画碳价风险因子与汇率风险因子的相依结构。

步骤 4：计算集成风险测度指标 CVaR/VaR。

本书对集成风险测度指标 CVaR/VaR 的估计采用非参数 Copula 变换相关系数的 CVaR/VaR 分析法（Copula - CVaR/VaR），并与其他几种传统风险价值估计方法如历史模拟法（CVaR/VaR - HS）、方差协方差法（CVaR/VaR - NORM）、Cornish - Fisher 展开式法（CVaR/VaR - CF）和风险因子的简单加总方法（CVaR/VaR - SUM）进行比较分析，结果如表 5.3 所示。计算得到的风险价值是动态时间序列，而非某一特定值，如图 5.8 和图 5.9 所示。因此，表 5.3 所列集成风险测度指标的值是取 CVaR 和 VaR 动态序列均值后的数据。

步骤 5：检验模型的有效性。

由于受到各种因素的影响，CVaR/VaR 度量的风险结果均存在一定的偏差。若偏差过大，模型的有效性则受到质疑，因此有必要对 CVaR/VaR 模型的有效性进行检验。该过程采用基于失败率的 Kupiec 回测检验，即检验样本数据中实际损失超过 CVaR/VaR 估计值的失败率。检验结果如表 5.4 所示，N 表

表 5.3　碳金融市场集成风险测度指标 CVaR 和 VaR（均值）的计算结果

样本区间	不同置信水平下集成风险测度指标 CVaR 和 VaR（均值，×10⁻³）								
CVaR/VaR 估计方法	99%		95%		90%				
	CVaR	VaR	CVaR	VaR	CVaR	VaR			
样本1：第一承诺期（2009 年 3 月 13 日－2012 年 12 月 31 日）									
Copula – CVaR/VaR	90.15596	79.08221	70.35544	56.53805	60.14115	44.53874			
CVaR/VaR – HS	33.38143	33.38143	33.38143	28.99727	29.39583	22.27738			
CVaR/VaR – NORM	43.20094	37.93881	33.84493	27.35616	29.06632	21.71458			
CVaR/VaR – CF	41.82294	37.67946	33.83383	27.90541	29.34723	22.27240			
CVaR/VaR – SUM	106.63695	93.76111	83.61418	67.54822	71.73767	53.59619			
样本2：后京都时代（2013 年 1 月 2 日－2017 年 6 月 7 日）									
Copula – CVaR/VaR	182.05788	159.39456	141.53450	113.25608	120.63012	88.69851			
CVaR/VaR – HS	69.92330	69.92330	69.92330	58.05146	59.13072	39.39775			
CVaR/VaR – NORM	85.16982	74.59145	66.36158	53.31730	56.75521	41.97613			
CVaR/VaR – CF	86.74266	74.24575	65.49797	51.38662	55.30953	39.93246			
CVaR/VaR – SUM	252.85980	221.53408	196.84754	157.76052	167.95307	123.81653			

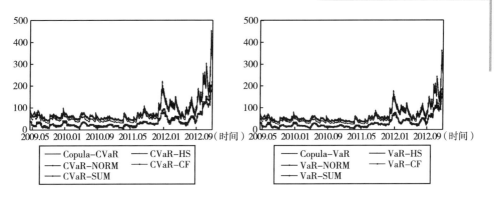

图 5.8　样本 1（第一承诺期）碳金融市场集成风险 CVaR 和

VaR 动态序列（95% 置信水平）

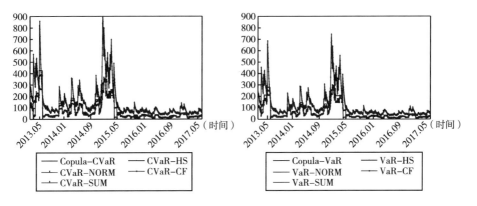

图 5.9　样本 2（后京都时代）碳金融市场集成风险 CVaR 和

VaR 动态序列（95% 置信水平）

示各显著性水平下风险测度方法的失败个数，R 表示相应的失败率。

根据步骤 1～步骤 5 的分析结果，得出如下结论：

（1）以 95% 置信水平下计算结果为例，图 5.8 和图 5.9 清晰地描绘出第一承诺期和后京都时代碳金融市场的风险价值 CVaR/VaR 随时间变化而动态调整的过程。风险价值 CVaR/VaR 的变化趋势相似，均在 2012 年底前后和 2015 年上半年呈现出较大的上升态势，这意味着在这两段时期碳金融市场风险显著增大。其直接原因是碳价波动异常剧烈导致，而背后的间接原因是国际政治博弈与气候谈判带来的深层次影响。2012 年下半年，国际社会对《京都议定书》的展期存在分歧，迟迟不能达成有效的二期承诺，导致碳价大幅跌落，引起碳金融市场动荡，风险加剧。2015 年上半年，随着第 21 届联合国气候变化大会

表 5.4　Kupiec 回测检验

样本区间 CVaR/VaR 估计方法	不同显著性水平下各种方法的失败个数 (N) 和失败率 (R = N/T)											
	1%				5%				10%			
	CVaR		VaR		CVaR		VaR		CVaR		VaR	
	N	R	N	R	N	R	N	R	N	R	N	R
样本 1：第一承诺期（2009 年 3 月 13 日—2012 年 12 月 31 日）												
样本数：T = 970												
Copula - CVaR/VaR	1	0.001	4	0.004	4	0.004	7	0.007	6	0.006	12	0.012
CVaR/VaR - HS	23	0.024	23	0.024	23	0.024	29	0.03	29	0.03	51	0.053
CVaR/VaR - NORM	12	0.012	19	0.02	23	0.024	34	0.035	29	0.03	55	0.057
CVaR/VaR - CF	13	0.013	20	0.021	23	0.024	34	0.035	29	0.03	51	0.053
样本 2：后京都时代（2013 年 1 月 2 日—2017 年 6 月 7 日）												
样本数：T = 1123												
Copula - CVaR/VaR	12	0.011	12	0.011	13	0.012	17	0.015	15	0.013	21	0.019
CVaR/VaR - HS	26	0.023	26	0.023	26	0.023	34	0.03	32	0.028	58	0.052
CVaR/VaR - NORM	21	0.019	25	0.022	28	0.025	40	0.036	36	0.032	50	0.045
CVaR/VaR - CF	21	0.019	25	0.022	28	0.025	45	0.04	37	0.033	56	0.05

注：参考 VaR 的临界区域。当 T = 1000 时，在不同显著性水平 α 下 Kupiec 检验的非拒绝置信区间为 4 < N < 17（α = 0.01），37 < N < 65（α = 0.05），81 < N < 120（α = 0.1）；当 T = 510 时，在不同显著性水平 α 下 Kupiec 检验的非拒绝置信区间为 1 < N < 11（α = 0.01），16 < N < 36（α = 0.05），38 < N < 65（α = 0.1）。

的即将召开，投资者对碳市场的看涨预期上调带来了碳价的大幅回升，导致碳金融市场动荡加剧。2015 年底，在《巴黎协定》获得近 200 个缔约方通过之后，碳价逐渐趋于平稳，市场风险回落。

（2）风险测度指标 CVaR 的值在绝大多数情况下大于或等于 VaR，特别是在面临市场波动剧烈时，如后京都时代碳金融市场 CVaR 的值比 VaR 大更多。由此可见，采用 VaR 进行风险度量容易导致风险低估，且存在风险越大低估越显著的问题。这是由于 VaR 没有充分考虑尾部风险，即未考虑超过 VaR 水平的损失，其所提供的信息可能会误导投资者。而条件风险价值（CVaR）因其优良的理论性质弥补 VaR 的缺陷，即考虑了损失额超过 VaR 的期望值，因此，采用更加客观保守的 CVaR 方法进行风险度量能够覆盖更大范围的下方风险，更符合风险管理的谨慎性原则。

（3）Kupiec 回测检验的结果证实了本书所提出的非参数 Copula – CVaR/VaR 模型在解决碳金融市场集成风险测度问题时的优越性。在不同的显著性水平下，该方法的计算准确性较高，其失败率远低于其他传统方法。例如，在 1% 显著性水平下，非参数 Copula – CVaR/VaR 模型在第一承诺期的失败个数仅为 1，失败率仅为 0.001，远低于历史模拟法（CVaR/VaR – HS）、方差协方差法（CVaR/VaR – NORM）和 Cornish – Fisher 展开式法（CVaR/VaR – CF）的失败率分别为 0.024、0.012 和 0.013；在后京都时代的失败率仅为 0.011，远低于其他几类传统方法的失败率。此外，参考 Kupiec 提出的 VaR 非拒绝置信区域临界值，发现非参数 Copula – CVaR/VaR 模型在各个显著性水平下均能通过检验，从而验证该模型在解决碳金融市场集成风险测度问题时的有效性。

5.4　结论

碳金融业务风险远比传统金融风险更加复杂，受汇率、价格以及经济波动等多种市场因子的影响，碳市场的随机性波动特征更加显著，导致碳交易主体遭受资产损失的风险加剧。针对中国商业银行等金融机构在参与国际碳金融业务时面临的多源风险，本书设计出合理有效的碳金融市场风险识别与评估机制，即，首先，对风险因子的来源和类型进行甄别和确认；其次，准确刻画多源风险因子的非线性、动态相依结构；最后，完成碳金融市场多源风险的集成测度。本书的主要特色与贡献在于：

第一，对碳金融市场的多源风险进行集成测度，弥补过去对碳市场风险识别及预警存在的遗漏，即现有文献对市场风险的测度主要集中在由碳价波动引起的单一风险问题上，而忽略多源风险因子的相依性。忽视复杂相依结构对市场整体风险的影响，可能会造成风险低估而误导投资者。基于碳金融市场风险要素间的相依性视角，本书通过引入Copula函数来刻画国际碳价波动与碳交易结算货币汇率波动两类具有非正态性质的市场风险因子之间的边缘分布及相依结构，构建出由多个风险因子驱动的联合分布，改善了现有文献通过单纯测度碳价风险因子来全面表征碳金融市场风险的不足，为合理度量碳金融市场风险价值提供科学的研究框架。

第二，采用非参数核估计方法确定碳金融市场价格波动与汇率波动两类风险因子的Copula边缘分布，不需要事先对分布函数形式做任何的模型设定，避免了现有文献主要采用参数法确定边缘分布时可能出现的模型设定风险和参数估计误差。通过拟合优度检验选择最优Copula函数刻画风险因子的非线性、动态相依结构，提高了碳金融市场集成风险测度方法的准确性，进一步完善了碳金融市场风险测度理论。

第三，在碳金融市场集成风险测度指标的选取上，用一致性风险测度指标CVaR代替传统指标VaR，既充分考虑了碳金融市场的尾部风险，也具有次可加性、凸性等优良的理论性质，弥补了VaR的缺陷。实证结果表明，采用更加客观保守的CVaR方法进行风险度量，更符合风险管理的谨慎性原则。通过Kupiec回测检验并对比分析各类传统风险测度方法的优劣，验证了本书所提出基于非参数Copula–CVaR模型在解决碳金融市场集成风险测度问题时的有效性，对于中国商业银行等金融机构提高碳金融业务风险评估的准确性具有一定的参考价值。

结合碳金融市场多源风险集成测度的研究工作，对中国碳金融市场风险管理提出相应的政策建议。为应对复杂多变的市场风险，中国商业银行等金融机构参与国际碳金融业务时应该构建内部风险管理长效机制。首先，要对所面临的市场风险类型有一个比较全面的认识，在交易过程中密切关注市场动向，加强对各类风险因子的甄别与监测；其次，选取恰当的多源风险因子连接方法与集成风险测度指标，有效评估风险水平并及时确认风险等级，为进一步的风险预警做准备；最后，构建全面有效的碳金融市场风险预警体系和风险管理组织框架，采取合理的风险防范应对机制和严格的风险管理责任追究机制，在一定程度上降低市场交易与风险防范的成本，为中国商业银行等金融机构融入国际碳金融体系提供有力保障。

第6章 碳市场风险对冲策略

6.1 问题的提出

联合国政府间气候变化专门委员会（IPCC）第四次评估报告指出，人类活动所产生的二氧化碳是导致全球温度升高的主要原因。而二氧化碳等温室气体的排放导致的全球气候变化已引起极大的危害。因此减缓二氧化碳等温室气体排放，抑制全球气候变暖成为当今世界政府、各级国际性组织、专家学者研究的焦点。在应对气候变化的各国实践中，以市场机制为基础的碳排放权交易被广泛认为是最有效、成本最低的减排方式。欧盟在 2005 年率先推出碳排放权交易体系（European Union emission trading scheme，EU ETS），其交易的产品为欧盟排放配额（European Union Allowance，EUA），其交易量在全球占据主导地位。随着应对气候变化行动和国际谈判的进行，世界各国都先后启动碳排放权交易体系。根据国际碳行动伙伴组织（International Carbon International Carbon Action Partnership，ICAP）2020 年 3 月发布的最新报告《全球碳市场进展报告 2020》，全球有 21 个碳排放权交易体系正在运行，在应对气候变化行动中呈现出持续增长态势，并发挥了关键作用。碳市场已成为世界各国应对气候变化政策响应的重要组成部分，建设碳市场是利用市场机制控制和减少温室气体排放的一项重要举措。

碳市场价格受各种因素的影响呈现出剧烈的波动态势，市场风险凸显。欧盟碳市场价格在运行初期曾经一度保持在 30 欧元/吨以上，后来经历了"过山车式"的剧烈波动，给市场参与主体带来极大的风险。到底是什么原因导致了碳价的剧烈波动呢？以往大量文献认为，碳价受到市场内外部多种复杂因素的影响产生剧烈变化，使碳市场比其他市场更不稳定，风险更大。其主要因素包括宏观经济环境、市场需求/供应冲击、碳市场和能源市场之间的溢出效应和政策因素。在此背景下，管理与碳价波动相关的风险已经成为市场参与者关注的重要问题。

　　为加强风险管理，国内外学者将金融市场风险度量方法——风险价值（Value at Risk，VaR）应用于碳市场风险研究和能源市场风险研究。在这些文献中，风险价值（VaR）被定义为在一定置信水平下，某一金融资产或证券组合在一定的持有期内预期的最大可能损失值。然而，该方法自诞生之日起就备受争议。Artzner 等学者指出，在一般条件下，VaR 不满足一致风险测度理论中的次可加性公理，即组合的 VaR 可能会大于组合中各资产的 VaR 之和，因而可能会出现不鼓励分散化的情况；而且在有限情景下，VaR 作为组合头寸的函数，可能是非光滑的、非凸的，因而可能存在多个极值。Rockafellar 和 Uryasev（2000）的研究表明，VaR 没有充分考虑尾部风险，即未考虑超过 VaR 水平的损失，因而其所提供的信息可能会误导投资者。鉴于 VaR 存在诸多不足，Rockafellar 和 Uryasev（2002）提出条件风险价值（Conditional Value at Risk，CVaR）来弥补 VaR 的缺陷，即损失额超过 VaR 的期望值。CVaR 是一种一致性风险度量方法，它不仅具有 VaR 模型的优点，也具有次可加性、凸性等优良的理论性质。由于 CVaR 比 VaR 具有更好的性质，因此被广泛应用于金融风险度量中，称为平均超额损失、平均不足或尾部 VaR。目前，它被应用于一些量化能源市场可能遭遇的损失的研究中（Tekiner – Mogulkoc et al.，2015；Lu et al.，2016；Hemmati et al.，2016；Liu et al.，2017；Roustai et al.，2018；Ji et al.，2018）。

　　为了能推导出用于实际操作的最优风险对冲比率，需要有效的方法对 VaR 和 CVaR 模型进行计算。广泛应用的计算投资组合风险价值 VaR 的方法有非参数方法、半参数方法和参数方法等，但对于最佳方法的评判尚未达成一致结论。大多数文献使用参数模型，例如，Aloui 和 Mabrouk（2010）使用 ARCH/GARCH 模型对条件波动风险进行参数化估计，而该估计方法需要假定数据服从正态分布或学生 t 分布。这一假设前提受到质疑，Feng 等（2012）指出碳价收益数据遵循某种特定分布的假设可能会导致有偏的估计结果。为避免分布假设的影响，非参数方法被应用到风险估计中。Sadeghi 和 Shavvalpour（2006）采用历史模拟法（Historical Simulation，HS）估计风险价值 VaR，并强调非参数历史模拟法具有模型自由和易于实现的优点，但其主要缺陷在于需要大量数据来对尾部进行稳妥估计，这是由于金融时间序列不同寻常的"厚尾"现象造成的。数据的更多模拟是有代价的，容易失去历史收益中的序列相关性。因此，利用非参数方法计算真实风险对冲比率所面临的如何权衡大样本数据精确性和小样本数据时变性的问题使其应用受到局限，只能成为参数 VaR 方法的一种补充而非替代。鉴于参数法与非参数法在风险价值估计时存在上述缺点，本书提出一种新的基于 Cornish – Fisher 展开式的半参数估计模型，利用分布的高阶矩逼近分位数对碳市场价格波动特征进行高度拟合，进而估计得到最优风险对冲比率。

风险对冲是指利用碳期货特有的风险规避功能，通过"两面下注"进行"反向操作"以盈利补偿亏损，达到规避碳现货价格波动风险的目的。与金融市场类似，碳市场有风险就要采取措施加以规避，即交易者迫切需要一种避险策略。而建立科学有效的风险对冲模型是研究碳市场风险对冲策略成败的关键。在这一核心问题上，学者们主要专注于在不同的假设前提和目标函数下对最优风险对冲比率的探讨。最广泛使用的对冲策略是基于最小化投资组合方差的最优风险对冲模型（Chang et al.，2011；Ji and Fan，2011；Cotter and Hanly，2012；Fan et al.，2013；Coulon et al.，2013；Alexander et al.，2013；Pan et al.，2014；Alizadeh et al.，2015；Basher and Sadorsky，2016；Balcılar et al.，2016；Ghoddusi and Emamzadehfard，2017；Billio et al.，2018）。该模型强调通过最小化期货与现货组合的方差确定最优对冲比率，然而，用方差来衡量风险将收益向上波动和向下波动都视为风险，这与实践中投资者一般希望获得收益向上波动带来的好处，而仅视收益向下波动为风险的想法不一致。投资者真正关心的是下方风险（即遭受损失的风险）可能造成的损失。风险对冲策略能否成功实施在很大程度上取决于风险对冲者承受重大损失的能力。一旦出现重大亏损而风险对冲者又没有足够资金补充维持保证金的情况，风险对冲策略就面临失败的危险。因此，控制重大损失风险就成为保证风险对冲策略成功的一个重要问题。在此背景下，现代风险度量技术 VaR（Value at Risk）取代最小方差 MV 框架逐渐发展起来，称为最优 VaR 避险法。该方法广泛应用于金融市场风险研究，但在能源经济领域相对较少（Boroumand et al.，2015；Awudu et al.，2016；Philip and Shi，2016）。Youssef 等（2015）指出，VaR 对于提高能源市场风险评估水平与对冲绩效具有重要意义。此外，也有学者将 MV 和 VaR/CVaR 同时作为风险对冲目标建立模型，并通过对两者的对冲效果进行比较，发现以度量下方风险为指标的 VaR/CVaR 方法更加有效。此外，现有文献在计算碳市场风险对冲比率时，往往忽略对碳市场价格时间序列的高阶矩特征，即尖峰厚尾性，造成模型的失真（Chevallier，2010；Feng，2012；Ibrahim and Kalaitzoglou，2016）。

　　本书在不设定任何分布的情况下，利用基于 Cornish – Fisher 展开的半参数估计方法探讨碳市场的风险度量与对冲。实证结果表明，该方法在提高碳市场风险价值估计准确性和对冲策略绩效方面取得了重大突破。本书对碳市场风险对冲策略研究的主要贡献在于两个方面：首先，提出一种半参数方法来估计欧盟排放交易体系中 EUA 收益时间序列的 VaR/CVaR，更准确地捕捉数据本身呈现出的"尖峰厚尾"高阶矩特征。通过采用 Kupiec 检验对 VaR/CVaR 估计精度进行反测试，发现在碳市场中采用 Cornish – Fisher 展开的半参数方法比其他方法更有效。其次，对比分析最小 CVaR 风险对冲策略与传统最小方差风险对冲策略的风险对冲效果，得出结论：样本内数据的实证结果证明本书所提最小 CVaR 风险对冲策略在所有指标上均优于其他策略，但与样本外数据的实证结果不一致。样本外结果表明，不同于 Balcılar 等（2016）的结论，欧盟碳排放权交易体系运行第三阶段碳市场风险对冲策略有效。此外，本书对能源金融领域的重要课题能源风险管理提供了理论模型和实证结论，研究思路与结构如图 6.1 所示。在能源风险管理中，投资者需要对冲潜在的能源价格波动风险，政府需要维护能源安全（Zhang，2018；Ji and Zhang，2018）。如何准确、可靠地衡量风险水平，对投资者实施更好的风险管理策略至关重要。

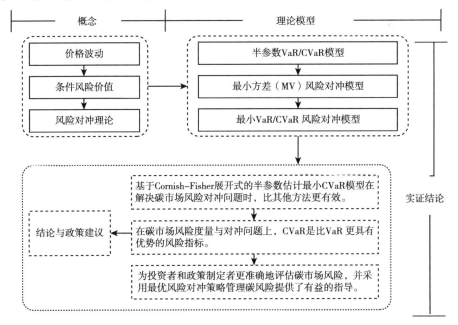

图 6.1　研究思路与结构

6.2 碳市场风险对冲理论与模型

6.2.1 风险价值 VaR 与条件风险价值 CVaR 的定义

随着 EUA 交易量和流动性的增加，受到监管的企业和投资者都面临风险，而他们更关注的是下方风险，即潜在的资产损失。有效地衡量欧盟 EU ETS 的市场风险对市场参与者来说非常重要。风险价值（Value at Risk，VaR）和条件风险价值（Conditional Value at Risk，CVaR）是当今最为流行的两大风险度量指标，关注的是某一个资产或资产组合在未来一个给定的期限内，在给定置信水平下的最大可能损失。相对于传统的方差指标，这一概念同时涵盖不确定性和损失，更能刻画投资者的心理。因此，VaR 指标在国际上得到广泛的应用，应用范围涉及证券公司、投资银行、国际性商业银行、养老基金及金融监管机构等。

根据 Alexander 和 Baptista 的定义，对于给定的投资期间和给定的置信水平 $\alpha \in (1/2, 1)$，一个投资组合的 VaR 是指，在一定置信水平下，投资者在一定持有期内预期遭受的最大损失。给定一个投资组合 p，定义 R_p 为组合 p 的随机收益率，大于 0 代表收益，小于 0 代表损失；E_p 和 σ_p 分别代表期望收益率和标准差。在置信水平 α 下，组合 p 的 VaR 表示为：

$$VaR_p(1-\alpha) = -\sigma_p q_p(\alpha) \tag{6.1}$$

其中，$q_p(\alpha)$ 是风险对冲组合收益率分布的 α 分位数。

然而，Artzner 等指出，VaR 指标在一般条件下不满足一致性风险度量理论中的次可加性公理，即资产组合的 VaR 可能大于组合中各资产的 VaR 之和，从而破坏投资组合理论中的风险分散化原理。VaR 考察在给定置信水平下投资组合的最大潜在损失，而对超过 VaR 水平的损失，不能给出任何信息，因而其所提供的信息可能会误导投资者。基于此，Rockafellar 和 Uryasev（2002）给出了条件风险价值（Conditional Value at Risk，CVaR）概念，CVaR 度量的是损失超过 VaR 水平的条件期望值，满足一致性风险度量要求，弥补了 VaR 不满足次可加性、没有考虑到尾部风险的缺陷。而 CVaR 的计算问题方便处理，被学术界认为是一种比 VaR 风险度量技术更为合理有效的现代风险度量和管理的工具。根据 Rockafellar 和 Uryasev （2000） 的定义，条件风险值（CVaR） 为连续分布的损失超过 VaR 的条件期望，即：

$$CVaR_p(1-\alpha) = \frac{1}{\alpha}\int_{1-\alpha}^{1} VaR_p(x)dx = -\frac{\sigma_p}{\alpha}\int_{1-\alpha}^{1} q_p^x dx \qquad (6.2)$$

6.2.2　基于 Cornish-Fisher 展开式的 VaR/CVaR 半参数估计法

虽然国内外对 VaR/CVaR 的估计方法研究颇多，但鲜见有学者把风险估计同风险优化、组合选择统一起来研究。风险估计与风险优化问题一直以来相互独立发展。一方面，风险估计的相关理论研究发展了很多的风险估计方法，对实际风险的估计精度越来越高；另一方面，投资组合选择和风险优化的相关研究则在风险的理论模型假设下做投资决策，无视实际风险特征，使投资组合选择模型的实用性大打折扣。由于碳市场价格时间序列存在显著"尖峰厚尾"的高阶矩特征 （Chevallier, 2010; Feng, 2012; Ibrahim and Kalaitzoglou, 2016），采用参数法估计风险对冲比率时容易造成模型的失真。而 Cornish-Fisher 展开式用高阶样本矩逼近收益率分布的分位点 $q_p(\alpha)$，能够更加准确地拟合数据自身的特征，因此，本书采用 Cornish-Fisher 展开式推导出 VaR/CVaR 的解析表达式 （Cao et al., 2013）。Cornish-Fisher 的具体展开式为：

$$\tilde{q}_p(\alpha; s_p, k_p) \approx c(\alpha) + \frac{1}{6}[c(\alpha)^2 - 1]s_p + \frac{1}{24}[c(\alpha)^3 - 3c(\alpha)](k_p - 3) -$$

$$\frac{1}{36}[2c(\alpha)^3 - 5c(\alpha)]s_p^2 \qquad (6.3)$$

其中，$c(\alpha)$ 是 α 百分比标准正态分布的分位数，s 是偏度，k 是峰度。VaR 和 CVaR 的 Cornish-Fisher 近似值表示为：

$$VaR_p(1-\alpha) = -\sigma_p \tilde{q}_p(\alpha; s_p, k_p) \qquad (6.4)$$

$$CVaR_p(1-\alpha) = -\sigma_p\left[M_1 + \frac{1}{6}(M_2 - 1)s_p + \frac{1}{24}(M_3 - 3M_1)k_p -\right.$$

$$\left.\frac{1}{36}(2M_3 - 5M_1)s_p^2\right] \qquad (6.5)$$

其中，i = 1，2，3，…。f（.） 为 标 准 正 态 概 率 密 度 函 数，$M_i =$
$\frac{1}{\alpha} \int_{-\infty}^{c(\alpha)} x^i f(x) dx$。

6.2.3 最小 MV 与最小 VaR/CVaR 风险对冲模型

（1） 最小 MV 风险对冲模型。

Ederington 将传统风险对冲理论追求风险极小的思想与资产组合理论加以综合，推导出介于 0 与 1 之间的最小方差风险对冲比率（Minimum Variance Hedge Ratio），目标是实现资产组合的收益方差最小。假设风险对冲者持有一个单位现货多头头寸的 t 时刻价格为 St，相应地，用 h 个单位的期货空头头寸进行风险对冲，期货 t 时刻价格为 Ft。则在 t 时刻由现货和期货组成的投资组合的收益率和方差可以表示为：

$$r_{p,t} = r_{s,t} - hr_{f,t} \tag{6.6}$$
$$\sigma_p^2 = \sigma_s^2 - 2h\sigma_{sf} + h^2\sigma_f^2 \tag{6.7}$$

最优套期比率 h 是无约束优化问题的最优解，即：

$$h_t = \frac{\sigma_{sf}}{\sigma_f^2} = \frac{\rho_{sf}\sigma_s\sigma_f}{\sigma_f^2} = \rho_{sf}\frac{\sigma_s}{\sigma_f} \tag{6.8}$$

其中，σ_{sf} 和 ρ_{sf} 分别是现货收益率和期货收益率之间的协方差与相关系数。对于标的资产完全相同的期货价格与现货价格，尽管两者之间是高度相关的，但因受到不同市场因素的影响，两者波动幅度和频率一般是不相同的，即标准差不相等。因此，在现实情况下风险对冲比率很难恰好等于 1。传统风险对冲理论中的 1∶1 风险对冲比率不适用于实际操作，需要对其进行深入研究。风险对冲比率 h_t 是随时间 t（t∈{0，1，…，T－1}） 变化的动态变量，表示第 t 个决策周期用于保值的风险对冲比率，即在初始的 0 时刻用 h 份碳期货合约对 1 份现货进行保值，到 1 时刻将风险对冲比率调整为 h_2，…，一直到 T－1 时刻调整为 h_T。过去研究的期货风险对冲模型大多是静态的，然而，现实中很多因素都会对其产生影响，如政府气候治理政策的颁布、宏观经济形势突发性变化等可能导致现货市场和期货市场收益分布是时变的，因此有必要建立能够随市场环境变化而不断调整的动态风险对冲策略。再者，由于碳期货风险对冲交易的特点，投资者不必等到结算时才能平仓，他们可以随时通过买卖合约以改变持仓或空仓的情况，导致风险对冲过程也会是一个不断调整的动态决策过程。

（2）最小 VaR/CVaR 风险对冲模型。

传统基于最小方差 MV 的风险对冲模型忽略了下方风险对投资者决策的影响和收益率数据分布的高阶矩特征，特别是其偏度和峰度。为克服以上缺点，本书采用 Cornish - Fisher 展开式的最小 VaR/CVaR 风险对冲模型，风险对冲投资组合收益率的偏度和峰度表示为：

$$s_p = \frac{E[r_{p,t}^3]}{\sigma_p^3} = \frac{s_1\sigma_s^3 - 3hs_a\sigma_s^2\sigma_f + 3h^2 s_b\sigma_s\sigma_f^2 - h^3 s_2\sigma_f^3}{(\sigma_s^2 - 2h\rho_{sf}\sigma_s\sigma_f + h^2\sigma_f^2)^{3/2}} \quad (6.9)$$

$$k_p = \frac{E[r_{p,t}^4]}{\sigma_p^4} = \frac{k_1\sigma_s^4 - 4hk_a\sigma_s^3\sigma_f + 6h^2 k_b\sigma_s^2\sigma_f^2 - 4h^3 k_c\sigma_s\sigma_f^3 + h^4 k_2\sigma_f^4}{(\sigma_s^2 - 2h\rho_{sf}\sigma_s\sigma_f + h^2\sigma_f^2)^2} \quad (6.10)$$

其中，

$$s_1 = \frac{E[r_{s,t}^3]}{\sigma_s^3}, s_2 = \frac{E[r_{f,t}^3]}{\sigma_f^3}, s_a = \frac{E[r_{s,t}^2 r_{f,t}]}{\sigma_s^2\sigma_f}, s_b = \frac{E[r_{s,t} r_{f,t}^2]}{\sigma_s\sigma_f^2} \quad (6.11)$$

$$k_1 = \frac{E[r_{s,t}^4]}{\sigma_s^4}, k_2 = \frac{E[r_{f,t}^4]}{\sigma_f^4}, k_a = \frac{E[r_{s,t}^3 r_{f,t}]}{\sigma_s^3\sigma_f}, k_b = \frac{E[r_{s,t}^2 r_{f,t}^2]}{\sigma_s^2\sigma_f^2}, k_c = \frac{E[r_{s,t} r_{f,t}^3]}{\sigma_s\sigma_f^3} \quad (6.12)$$

最小 VaR/CVaR 的最优套期比率计算为：

$$\frac{\partial VaR_p}{\partial h_t} = \frac{\partial\sigma_p}{\partial h}(A_1 + A_2 s_p + A_3 k_p + A_4 s_p^2) + \sigma_p\left(A_2\frac{\partial s_p}{\partial h} + A_3\frac{\partial k_p}{\partial h} + 2A_4 s_p\frac{\partial s_p}{\partial h}\right) = 0 \quad (6.13)$$

$$\frac{\partial CVaR_p}{\partial h_t} = \frac{\partial\sigma_p}{\partial h}(B_1 + B_2 s_p + B_3 k_p + B_4 s_p^2) + \sigma_p\left(B_2\frac{\partial s_p}{\partial h} + B_3\frac{\partial k_p}{\partial h} + 2B_4 s_p\frac{\partial s_p}{\partial h}\right) = 0 \quad (6.14)$$

其中，

$$A_1 = c(\alpha) - \frac{1}{8}[c(\alpha)^3 - 3c(\alpha)], A_2 = \frac{1}{6}[c(\alpha)^2 - 1],$$

$$A_3 = \frac{1}{24}[c(\alpha)^3 - 3c(\alpha)], A_4 = -\frac{1}{36}[2c(\alpha)^3 - 5c(\alpha)] \quad (6.15)$$

$$B_1 = M_1 - \frac{1}{8}[M_3 - 3M_1], B_2 = \frac{1}{6}[M_2 - 1],$$

$$B_3 = \frac{1}{24}[M_3 - 3M_1], B_4 = -\frac{1}{36}[2M_3 - 5M_1] \quad (6.16)$$

6.2.4 风险对冲绩效评价指标

对于所选取的风险对冲策略究竟能规避多少风险，也是每一个采取风险对冲策略的投资者关心的问题，即风险对冲的绩效评价问题。风险对冲有效性是指采用风险对冲策略后，由风险对冲减少的风险同未经风险对冲资产所面临的风险暴露的比率。该比率越高说明对冲掉的风险越多，从风险规避的角度讲，风险对冲效果越有效。

对风险对冲效果评价的常见方法是方差或标准差降低百分比法，该方法是以采取风险对冲策略后投资组合收益率方差或标准差降低百分比来评价对冲效果。但是由于方差并非全面度量风险的指标，可能存在一个经过对冲后的组合，其方差降低百分比较高，却仍然存在较大亏损的可能性。因此，本书除了采用传统的常用方差或标准差指标之外（Chang et al.，2010），还采用了条件风险价值 CVaR 降低百分比作为风险对冲效果的评价标准（Sukcharoen and Leatham，2017），具体定义为：

$$\mathrm{HE_{SD}} = \frac{\sigma_{\mathrm{unhedged}} - \sigma_{\mathrm{hedged}}}{\sigma_{\mathrm{unhedged}}} \times 100\% \tag{6.17}$$

$$\mathrm{HE_{CVaR}} = \frac{\mathrm{CVaR_{unhedged}} - \mathrm{CVaR_{hedged}}}{\mathrm{CVaR_{unhedged}}} \times 100\% \tag{6.18}$$

其中，$\mathrm{CVaR_{unhedged}}$ 为采取对冲策略前资产收益率的条件风险价值，而 $\mathrm{CVaR_{hedged}}$ 为采取对冲策略后资产收益率的条件风险价值。HE 的数值越大，说明风险下降的幅度越大，风险对冲效果越好。

6.3 实证分析

6.3.1 数据选取

本书以欧盟碳排放权交易体系 EU ETS 下碳排放配额 EUA 的现货和期货数据为研究对象，对碳市场风险价值及风险对冲模型进行实证测算及绩效评价。数据来源于彭博数据终端系统，样本期间为 2012 年 12 月 7 日到 2017 年 6 月 7 日的 1160

个交易日，收益率的计算采用对数收益率。由于 EUA 期货 12 月合约的交易量远高于其他季度到期周期（如 3 月、6 月及 9 月），因此我们在实际操作中使用 12 月合约计算风险价值及最优对冲比率。图 6.2 和图 6.3 描述了 EUA 现货和期货价格变动趋势及收益波动特征，表 6.1 列出 EUA 现货和期货价格及收益序列的描述性统计特征。总结发现，碳排放现货与期货市场价格、收益序列存在以下特征：

（1）EUA 现货市场和期货市场价格序列变动趋势相似，表明两个市场相关性较高，在两个市场上做方向相反的对冲交易能够较好地达到风险对冲的目的；但同时发现，两个市场的波动幅度和频率并不是完全相同，验证了现代投资组合理论的主张，即现实情况下风险对冲比率很难恰好等于 1。因此，对风险对冲模型进行研究是有科学意义的。

（2）EUA 现货市场和期货市场收益率序列的波动性对正的和负的冲击做出非对称的反应，即负的冲击很可能比相同程度的正的冲击引起更大的波动。这种"杠杆效应"或者"非对称性"特征表明，当未到期的价格下降（坏消息）发生时，导致市场波动性增加幅度大于相同程度价格上升（好消息）时导致的市场波动增加幅度。

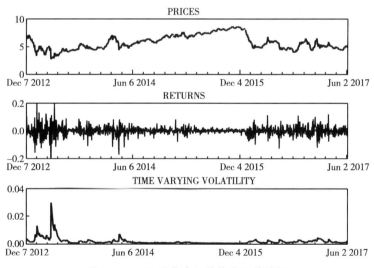

图 6.2　EUA 现货市场价格序列的特征

（3）EUA 现货市场和期货市场收益率序列存在波动聚集性（Volatility Clustering）特征，即较大收益的出现往往预期随后会伴随着大的收益，反之亦然。这源于外部冲击对资产收益波动的持续性影响，导致收益率呈现异方差特征，在有的时刻方差很大，并且持续一段时间；而在另外的时刻方差很小，也会保持一定的惯性，即残差项方差与其前期方差存在一定的关系。

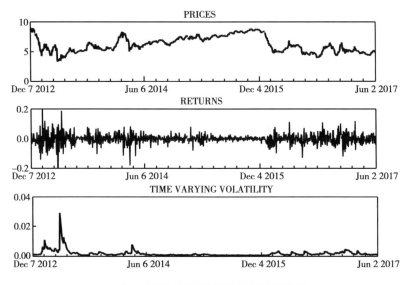

图 6.3　EUA 期货市场价格序列的特征

（4）EUA 现货市场和期货市场收益率序列的偏度为负，表明序列的分布相对于标准正态分布是"左偏"的，有长的左拖尾往往意味着投资收益看涨的可能性小于看跌的可能性；峰度值大于 3，即分布的凸起程度大于标准正态分布，是"尖峰厚尾"的，因而极值事件容易发生；同时，Jarque - Bera 统计量的值都比较大，其尾概率均接近于 0，从而拒绝服从正态分布的假定。ADF单位根检验结果表明，价格序列是非平稳数据，而经过对数差分变换后的收益率序列是平稳数据。Q - 统计量的值表明，EUA 现货市场和期货市场收益率序列存在广义自回归条件异方差（GARCH）效应。综上所述，时间序列数据本身存在的诸如非平稳性、尖峰厚尾、波动聚集、条件异方差等特征，要求在建模时要谨慎、适当，以免造成模型的失真。

表 6.1　　　EUA 现货和期货价格及收益序列的描述性统计量

	价格序列	收益序列
PanelA：EUA 现货		
均值	5.7916	- 0.0002
中位数	5.5650	0.0000

续表

	价格序列	收益序列
PanelA：EUA 现货		
最大值	8.6700	0.2399
最小值	2.7000	-0.4314
标准差	1.3192	0.0367
偏度	0.3765	-1.2011
峰度	2.3014	22.9160
Q-统计量（20）	65.2630 （0.0000）	120.4600 （0.0000）
Q^2-统计量（20）	92.1830 （0.0000）	150.0200 （0.0000）
ADF 检验	-2.3153 （0.1673）	-27.9386[*] （0.0000）
ARCH 效应检验	8.3785 （0.0039）	11.6941 （0.0006）
Jarque-Bera 统计量	50.9900 （0.0000）	19450.2500 （0.0000）
PanelB：EUA 期货		
均值	6.2298	-0.0005
中位数	6.0300	0.0000
最大值	9.0500	0.2047
最小值	3.3000	-0.4171
标准差	1.3020	0.0353
偏度	0.2900	-1.3811
峰度	2.0472	22.5785
Q-统计量（20）	72.7850 （0.0000）	106.9700 （0.0000）
Q^2-统计量（20）	100.4600 （0.0000）	124.0900 （0.0000）
ADF 检验	-2.8171 （0.0561）	-27.3686[*] （0.0000）
ARCH 效应检验	9.1405 （0.0026）	9.6722 （0.0019）
Jarque-Bera 统计量	60.1300 （0.0000）	18895.8600 （0.0000）

6.3.2 风险价值估计结果 VaR 和 CVaR 结果

采用以下三种方法估计 VaR/CVaR：（1）基于历史模拟的非参数法，简记为 VaR/CVaR－HS；（2）基于正态分布假设的参数法，简记为 VaR/CVaR－NORM；（3）基于 Cornish－Fisher 展开的半参数法，简记为 VaR/CVaR－CF。在 99% 和 95% 置信水平下 VaR/CVaR 估计结果如图 6.4 ~ 图 6.7 所示。

对于所有模型，本书分别采用 90 天、180 天、270 天、360 天与 450 天滚动时间窗口预测模式，其主要优点在于它能够准确捕获不同时间段数据的动态时变特性。此外，确定最佳窗口长度并不容易。较短的窗口可能导致较大的采样误差，而较长的窗口可能导致模型对真实碳市场数据分布的随机波动响应较慢。不同的时间窗预测提高了不确定连续时间系统模型的鲁棒性。在实证比较中，非参数方法和参数方法表现不佳，这与 Meng 和 Taylor（2018）的结论一致。结果表明，2013 年的 VaR/CVaR 估计比 2015 年要高得多。众所周知，欧

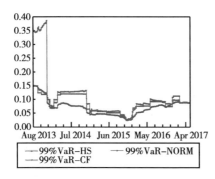
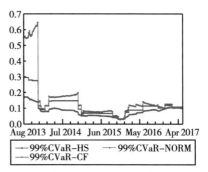

图 6.4　动态 VaR/CVaR 估计结果（99% 置信水平，180 天滚动预测）

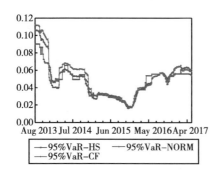
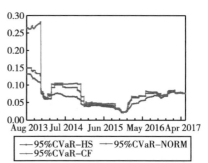

图 6.5　动态 VaR/CVaR 估计结果（95% 置信水平，180 天滚动预测）

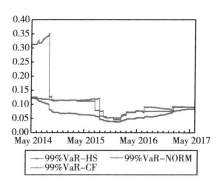
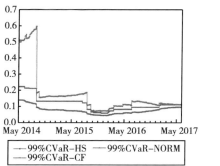

图 6.6　动态 VaR/CVaR 估计结果（99％置信水平，360 天滚动预测）

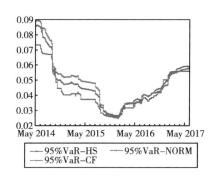
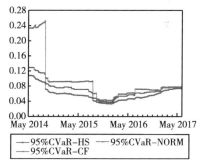

图 6.7　动态 VaR/CVaR 估计结果（95％置信水平，360 天滚动预测）

盟碳配额 EUA 价格从 2008 年中期的近 30 € /t 降至 2013 年中期的不到 5 € /t。价格的急剧下跌导致碳市场的风险大幅增加。Sousa 等（2014）指出，这可能与市场第三阶段的政治不确定性有关。此外，有三个因素可以证明欧盟的价格下降是合理的：经济衰退、可再生能源政策和国际信贷的使用。但与此相反，2015 年碳价小幅上涨，市场风险消退。它受到 2015 年 12 月巴黎气候大会上联合国谈判制定的新的国际气候变化协议的影响。这一政策刺激了投资者对碳市场的乐观预期，导致价格上涨。

表 6.2 展示了基于非参数、参数和半参数三种方法的 VaR/CVaR 估计值，以及基于失败率的 Kupiec 回测检验结果。由于受到各种因素的影响，CVaR/VaR 度量的风险结果均存在一定的偏差。若偏差过大，模型的有效性则受到质疑，因此有必要对 CVaR/VaR 模型的有效性进行检验。该过程采用基于失败率的 Kupiec 回测检验，即检验样本数据中实际损失超过 CVaR/VaR 估计值的失败率。其中，N 表示各显著性水平下风险测度方法的失败个数，N/T 表示相应

表6.2 基于非参数、参数与半参数法的VaR/CVaR估计结果

	非参数 (HS)				参数 (NORM)				半参数 (CF)			
	VaR$_{99}$	CVaR$_{99}$	VaR$_{95}$	CVaR$_{95}$	VaR$_{99}$	CVaR$_{99}$	VaR$_{95}$	CVaR$_{95}$	VaR$_{99}$	CVaR$_{99}$	VaR$_{95}$	CVaR$_{95}$
Panel A: 90天滚动窗口预测 (T=1068)												
均值 (%)	10.06	12.11	4.85	7.17	7.4	8.48	5.23	6.56	10.13	13.56	5.4	8.39
最大值 (%)	31.98	43.14	11.57	19.03	20.23	23.09	14.49	18.01	39.17	61.26	15.58	29.66
最小值 (%)	1.9	1.94	1.47	1.73	2.19	2.53	1.53	1.94	1.87	2	1.45	1.7
标准差 (%)	7.08	10.08	2.31	4.07	3.9	4.45	2.78	3.47	8.65	13.27	3.19	6.65
N (失败个数)	11	8	58	23	16	9	46	22	13	7	48	20
失败率 N/T (%)	1.03	0.75	5.43	2.15	1.50	0.84	4.31	2.06	1.22	0.66	4.49	1.87
Panel B: 180天滚动窗口预测 (T=978)												
均值 (%)	8.56	11.56	4.64	7.28	7.03	8.06	4.97	6.24	10.91	15.44	5.12	8.81
最大值 (%)	14.9	29.53	9.02	14.99	14.94	17.09	10.64	13.27	38.65	64.62	11.2	28.19
最小值 (%)	2.47	2.82	1.68	2.13	2.5	2.88	1.74	2.21	2.32	2.69	1.59	2.06
标准差 (%)	2.98	6.14	1.69	2.96	2.78	3.19	1.98	2.47	8.32	13.95	2.2	6.08
N (失败个数)	7	4	43	12	13	8	36	18	7	3	34	11
失败率 N/T (%)	0.72	0.41	4.40	1.23	1.33	0.82	3.68	1.84	0.72	0.31	3.48	1.12
Panel C: 270天滚动窗口预测 (T=888)												
均值 (%)	8.74	11.55	4.42	7.1	6.82	7.82	4.82	6.05	11.47	16.72	4.96	9.12
最大值 (%)	12.46	24.17	7.44	12.85	12.88	14.73	9.16	11.44	35.55	59.79	9.39	26.01
最小值 (%)	4.43	5.95	2.13	3.58	3.65	4.19	2.56	3.23	5.11	7.1	2.34	4.17
标准差 (%)	2.61	4.78	1.38	2.38	2.31	2.64	1.63	2.04	7.94	13.72	1.78	5.7

续表

	非参数 (HS)				参数 (NORM)				半参数 (CF)			
	VaR_{99}	$CVaR_{99}$	VaR_{95}	$CVaR_{95}$	VaR_{99}	$CVaR_{99}$	VaR_{95}	$CVaR_{95}$	VaR_{99}	$CVaR_{99}$	VaR_{95}	$CVaR_{95}$
Panel C: 270天滚动窗口预测（T=888）												
N（失败个数）	7	5	40	10	11	8	40	14	7	1	37	7
失败率 N/T（%）	0.79	0.56	4.50	1.13	1.24	0.90	4.50	1.58	0.79	0.11	4.17	0.79
Panel D: 360天滚动窗口预测（T=798）												
均值（%）	8.92	11.52	4.3	7.06	6.64	7.61	4.69	5.89	11.65	17.25	4.82	9.19
最大值（%）	12.56	22.24	7.33	12.91	12.18	13.94	8.65	10.81	34.95	59.65	8.95	25.2
最小值（%）	4.5	5.88	2.47	3.68	3.74	4.29	2.62	3.3	5.11	6.97	2.46	4.16
标准差（%）	2.37	4.22	1.29	2.19	2.04	2.33	1.44	1.81	7.62	13.29	1.55	5.42
N（失败个数）	7	5	44	12	14	9	39	18	7	2	37	9
失败率 N/T（%）	0.88	0.63	5.51	1.50	1.75	1.13	4.89	2.26	0.88	0.25	4.64	1.13
Panel E: 450天滚动窗口预测（T=708）												
均值（%）	8.62	11.5	4.22	6.89	6.5	7.45	4.59	5.76	12.25	18.59	4.69	9.54
最大值（%）	12.08	20.21	6.79	11.63	11.04	12.64	7.82	9.8	35.47	61.84	7.95	25.24
最小值（%）	5.67	6.98	2.63	4.37	4.29	4.93	3.01	3.79	6.06	8.25	3.07	4.98
标准差（%）	2.01	3.52	1.13	1.73	1.64	1.88	1.16	1.45	7.93	14.3	1.18	5.52
N（失败个数）	7	5	48	13	15	10	42	22	7	2	43	9
失败率 N/T（%）	0.99	0.71	6.78	1.84	2.12	1.41	5.93	3.11	0.99	0.28	6.07	1.27

的失败率。根据实证结果，得出以下结论：

（1）对于给定的置信水平，风险测度指标 CVaR 的估计值通常比 VaR 的估计值高。以 VaR – HS、VaR – NORM、VaR – CF 为例，在99%置信水平下，90天滚动窗口预测的 VaR 计算均值分别为10.06%、7.4%和10.13%，低于 CVaR 估计值12.11%、8.48%和13.56%。这是因为 VaR 没有充分考虑尾部风险。但是，如果不考虑风险价值水平以上的损失，所提供的信息可能会误导投资者。对于给定的置信水平，如果 CVaR 和 VaR 边界一致，则 CVaR 约束比 VaR 约束更严格。正如 Alexander 和 Baptista（2004）所指出，作为风险管理工具，CVaR 约束"优于"VaR 约束。CVaR 风险度量方法具有很多优于 VaR 方法的特性，如一致性和凸性（Rockafellar and Uryasev，2002）。本书选择 CVaR 作为风险对冲的目标函数来计算下方风险。

（2）VaR/CVaR 估计值受到置信度高低的影响，较高的置信水平对应的 VaR/CVaR 估计值更高，反之，较低的置信水平对应一个较低的 VaR/CVaR。以90天滚动窗口预测的 CVaR – CF 为例，在99%置信水平下 CVaR 均值为13.56%，而在95%置信水平下 CVaR 均值为8.39%。不同的置信水平代表投资者不同的风险偏好，选择对冲策略时应该根据投资者风险偏好的不同而进行调整，高度厌恶风险的投资者可能选择99%置信水平下的对冲策略，而轻度厌恶风险的投资者可能选择90%置信水平下的对冲策略。

（3）Kupiec 回测结果表明，基于半参数 Cornish – Fisher 展开式的 VaR/CVaR 估计值比其他非参数方法和参数方法表现得更好。如表6.2所示，半参数方法比其他方法的失败次数少，失败率低。参考临界区，半参数法估计的结果在各个显著性水平上都位于 Kupiec 检验的非拒绝置信区间。因此，本书提出的半参数方法比目前流行的非参数方法和参数方法更具有竞争力，可以更好地拟合 EUA 收益率序列"尖峰厚尾分布"的高阶矩特征，如图6.8和图6.9所示。

6.3.3 样本内风险对冲策略分析

为了验证本书所提基于半参数 Cornish – Fisher 展开式的 VaR/CVaR 最优风险对冲模型的优劣，选择与传统最小方差风险对冲模型进行比较。根据现有文献（Alizadeh et al.，2015；Ghoddusi and Emamzadehfard，2017），将整个数据

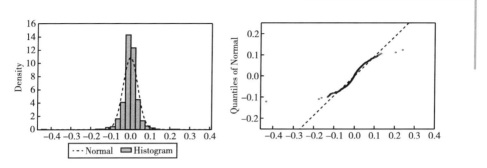

图 6.8　EUA 现货收益率序列的正态分布直方图和正态概率图

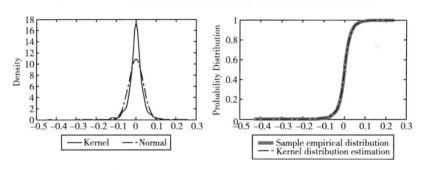

图 6.9　EUA 现货收益率序列的非正态分布检验特征

集分成两个子集，前 2/3 的样本（2012 年 12 月 7 日至 2015 年 12 月 8 日）进行事前估计，后 1/3 的样本（2015 年 12 月 9 日至 2017 年 6 月 7 日）进行事后估计。表 6.3 给出了碳市场样本内数据的风险对冲比率、对冲策略实施前的风险（未经对冲的风险）、对冲策略实施后的风险、根据不同目标函数优化得到的每种对冲策略的有效性（风险下降比率）。值得注意的是，表 6.3 中的 Panel A 列示了根据各种策略计算出风险对冲比率的基本统计数据，由于本书通过两种模型估计出的风险对冲比率是一个随时间 t 变化的动态时间序列，表中只能展示出其均值、最大值、最小值。时变的动态最优风险对冲比率能够随着碳排放权交易期货和现货市场环境的变化而进行及时的适应性调整，更适合于市场环境变化迅速的风险对冲决策。

　　表 6.3 中的 Panel B 展示了风险对冲策略实施之前的 EUA 现货市场风险，分别为 3.7879%（SD）、6.6156%（90% CVaR）、8.9046%（95% CVaR）和 14.8535%（99% CVaR）。相比之下，风险对冲策略实施之前的 EUA 现货市场风险如 Panel C 所示。Panel D 中比较了不同策略的风险对冲效果，发现在碳市

表 6.3　　　样本内风险对冲策略的对冲比率及其对冲绩效结果

对冲策略	最小方差模型	最小 CVaR 模型		
		90%	95%	99%
Panel A：对冲比率（%）				
均值	30.5543	40.3654	40.3334	39.7220
最大值	39.1049	100	100	100
最小值	23.7512	1	1	1
Panel B：对冲前风险（%）				
标准差（SD）	3.7879	3.7879	3.7879	3.7879
条件风险价值 CVaR（90%）	6.6156	6.6156	——	——
条件风险价值 CVaR（95%）	8.9046	——	8.9046	——
条件风险价值 CVaR（99%）	14.8535	——	——	14.8535
Panel C：对冲后风险（%）				
标准差（SD）	2.7906	2.0302	2.0420	2.0550
条件风险价值 CVaR（90%）	4.0183	1.1934	——	——
条件风险价值 CVaR（95%）	4.5298	——	1.4644	——
条件风险价值 CVaR（99%）	5.1000	——	——	1.9010
Panel D：对冲绩效（风险下降比率,%）				
标准差（SD）	26.3286	46.4020	46.0917	45.7478
条件风险价值 CVaR（90%）	39.2601	81.9608	——	——
条件风险价值 CVaR（95%）	49.1294	——	83.5546	——
条件风险价值 CVaR（99%）	65.6646	——	——	87.2017

场风险控制决策过程中采用 Cornish – Fisher 展开式的最小 CVaR 风险对冲策略比采用最小方差策略的风险对冲效果更好。

6.3.4　样本外风险对冲策略分析

表 6.4 给出了样本外数据的风险对冲比率、对冲策略实施前的风险（未经对冲的风险）、对冲策略实施后的风险和不同目标函数得到的每种对冲策略的绩效（风险下降比率）。与样本内结果相似，使用最小方差策略或最小 CVaR 策略进行风险对冲后，风险大大降低。

表 6.4　　　样本外风险对冲策略的对冲比率及其对冲绩效结果

对冲策略	最小方差模型	最小 CVaR 模型		
		90%	95%	99%
Panel A：对冲比率（%）				
均值	98.1516	67.8617	68.6480	68.3669
最大值	100	100	100	100
最小值	96.4931	1	1	1
Panel B：对冲前风险（%）				
标准差（SD）	3.4361	3.4361	3.4361	3.4361
条件风险价值 CVaR（90%）	8.3281	8.3281	—	—
条件风险价值 CVaR（95%）	11.4705	—	11.4705	—
条件风险价值 CVaR（99%）	19.8199	—	—	19.8199
Panel C：对冲后风险（%）				
标准差（SD）	0.6544	0.0732	0.0838	0.0876
条件风险价值 CVaR（90%）	0.1991	2.4085	—	—
条件风险价值 CVaR（95%）	0.1899	—	3.0378	—
条件风险价值 CVaR（99%）	0.1029	—	—	3.7795
Panel D：对冲绩效（风险下降比率,%）				
标准差（SD）	80.9552	97.8697	97.5612	97.4506
条件风险价值 CVaR（90%）	97.6093	71.0798	—	—
条件风险价值 CVaR（95%）	98.3444	—	73.5164	—
条件风险价值 CVaR（99%）	99.4808	—	—	80.9308

　　对于样本外数据，在以标准差下降百分比和条件风险值下降百分比衡量的不同准则下风险对冲绩效评价结果不同。因此，我们不能简单地得出哪一种策略更好的结论，而不同的评价标准对应不同的结论。

　　以标准差作为对冲有效性的评价准则时，每个策略的样本外对冲有效性在降低风险方面均表现良好。其中，最小方差风险对冲策略标准差下降80.9552%，本书所提出的最小 CVaR 风险对冲策略标准差下降 97.8697%、97.5612%、97.4506%。可见，在以标准差作为对冲有效性准则时最小 CVaR 风险对冲策略更有优势。

　　以条件风险值作为对冲有效性的评价准则时，最小 CVaR 风险对冲策略的条件风险价值下降 71.0798%、73.5164%、80.9308%，而最小方差风险对冲策略条件风险价值下降 97.6093%、98.3444%、99.4808%。综上所述，与学者 Balcılar 等（2016）的结论不同，本书发现以最小化方差为目标函数的碳期货风险对冲策略和以最小化 CVaR 为目标函数的碳期货风险对冲策略均表现良好，风险降低幅度均在 70% 以上。

6.4　结论

本书针对碳市场风险对冲策略研究，提出以 CVaR 作为风险目标函数构建基于 Cornish - Fisher 展开式的半参数估计最小 CVaR 模型，得出如下结论：

第一，基于 Cornish - Fisher 展开式的半参数估计最小 CVaR 模型在解决碳市场风险对冲策略问题时，比其他非参数、参数方法更有效。半参数方法的优越性是它不需要我们假定收益率服从正态分布，并且能够成功地捕获数据本身"尖峰厚尾"的高阶矩特征，弥补了现有文献中的不足。

第二，CVaR 作为碳市场风险度量和风险对冲建模工具优于 VaR。采用 VaR 进行风险度量容易导致风险低估，且存在风险越大低估越显著的问题。理由在于 VaR 没有充分考虑尾部风险，即未考虑超过 VaR 水平的损失，其所提供的信息可能会误导投资者。因此，本书选择 CVaR 作为目标来合理计算风险对冲比率。事实表明，本书所提出的基于最小 CVaR 目标的风险对冲策略是一种合理的风险优化模型，能够充分量化碳市场可能遇到的损失。

第三，为投资者和政策制定者更准确地评估碳市场风险，并采用最优风险对冲策略管理碳风险提供了有益的指导。对于投资者来说，可以提前识别碳现货市场的风险，通过反向购买期货合约来降低风险。对于政策制定者来说，可以通过密切监测价格动态和风险变化，更好地为碳市场的稳定制订政策措施。

第7章 中国碳市场发展与风险管理的政策建议

7.1 碳中和背景下碳市场发展目标导向

2030 年碳达峰、2060 年碳中和的目标，不仅是中国做出的承诺，更是目前中国重点推进的工作。2020 年，中央经济工作会议首次将做好碳达峰、碳中和工作作为年度重点任务之一。碳达峰、碳中和的目标，将成为地方和企业发展的"指挥棒"，影响地方决策、产业结构、能源结构、投资结构，乃至我们的生活方式。要实现碳中和目标，未来 30 多年，我国低碳投资规模要在百万亿元人民币以上，将带来巨大的机遇。2021 年 1 月 1 日，中国的全国碳市场首个履约周期正式启动，涉及 2225 家发电行业的重点排放单位；2 月 1 日起，《碳排放权交易管理办法（试行）》正式施行。这意味着，全国碳市场自 2017 年底启动以来，经历了基础建设期、模拟运行期后，将进入真正的配额现货交易阶段。除了发电行业之外，包括钢铁、水泥、化工、电解铝、造纸等行业前期也已经做了很长时间的准备工作，有望尽快纳入。

要实现碳中和，全国碳市场是标配。而全国碳市场仍处于初期，碳市场的不断探索、迭代、发展到走向成熟将是一个漫长的过程，仍会面临一些不确定性和风险。中国向世界提出碳达峰、碳中和的时间表之后，低碳发展的重要性正在被提到一个前所未有的高度，这也将成为全国碳市场发展的根本动力。展望全国碳市场未来，逐步扩大市场容量、丰富市场交易品种的同时较为显著地提升市场流动性，是实现碳价发现功能以及全社会低成本温室气体减排的关键。总之，在 2030 年碳达峰、2060 年碳中和的雄伟目标下，国家需要更大力度地发展和利用碳市场，利用稳定有效的碳约束机制及碳激励机制，形成合理有效碳价格，奠定绿色金融基础，降低能源消费强度、化石能源消费量，最终实现碳中和。当前正值中国"十三五"收官，"十四五"开局之际。碳中和目标的提出，势必会影响中国"十四五"规划甚至更长远的发展规划。在碳中和的背景下，中国的产业结构、能源结构、交通运输结构等需要做出快速低碳转型，才能紧跟时代发展，早日实现净零排放。碳市场可以在中国碳中和目标的实现过程中发挥巨大作用，成为实现碳中和目标的"穿云箭"。面对未来潜在的不确定性和由此产生的新机遇与挑战，本节将对碳中和背景下中国碳市场的发展目标作出展望。

7.1.1 加强全国碳市场建设的顶层设计

2020年，生态环境部印发了《碳排放权交易管理办法（试行）》，以发电行业为首批行业开展碳排放配额分配，启动全国碳市场第一个履约周期。目前来看，全国统一的碳排放权交易市场相关制度只是部门法规，碳排放权资产的法律属性不明确、价值评估研究不足。做好碳市场建设的顶层设计，明确相关的法律属性，有利于碳金融产品工具的创新，有效地推动下一步全国碳市场的建设和发展。

（1）碳排放权的属性方面。

央行研究局课题组报告建议，在法律层面明确碳排放权的属性，并且在《民法典》执行过程中，对包括碳排放权在内的环境权益的法律属性以及可否出质等进一步予以明确。此外，有些金融机构开展了碳排放权抵押的试点创新，这类创新业务的扩大规模同样需要法律层面的支撑。

（2）整体市场容量方面。

扩大全国碳市场的容量、规模、覆盖范围，尽快把石化、建材、钢铁等多种行业纳入碳市场。同时，应提高全国碳市场的市场活跃度，提高金融机构的参与度，包括培育碳资产管理公司和专业的投资者，开发碳期货等碳金融产品。

（3）碳金融产品方面。

过去几年，试点地区和金融机构陆续开发了碳债券、碳远期、碳期权、碳基金、碳资产回购、碳排放权抵质押融资等产品，但碳金融仍处于零星试点状态。进一步丰富和完善碳金融产品，以更大限度地发挥金融在碳排放容量资源优化配置中的作用。

（4）全国碳市场价格问题。

从国际的趋势角度来看，碳价有上升趋势。而国内 8 个试点碳市场的碳价则相对低迷，这对于参与者和投资者来说，无法产生投资收益、不足以提高积极性。因此，需要从政策、市场、产品等角度入手解决市场活跃度问题，以助力提高我国在国际上的碳定价话语权。

（5）政府干预方面。

强化顶层设计，加强统筹协调和责任落实。以全国碳市场的法律法规和政策为导向，进一步加强全国碳市场顶层设计，细化建设方案，制订清晰的建设路线图和时间表。明晰国务院各部门、地方主管部门、企业以及支撑机构的任务分工，加强协调沟通，充分调动各方积极性，抓好各项建设任务责任落实。

（6）现有政策基础方面。

2020 年 10 月，生态环境部、国家发展和改革委员会、中国人民银行、中国银行保险监督管理委员会和中国证券监督管理委员会联合发布《关于促进应对气候变化投融资的指导意见》，从加快构建气候投融资政策体系、逐步完善气候投融资标准体系、鼓励和引导民间投资与外资进入气候投融资领域、引导和支持气候投融资地方实践、深化气候投融资国际合作、强化组织实施六个方面贯彻落实应对气候变化的一系列重大决策部署、引导和支持中国应对气候变化投融资活动，更好地发挥投融资对应对气候变化的支撑作用、对落实国家自主贡献目标的促进作用、对绿色低碳发展的助推作用。

同时，《关于促进应对气候变化投融资的指导意见》为全国碳市场的建设定下稳步推进、管控风险、适度金融化的基调，体现了中国碳市场的建设要充分考虑中国国情，稳步推进并最大限度地发挥碳市场对国家重大战略的支持作用，为碳市场建设奠定了良好的顶层设计基础。

7.1.2　完善全国碳市场配套制度体系

全国碳市场多项配套制度出台，为全国碳市场正式启动交易保驾护航。2020 年 11 月，生态环境部公开征求《全国碳排放权交易管理办法（试行）》（征求意见稿）和《全国碳排放权登记交易结算管理办法（试行）》（征求意见稿）意见，推进全国碳排放权交易市场建设。该《管理办法》相比于 2019 年 4 月公布的《碳排放权交易管理暂行条例》（征求意见稿）来讲，虽然在法律层级上从行政法规降为部门规章，但对全国碳市场的启动仍具重要意义。《管理办法》制定了重点排放单位准入标准——覆盖行业内年温室气体排放超2.6万吨二氧化碳当量（综合能源消费量约1万吨标煤）的企业及其他经济组织；明确了配额分配方法——初期以免费分配为主，适时引入有偿分配，并逐步提高有偿分配比例；规定了碳核查的主管部门和核查方式——由省级生态环境主管部门以"双随机、一公开"方式开展重点排放单位碳核查工作；确定了国家核证自愿减排量（CCER）的抵消条件——CCER抵消不超过5%的经核查排放量，且CCER应来自重点排放单位组织边界外的减排项目。

2020年11月，生态环境部发布《2019～2020年全国碳排放权交易配额总量设定与分配实施方案（发电行业）》（征求意见稿）（以下简称《方案》），随后在2020年12月30日正式公布该方案，并一同公布《纳入2019～2020年全国碳排放权交易配额管理的重点排放单位名单》，全国共2225家发电行业重点排放单位将参与全国碳市场交易。《方案》将发电机组分为四类，针对不同类别的机组设定相应碳排放基准值，按机组类别进行配额分配。《方案》还明确2019～2020年配额实行全部免费分配，并采用基准法核算重点排放单位配额量。在配额清缴工作中设定配额履约缺口上限为20%，即当重点排放单位配额缺口量占其经核查排放量比例超过20%时，其配额清缴义务最高为其获得的免费配额量加20%的经核查排放量；而对于燃气机组，配额清缴的数量不得超过其免费配额的获得量。

7.1.3 培育交易活跃的全国碳市场

全国碳市场正式启动现货交易后，如何使之成为一个更加有效、活跃的市场，成为全国碳市场发展的长远任务。活跃碳市场的关键点在三个方面：体现市场导向的体系设计；得到投资机构或者投资者认可的市场开放程度，并且能够吸引他们积极参与；能够防止出现配额超量供给问题的配额总量和减排目标设置。自2011年试点碳市场工作开展以来，截至2020年11月，我国陆续启动的8个试点碳市场的累计配额成交量约为4.3亿吨二氧化碳，累计成交额近100亿元，而相比于中国超过百万亿元的GDP总量，目前试点碳市场交易只能称得上是一个非常小的规模。而我国碳市场本身是一个政府主导建立的市场，政府以及政策对碳市场的影响作用关键。因此，要充分发挥市场自身的作用，尽可能地降低政府对市场的不合理干预。

当前，政府应当做好向碳市场传递坚定信息的作用，未来碳价走势逐渐走高，适度从紧确定配额总量。碳配额的总量控制制度和强制性碳减排市场的建立，是碳市场交易以及碳定价的关键。《京都议定书》规定了全球碳总量控制目标，规定了各个国家的配额和强制性的碳减排额度，从而推动了《京都议定书》下强制性碳减排市场的建立。在总量控制制度和强制性碳减排市场的支撑下，碳价格超过了 20 美元，最高甚至达到了 139 美元，逐渐与其稀缺性程度匹配。但《巴黎协定》由于没有形成全球总量控制和各国减碳配额的分配，后京都时代的全球碳市场逐渐走向低迷，碳价格波动在 3 美元左右，严重与其稀缺程度相偏离。以上说明，只有建立严格准确的总量控制制度和强制性碳减排市场，碳排放容量的稀缺程度才能在市场中体现出来。然而，从我国试点碳市场交易价格来看，国内碳价仍然较低，与碳排放容量日益上升的稀缺度还不匹配，市场价格和实际价值的偏离度还较高。碳价低迷影响了碳配额的投资价值。由于过去年份各试点发放的配额剩余存量较大，碳市场存在过度供给，多数试点碳价偏低，控排企业和其他市场主体基于碳配额开展投融资活动的动力不足。总量控制、配额分配机制和市场定价制度的完善是最为关键的，也是目前急需完善的领域。此外，我国碳市场存在交易活跃度低、碳配额衍生品缺乏、总交易量小等问题。对此，在中国承诺 2060 年实现碳中和的明确目标下，建议尽快制订碳达峰和碳中和战略规划，确定全国总量控制目标、配额分配机制，明确各层级的减排任务和企业等市场主体的配额。遵循适度从紧原则确定碳配额总额，确保形成合理碳价，这是碳市场交易和碳定价有效发挥作用的前提，也是碳金融创新的基础。

全国碳市场需要尽快纳入除发电行业之外的更多行业。此外，要增加更多元的交易方，包括资产运营机构、金融机构等，不同的参与者对市场有不同的理解，才能够形成活跃的市场。任何一个市场发挥有效配置的作用，与金融市场的联系必不可少。否则其规模的大小、作用的程度、碳价的实现都会有极大的局限。因此，全国碳市场应该至少留有一定的接口，能够提供碳金融、资本市场互相沟通的至关重要的地方。中国试点碳市场的碳金融创新不足，碳金融产品规模有限，机构投资者对碳市场的参与度待加强。提升碳市场流动性和活跃度，既能充分发挥碳市场支持实体经济低碳转型的作用，又能提升市场活跃度，增加投资者信心。建议适度进行碳金融产品创新，在有效监管的前提下适时引入碳期货、碳期权等碳金融工具，发挥金融衍生品的功用，扩大市场规模，激发市场活力，培育责任投资者。

相比于碳税机制，碳交易机制原理上更复杂，牵扯的相关方也更广。由于碳交易衍生的碳核查、碳会计、碳审计、碳资产管理等工作专业性较强且目前仍处于人才短缺状态，因此应当加强碳市场相关能力建设，强化市场需求与学科建设间联系，培养低碳行业专业人才，同时需要对市场参与主体进行能力培训，为碳市场的顺利运行和碳中和目标的尽早实现提供人才保障和专业支撑。

7.1.4　充分考虑中国国情，建设中国特色碳市场

加快推进全国碳市场建设，为实现碳中和目标贡献力量。碳交易市场这一经济手段已经在全球应用，对世界许多经济体的低碳转型发挥了积极作用。目前最为成熟的欧盟碳市场已进入第四阶段，前期经验可为中国碳市场提供借鉴，并且我国试点碳市场自 2013 年启动运行以来也积累了丰富经验，实现控排企业碳排放总量和强度的双下降。国际国内双重经验为全国碳市场的运行提供强有力保障，应加快推进全国碳市场建设，尽快纳入钢铁、水泥、化工、电解铝等高耗能行业，发挥碳市场控制碳排放、促进低碳转型的作用。

与欧盟等发达经济体已经碳达峰且碳排放逐年下降的国情不同，中国的碳排放仍处于上涨趋势，因此，在借鉴欧美先进经验时需要充分考虑中国经济发展、行业结构、能源结构等基本国情，并与供给侧结构性改革、双循环新经济发展等宏观经济政策相协调，统筹建设中国碳市场，兼顾眼前与长远，效率与公平，不断对碳市场机制设置关键问题如配额分配方法、免费分配比例、机构准入要求、减排量抵消政策等，使中国碳市场更好地服务于中国经济发展、国际气候外交。

7.2　碳市场从试点走向全国的政策建议

7.2.1　制度保障层面

碳排放权交易市场作为一个典型的政策性市场，其良好运行的基础是拥有

完善的政策、法律法规体系，如果缺少法律约束，碳排放权交易的政策效果就很难得到保障。

（1）尽快推动全国碳市场相关立法。

碳交易立法是关系到碳市场建设成败的核心因素，积极推动将《碳排放权交易管理条例》列入立法优先工作事项，集中力量推动条例尽快出台。通过法律法规来明确全国碳排放权交易市场中各方的责权利，制订可行、有效的惩罚机制，为全国碳排放权交易市场的报告和履约管理提供根本保障。目前，中国 8 个试点碳市场的规范体系以地方性法规、地方政府规章的形式发布，相关政策约束效力有限、缺乏国家层面的上位法作为依据是碳市场运行面临的普遍问题。

（2）完善全国碳排放权交易市场的相关制度。

碳市场相关制度如碳排放监测、报告与核查制度，重点排放单位配额管理制度，市场交易相关制度等。保障重点排放单位的数据的真实性、准确性和完整性，有章可循、奖惩分明，构建能够反映供需关系、减排成本等因素的价格形成机制，建立有效防范价格异常波动的调节机制和防止市场操纵的风险防控机制，确保市场要素完整、公开透明、运行有序。

（3）制订碳交易相关的法律法规和规章制度，形成完备的法律规章体系。

制订碳交易相关的法律、行政性法规、地方性法规及政府规章制度等，形成一套完备的法律规章体系，能够有效地加强碳市场的法律约束力。强化顶层设计，加强统筹协调和责任落实。以全国碳市场的法律法规和政策为导向，制订清晰的建设路线图和时间表。明晰各部门的任务分工，加强协调沟通，抓好各项建设任务责任落实。

（4）完善全国碳市场运行的政策体制基础和信息化基础设施。

主要包括"1＋3 政策体系"和"4 个支撑系统"，其中：

①"1＋3 政策体系"，包括出台 1 个条例（《排放权交易管理条例》）、3 个办法（《企业碳排放报告管理办法》《碳交易第三方核查机构管理办法》《碳交易市场交易管理办法》）。

②"4 个支撑系统"，包括建设全国统一的碳排放数据报送系统、碳排放权注册登记系统、碳排放权交易系统、碳排放权清算结算系统。

（5）建立地方监管机制。

建立地方监管机制，加大日常监管力度，保证政策上传下达、企业按时按质按量完成履约工作。例如，北京采用进行专项现场监察的方式加强履约管理，而广东、深圳则设立地方碳排放权交易专职管理机构统筹监管工作。此外，适度的行政手段也是一种有效的约束手段，有利于保障碳排放权交易监管机制的有效运行。

（6）协同其他政策工具。

其他政策工具主要包括两个方面：

①与碳税的协同。碳交易和碳税是两种碳定价手段，各有优劣，可以进行混合设计。碳交易没有覆盖的行业可以考虑利用碳税进行调节。

②与节能减排政策、新能源政策的协同。避免各政策之间互相掣肘，同时在机制设计上注重各政策互相促进的效果，形成共同推进低碳转型的政策组合。

7.2.2　关键要素层面

碳市场关键要素，主要包括碳排放权交易总量设定、配额分配、履约机制以及覆盖范围等。

（1）设置富有充足弹性的交易总量目标，"自上而下"和"自下而上"的碳市场设计相结合。

碳排放权交易市场总量设计分为"自上而下"和"自下而上"两种。"自上而下"的碳市场，即国家发展改革委从中央政府角度构建全国性的减排目标体系、履约体系、MRV 体系、市场运行体系和监管体系等，建立统一的市场规则，在新的框架下进行市场交易。"自下而上"的碳市场，即允许区域碳市场获得更大的自主权限，包括与其他非试点区域的连接、与全国碳市场的逐步连接、配额的自主分配、拍卖资金的灵活应用等。重点注意以下两个问题：

①中央与地方权力的合理分配。未来全国碳市场配额分配的关键是统一分配规则，但同时需要赋予地方政府配额分配的权力，保持其灵活性。

②保证各试点碳交易所顺利转型。全国 8 个试点碳交易所运营形式和股权结构较为复杂，而全国碳市场最多需要两个交易所的支撑即可。因此必须处理好试点碳交易所的转型成本以及全国碳交易的标准选定等问题。全国碳市场的发展已经把各试点交易所推入思变求新谋发展的道路上，其纷纷酝酿制订各自未来的发展方向：北京环境交易所在筹备升级为绿色资产交易所，深圳排放权

交易所正探索转型发展绿色金融，广州碳排放权交易所致力于推动碳金融产品的创新，开展以碳排放权抵消为特色的市场化生态补偿机制。

（2）采取灵活多变的配额分配方法。

合理的配额发放，对未来二级市场的碳价以及流动性产生很大影响，应根据市场不同的发展阶段，针对不同的行业部门采取不同的分配方法进行组合运用：

①灵活使用免费配额。配额分配尽可能地采用比较合理的基准线法，初期配额分配应以免费分配为主，在经济相对发达、大气污染治理任务紧迫的地区可尝试部分配额有偿拍卖的方式，有助于推动重点排放单位碳减排以及与大气污染物协同减排，有助于鼓励先进、淘汰落后，有助于防止过多发放排放配额、促进形成更加活跃的碳市场。

②逐步推进有偿拍卖。全国碳市场发展初期，采取部分配额有偿拍卖机制，并逐步扩大拍卖范畴，配额最终需要全部有偿获得。

③多手段促进二级流动性碳市场的根本目的是促进减排而非交易，但是只有活跃的交易、充足的流动性才能发现公允的价格，才能实现减排成本的最小化。

（3）参考试点市场实践经验，结合其他配套措施强化对控排企业的履约管理。

推进全国碳排放权交易市场建设及运营的过程中，除了依靠法律法规的基本保障外，可以参考试点碳排放权交易市场实践经验，结合其他配套措施强化对控排企业的履约管理：

①完善履约机制基本要素，充分考量各构成要素本身所体现的制度功能的同时，加强各构成要素之间的衔接，充分发挥履约机制的强制性、灵活性，更好地实现碳排放权交易制度价值：明确履约机制的功能定位、设定合理的履约主体覆盖范围、明确履约标准、设定合理的履约责任、规范履约程序。

②完善履约监管，加大机制设计的公众参与力度，在各交易政策制定的过程中保证企业、行业协会等利益相关方的深度参与，制定出兼顾各方利益的碳排放权交易政策，提高政策的可行性。例如，北京及广东碳试点建立了机构联盟制度或委员会制度，从制度上保证了政策制定过程中企业、行业协会等利益相关方的广泛参与。

③加强碳排放权交易能力培训，依托全国碳排放权交易市场能力建设中

心，加深企业对碳排放权交易机制的认识，提升全社会碳资产管理能力。

（4）结合试点碳市场的发展情况，规划全国碳市场的覆盖范围。

全国碳排放权交易市场覆盖范围需要着重考虑以下几点：

①新纳入行业在中国总体碳排放中所占比重，应坚持以"抓大放小"原则为指引，优先纳入碳排放比重较高的行业，强化其减排力度要求、保障国家整体减排目标实施进度。发电行业率先纳入中国全国碳排放权交易体系，最终覆盖发电、石化、化工、建材、钢铁、有色金属、造纸和国内民用航空等八个行业。

②新纳入行业排放数据等基础条件，充分考虑市场扩容的可操作性，对于工艺流程复杂的高排放行业，应提早做好排放数据收集等准备工作。

③新纳入行业对既有市场秩序的影响，事前重视、评估其潜在市场规模与行业供需情况，避免因新纳入行业条件不成熟而对既有市场秩序造成剧烈冲击。此外，要增加更多元的交易方，包括资产运营机构、金融机构等，不同的参与者对市场有不同的理解，逐渐形成活跃的买卖。

（5）明确抵消规则，保障全国碳排放权交易市场健康发展。

中国核证减排量（Chinese Certified Emission Reduction，CCER）抵消机制成为碳排放权交易制度体系的重要组成部分。CCER 抵消机制可以为碳排放权交易市场吸引更多的参与者，增加碳排放权交易市场的活力，有利于促成碳排放权交易市场内外的协同减排，强化减排效果。各试点碳排放权交易市场对于允许企业使用 CCER 抵消排放量都采取较为谨慎的态度，提出了具体抵消规则及一系列限制条件。上海于 2016 年将抵消比例设定为 1%，且其所有核证减排量均应产生于 2013 年 1 月 1 日后；广东、北京等则对提交的 CCER 的数量、类型、地域等做了明确规定。全国碳排放权交易市场的机制设计也需要提前考虑 CCER 对碳排放权交易市场配额供求关系的冲击，结合 CCER 碳资产的特点制订具体抵消规则，做好 CCER 交易与碳排放权交易市场的有效连接，引导 CCER 有序进入配额市场，推动全国碳排放权交易市场建设。

7.2.3　价格机制与流动性层面

具有充分流动性的市场能够增强市场参与者的信心，并且能够抵御外部冲击，从而降低系统风险。影响碳市场流动性的因素很多，包括市场规模、市场参与主体的多元化程度、价格机制以及金融产品的种类等。

（1）进一步修订 CCER 抵消规则。

考虑 CCER 抵消机制运行过程中的各种风险并做好防御机制设置，尽快完善出台自愿减排交易管理办法，为开展 CCER 活动和交易提供基本框架和依据，发出重启 CCER 机制的明确信号；结合试点阶段碳普惠等工作进展，研究扩充方法学等技术规范，确定相对稳定的全国碳市场 CCER 使用条件与抵消规则，鼓励具有潜力的新兴绿色低碳产业获得优先资格，避免因配额短缺而出现市场流动性不足的情况，切实发挥抵消机制降低控排单位履约成本的重要功能。

（2）健全全国碳市场的流通环境。

基于市场成熟度等指标探索引入配额远期等市场创新业务，扩大市场参与者策略选择空间，满足其锁定投资风险等多样化需要；与金融主管部门协同研究基于碳市场基础标的气候投融资模式，促进形成碳市场与银行等传统金融业的业务互动模式，增强碳市场服务实体经济的能力。同时，应逐步放宽市场准入条件，鼓励符合条件的中介机构和个人进入碳市场，提高市场的流动性。

（3）依托试点碳市场创新发展全国碳市场的碳普惠机制。

目前，碳普惠机制健康发展的关键问题是建立可持续的运行发展机制，为此必须因地制宜地不断创新碳普惠活动与产品，构建实用性强、易用性好的碳普惠活动记录和减排量量化技术体系，依托碳交易体系不断创新商业模式和激励模式。例如，广东省依托试点碳市场针对不同活动主体设置多种绿色低碳活动，开发相应的碳减排量核证方法学，创建经济激励模式，并允许活动碳减排量参与广东试点碳市场履约抵消；北京试点碳市场开发的"我自愿每周再少开一天车"碳普惠活动，截至 2019 年 4 月（停止受理停驶申请），累计注册约 14 万人，停驶产生碳减排量约 3.5 万吨，单日形成减排量约 50 吨，交易金额约 130 万元。此外，主管部门还应通过舆论引导、政策激励等措施积极营造良好的低碳生活和绿色消费氛围。

（4）探索实现全国碳市场长期活跃措施。

碳市场的长期活跃是保障流动性充足和发现合理碳价的基础。应当主要从配额总量设定、配额分配制度、交易制度和交易主体等方面入手，通过更严格的总量控制、适当增加拍卖等有偿分配比例、覆盖更多类型的交易主体、探索交易品种创新和交易制度改革以实现交易形式多元化等方式推动形式更均衡的交易活动分布，建设更加全面有效的碳市场。

目前，中国各试点碳市场的交易都是以履约交易为主，市场"潮汐"现象在各试点市场仍然较为普遍，仅广东、湖北市场能在全年中保持相对较高的活跃度，多数碳市场的交易活动大量集中于临近履约截止时间的 1～3 个月，其余时间活跃程度较低。全国碳市场正式运行初期仍以履约交易为主，预计"潮汐"现象仍将在未来一段时期内存在，这不利于形成长期稳定的价格信号，也可能造成流动性不足等问题，从而导致全国碳市场在推动落实减排方面效率的不足。

（5）增加与碳减排相关的资金投入。

碳中和目标提出后，势必将通过目标任务分解和细化到各地，地方政府将成为能否实现目标的关键所在和必要条件。事实上，为推动碳减排工作，中国自 2010 年以来陆续开展了低碳城市试点工作，期间遇到的最大难题就是资金支持力度不足、资金缺口较大以及地方积极性不高。研究显示，2030 年实现碳达峰，每年资金需求为 3.1 万亿～3.6 万亿元，而目前每年资金供给规模仅为 5256 亿元，缺口超过 2.5 万亿元/年。2060 年前实现碳中和，需要在新能源发电、先进储能、绿色零碳建筑等领域新增投资将超过 139 万亿元，资金需求量相当巨大。但从中国政府财政资金来看，除了清洁发展机制（CDM）项目的国家收入和可再生能源电价附加外，目前没有直接与此相关的公共资金收入。因此，未来需要不断完善与碳减排相关的投融资体制机制，增加资金来源和对地方的财政投入，助推地方碳达峰和碳中和。

7.2.4 政府干预层面

（1）保持市场灵活性，找到市场机制和政府干预的平衡点。

保持市场灵活性，应充分发挥碳交易的市场作用，使市场在外部环境发生重大变化时做出适当的反应，碳价在合理范围内波动。同时，找到市场机制和政府干预的平衡点，需要界定市场紧急状况及政府介入的标准，适时适度进行政府干预，避免矫枉过正。

（2）完善市场制度，开发有效投资者。

中国当前碳金融市场参与度和交易活跃度均不算高，并且企业参与碳金融市场意愿不足。在此背景下：

①应进一步完善碳市场交易制度、加强市场监管、避免操控市场等行为影响碳市场的有效运行。同时，在扩大市场投资者范围的基础上，要考虑投资者的有效性，多元化需求方结构，从而切实起到分散风险、稳定市场的作用。

②推出一系列的市场激励制度，包括为参与碳金融市场交易的企业提供税率优惠，或者税赋减免；采取组合激励措施提高企业参与碳金融市场的意愿，如环境监管机构可对相关企业采取适当宽松的监管措施、银行及金融机构可对有资金需求的碳金融市场参与企业提供信贷优惠等，为碳金融市场正常运行提供充分的供需保障。

③加强相关行业间的监督作用。鼓励各行业设置行业协会，对本行业内各参与碳市场的企业在市场交易过程中进行协调和指导，规范行业操作流程。

（3）加快完善全国统一的碳市场，减少碳金融交易的政策壁垒。

统一的碳金融交易市场不仅可以确保市场效率，并且有利于管理机构有效实施监管，防止监管套利。只有在全国一体化的大市场中，环境交易机制才能不断完善和创新，这有利于减少碳交易参与者对未来政策变动的担忧。为了进一步研究不同地区碳排放额初始分配方法和标准不统一的情况，应建立健全全国统一的交易平台和交易机制，尽快形成全国统一的碳金融市场。

（4）确保试点碳市场向全国碳市场平稳过渡。

碳交易主管部门应尽快明确试点碳市场的定位和作用，明确全国碳市场建设任务和时间表，为试点碳市场平稳过渡到全国碳市场提供清晰的目标、路径和时间指引，尽快制定出既因地制宜又与全国碳市场建设规划一致的试点碳市场平稳过渡方案：

①持续深化和保持区域碳市场正常运行，发挥其"试验区"的作用，并允许区域碳市场在纳入范围、分配方法、交易产品及交易方式、碳金融创新等方面进行先行先试，继续为全国碳市场建设和运行提供有益经验。

②完善区域碳市场相关制度，适度从紧分配配额，努力提高核查数据质量，加强企业碳资产管理培训，各方形成合力推动区域碳市场实现有效碳价，从而更好地发挥价格机制作用。

③为了保障区域碳市场平稳地向全国碳市场过渡，国家及地方主管部门需要尽快明确过渡中的关键问题，如区域碳市场存续、区域碳市场与全国碳市场的关系、区域碳市场剩余配额的处理方式、区域交易所的职能定位等。

（5）加强注册登记系统和交易系统建设。

两系统是全国碳市场的核心支撑系统，加快制订出台系统管理办法，尽快建成两系统及其管理机构。注册登记系统和交易系统建设中要注重功能协调和软硬件相互匹配，运维管理两系统以及两系统用于监管碳市场时要注重环节对接，实现统一监管。

（6）鼓励企业提高节能减排技术，增加碳资产获取能力。

①就中国碳市场的参与企业而言，应当加大在节能减排技术领域的投入和研发。同时，企业在参与 CDM 项目时，注重对所获得的技术进行改进和创新，增强技术竞争力。目前，国内企业要着重关注碳捕捉技术、传统能源改良利用技术的开发和研究，提升企业的技术竞争力，为企业参与碳金融市场赢得主动权。

②就市场层面而言，国家可牵头在碳金融市场设立节能减排技术专项基金，为进行节能减排技术研发的企业提供资金支持，同时积极鼓励国际资金进入碳金融市场，丰富资金来源。同时要引导国内碳金融参与企业积极参与国际清洁能源发展机制项目，借鉴其他碳金融市场对节能减排技术的支持策略，从多元化角度为中国企业进行技术革新提供支持。

（7）培育绿色低碳产业，提升碳金融市场需求。

着力培育具有国际竞争优势的绿色低碳产业，发展碳捕集和封存等低碳技术，弥补高污染高能耗产业退出对经济增长和就业的负面影响，提升实体经济对包括碳金融在内的绿色金融市场需求。将绿色发展理念融入疫情后的经济复苏计划，如新增投资尽可能向绿色项目倾斜、在救助计划中附带"减排提效"条件等。

（8）充分调动大型企业积极性，发挥其在全国碳市场建设中的引领示范作用。

在全国碳市场建设中，碳交易主管部门应与大型企业及其管理部门建立互动管理机制，充分调动大型企业参与全国碳市场建设的积极性，充分利用大型企业的资金、技术和管理优势推动全国碳市场建设。配合国家部署，对试点及非试点地区拟纳入全国碳市场的重点排放单位开展能力建设培训。注重控排主体碳交易、碳资产管理的意识和能力的培养和提升，使其充分认识通过市场交易分散风险的重要性，修正非理性的以履约为主的交易行为。

（9）加强组织领导、强化责任落实、推进能力建设、做好宣传引导。

国务院发展改革部门会同有关部门，根据工作需要按程序适时调整完善现有方案，重要情况及时向国务院报告，各部门应结合实际，按职责分工加强对碳市场的监管；组织开展面向各类市场主体的能力建设培训，推进相关国际合作；鼓励相关行业协会和中央企业集团开展行业碳排放数据调查、统计分析等工作，为科学制订配额分配标准提供技术支撑；提升企业和公众对碳减排重要性和碳市场的认知水平，为碳市场建设运行营造良好社会氛围。

7.3　碳市场风险管理具体措施

7.3.1　创新碳金融产品，充分发挥风险对冲作用

加快发展全国碳市场，既要夯实产业基础和现货市场，也要构建完善碳金融制度体系。碳市场具有天然的金融属性，国际碳市场的发展历程和经验都充分证明了碳期货及碳金融衍生品市场有利于丰富市场供求的价格信号，从而提高碳市场的风险管理能力和流动性。

（1）丰富和完善碳期货等碳金融产品。

进一步丰富和完善碳金融产品，能够更大限度地发挥碳金融在碳排放容量资源优化配置中的作用。当前，中国碳金融产品的品类比较丰富，如碳债券、碳远期、碳期权、碳基金、碳资产回购、碳排放权抵质押融资等产品，但尚未实现规模化发展，碳金融仍处于零星试点状态。碳市场是金融市场，需要发展有关的金融衍生产品。碳期货等衍生品所具有的风险管控、价格发现、增加市场流动性等功能，在建立健全相关监管机制后引入碳金融衍生品也将有利于引导形成有效碳价，并将碳价波动控制在合理范围内。

此外，国际碳市场发展经验也表明，碳现货市场、碳期货及其衍生品市场共同构成了完整的碳市场体系，在应对气候变化、促进低碳经济发展方面发挥着积极的作用。从欧盟的经验来看，碳市场初期以现货产品为主，之后向碳期货产品发展。建立碳排放权交易期货市场，好处如下：

①有利于投资者预判交易价格，从而提高交易市场活力；

②不仅可以为市场提供具备更高流动性的交易平台，也能为市场提供具有连续性、公开性和预期性的价格参考，有利于增加市场透明度，提高资源配置效率；

③能够促进中国形成独立自主的碳排放权交易价格机制，争取碳排放权交易定价权，增强国际竞争力。

（2）提升碳金融市场的定价权威性和交易效率。

适当放宽准入，鼓励相关金融机构和碳资产管理公司参与市场交易、创新产品工具。探索建立碳金融行业自律机制。培育中介机构和市场，鼓励发展融资类、投资类、保障类、信息咨询服务类中介机构。鼓励数字技术与碳金融深度融合，利用大数据、区块链、智能投顾等先进技术在客户筛选、投资决策、交易定价、投/贷后管理、信息披露、投资者教育等方面提供更多支持。

（3）积极推进专业金融机构参与，创新碳金融交易工具。

在面临经济波动时，碳市场多样化的金融工具会对经济波动的价格冲击形成良好的分化作用，进而缓解经济波动对碳市场的冲击作用。因此，对于一个完善的碳金融市场，积极创新碳金融工具，在市场内提供多元化的服务，将有效吸引场外资本为碳市场的发展进行投资，推进中国碳市场的建设和发展，更可有效帮助中国碳市场价格应对经济波动所造成的冲击，如强化商业银行为碳金融市场中提供的资金和金融技术支持。

7.3.2 充分发挥价格机制的引导作用

碳市场价格机制包括价格形成机制和价格调控机制。由于碳市场本质上是一个人为设立的政策性市场，供求关系的严重失衡，易导致碳价的剧烈波动，政策设计的不完善、供求关系的严重失衡，易导致碳价的剧烈波动，因此需要价格调控机制来对碳价进行调整。

（1）采取多元碳价调控方式。

全国碳市场应采取基于配额数量、价格、时间维度的多元碳价调控方式调节市场的供需关系。从试点地区实践来看，试点地区的价格调控方式较为单一，主要为基于配额数量的调控，面对价格过低的情况时缺乏有效的工具。根据碳市场的不同时期，选择合适的价格调控机制：碳市场初期，充分利用一级市场拍卖机制建立合理的价格基准和预期；碳市场成熟后，充分发挥二级市场的价格发现功能。

（2）碳价调控适度有效，以免影响市场流动性。

由于中国的经济增长和排放仍存在很大的不确定性，适度的价格调控有助于价格保持在合理区间内，但价格调控要适时适度，频繁的价格调控、价格过于稳定，均不利于控排主体和投资者建立稳定的价格预期，从而可能影响其通过市场交易进行减排投资，并会进一步影响市场流动性。

（3）探索合理碳价，减小碳价波动。

全国碳市场启动并平稳运行之后，应尽快建立制度化的总量限制与价格调控机制，并适时引入碳金融衍生品，推动形成合理碳价并限制其波动范围，从而对减排产生足够激励，更好履行碳市场促进碳排放水平降低、帮助实现碳达峰与碳中和战略目标的职能。目前，中国各试点碳市场价格与世界其他主要碳市场相比仍然较低，不足以形成足够的价格信号，无法切实反映碳排放带来的环境成本，也无法对减排提供足够激励。同时，频繁的大幅碳价波动仍然存在，对碳市场的平稳运行产生严重不利的影响。缺乏长期稳定的碳价会使重点排放单位和金融机构难以对碳资产的价值进行合理估算，也难以制订长期减排计划并按计划执行，导致减排效果降低与市场参与积极性受挫。

（4）保证配额的稀缺性。

尽管由供给不平衡引起的价格过高和价格过低均是碳市场典型的风险，但是各个试点实践的经验表明，在实际市场运行中，价格过低的风险要明显高于价格过高的风险，只有建立严格准确的总量控制制度和强制性碳减排市场，碳排放容量的稀缺程度才能在市场中体现出来。

（5）碳期货等金融衍生品有待发展。

碳期货由于采用集中竞价交易机制，市场流动性比较高，监管比较严格，其形成的碳价具有透明性、公允性等特点，能有效帮助企业锁定减排成本，合理安排生产计划，积极实现减排目标。碳期货可以长期持续地给予投资者稳定的价格预期，标准化的期货产品也可以降低法律风险，及时发送市场信号。

7.3.3 加强政府监管，充分发挥监督职能

当碳价不能自行回到合理的均衡区间时，就需要政府进行干预。政府干预面临三个关键的问题：政府干预的合理边界、"不对称性"、政府调控与市场信号间的时滞性。以上的问题如果处理不当，反而会影响市场预期的形成，使碳价产生更大的波动。因此，避免政府干预的偏好性、随意性，保障调控措施的完整性和连续性显得尤为重要。

（1）发展多元化的交易模式。

①碳市场交易模式，除场内交易之外，还要发展场外交易；除现货交易外，还要发展期货交易。由此形成一个运行稳定、健康发展的碳交易市场。

②期货交易的交易量大、频率高，设立碳期货交易市场，能够大幅度提升碳市场交易金额、交易规模以及市场的流通性。碳排放价格受政府碳排放管制政策变化、企业碳减排技术进步与扩散、能源价格与使用效率等众多因素影响而剧烈波动，给企业碳排放权交易带来巨大风险。碳期货市场所拥有的规避价格波动风险的套期保值功能，使其成为碳金融创新框架体系中最基本的风险管理工具。套期保值策略要充分考虑交易者风险容忍度和承受重大损失的能力。建立考虑条件风险价值的动态套期保值模型，通过实时追踪与控制重大损失风险，提高套期保值的有效性。

（2）构建预警机制，加强市场监管。

碳市场政策性强，且与能源、钢铁、石化等基础产业及其市场相关度高，碳市场发生的风险容易被放大，并引发系统性风险。试点碳市场总体运行平稳有序的同时暴露出潜在的市场风险，如政策风险、市场操纵风险、舆情风险等。部分试点碳市场虽然制定了风险应急预案，但在具体实施中仍面临着合规使用财政资金、部门协调、实施方责权匹配等问题。因此，碳市场必须建立各部门协同的风险预警机制，持续跟踪市场情况、及时识别风险、准确评估风险、及时预警风险，建立风险处置预案库并及时有效处置风险，做到防患于未然，将市场风险危害降低到最低限度。

（3）加强能力建设，构建成效评估机制，推动碳管理产业发展。

①构建能力建设长效机制，编制统一培训教材，加强师资队伍建设，针对管理部门、重点排放单位、核查机构持续开展能力培训，加强培训成效考核评估，不断加强各部门、重点排放单位和核查机构的基础能力。

②制订科学合理的评价指标体系，评估碳市场顶层设计的合理性，评估碳市场运行的有效性，评估碳市场的减排成效。

③通过评估分析，发现碳市场基础制度设计与建设、支撑系统建设与运维管理、市场监管中存在的问题，以此为导向，有的放矢，探索有效的解决办法，不断完善碳交易体系。

（4）推进全国统一碳交易平台建设，消除政策风险。

目前，中国各碳金融市场发展水平不一，各地对大气污染防治的政策也不尽相同。并且，碳金融市场作为总量控制、自由交易的特殊的金融市场，对碳排放量进行准确的确认和分配，是本市场平稳运行的基础。因此，中国应当加速推进全国统一碳金融市场建设，并搭建一个可供全国所有碳金融市场参与方进行操作的统一交易平台，形成一个资源整合、政策统一的碳金融市场平台：

①充分考虑到各地区的经济发展水平和资源禀赋，灵活运用二级市场交易平台，实现碳排放权能够在规范框架内进行区间合理流通。

②在确保场内市场正常运行的前提下，积极引入场外交易机制，引导场内场外在交易价格方面进行健康有序的良性竞争，以便形成合理的价格形成机制。

③保证碳排放量的确认方法和配额机制科学可行，公平合理。实现碳资源的统一整合，高效利用。同时要加强对清洁能源合作项目市场的管理，引入满足资质的第三方服务机构，促进碳金融市场良性有序发展。

（5）加强信息披露，减少碳金融交易的信用风险。

碳金融交易信息不够透明，交易主体难以完全了解对方实际情况。从微观经济主体管控信用风险的角度，碳交易之前要全面了解交易双方信用记录、资质、过往交易情况，设计碳金融信用风险评价机制。主管部门应当加强交易各方信息披露要求，通过指定官方信息披露渠道，降低交易各方取得信息的成本，同时对于提供虚假信息的交易方进行问责追责。

（6）建立全国碳市场风险识别和风险防范机制。

碳市场作为一项复杂的系统工程，在建立和运行过程中可能会面临诸多潜在风险，如法律风险、金融风险、市场风险、管理风险等，此外气候风险也可能会通过影响能源系统和企业经营绩效对碳市场产生影响。因此，为了碳市场的平稳运行，需要建立风险识别与防范机制，例如，成立碳市场风险防控机制委员会，形成风险预警和评估机制，与碳市场监管部门形成有效衔接；建立部门协调机制，与经济、金融、能源、环保等部门联合评估政策对碳市场的影响；建立数据共享机制，与税务、电力、环保、金融等数据共享，利用大数据防范数据造假风险。

（7）尽快出台配额分配方案。

充分考虑地区差异性和行业差异性，统筹经济可持续协调发展和碳减排要求，尽快出台适合中国国情的排放配额分配方案。遵循适度从紧原则确定碳配额总额，综合运用政策、技术、经济手段，实现成效与效率兼顾、公平性与差异性兼顾，确保形成合理碳价。

目前，各试点配额分配的总量比较宽松。许多控排单位甚至出现配额过剩的情况，再加上存在配额抵消机制，导致碳交易价格过低。另外，地方配额总量扣除免费分配后的部分，可由地方政府通过拍卖或固定价格出售的方式进行有偿分配，有偿分配的方式和标准由地方确定。在全国碳市场的建设过程中，有必要限制有偿分配的方式和标准，统一采取拍卖进行有偿分配。同时，各地配额拍卖向外地企业开放能统一不同地区企业获得配额的实际成本。

7.3.4 充分借鉴中国现有试点碳市场风险管理的成功经验

目前中国试点碳市场风险管理的实践经验主要包括以下三个试点碳市场措施：

（1）湖北试点碳市场：适时拍卖预留配额，多方位调控措施保证价格稳定性。

湖北试点碳市场在启动前允许投资者参与拍卖方面起到了价格发现的目的，通过拍卖增发配额，目的是让配额进入愿意交易的主体中，即通过放开一级市场来促进二级市场的流动性。然而，调控机制也存在两面性，在保证了碳市场稳定的同时，也在一定程度上可能会造成碳价过于平稳。

（2）广东试点碳市场：拍卖控排主体配额建立配额的持有成本，促进流动性。

广东试点碳市场拍卖底价从由政府确定拍卖价格到形成与二级市场联动的政策保留价机制，二级市场价格围绕一级市场价格上下波动，与一级市场联动性增强，二级市场波动性幅度收窄，交易量持续增加。此外，广东试点通过一级市场定期拍卖形成价格基准的同时也建立了配额的持有成本，使控排主体将配额作为有价资产看待，刺激控排主体更加严肃地考虑市场参与问题。

（3）上海试点碳市场：创造市场长期预期，避免过多的价格调控。

上海试点碳市场上有 SHEA13、SHEA14 和 SHEA15 三个品种配额，产品的多元化在一定程度上满足了投资者多样化的风险管理需求，提高了市场流动性和活跃度，也为市场形成长期且稳定的预期、控排主体进行长期的碳资产管理和配额的规划提供了基础。

因此，可参照中国股市风险管理工具有限和规模不匹配、很多机构难以对其投资进行有效的风险对冲的案例，全国碳市场建立初期，采用股指期权的形式。股指期权是一种更为精细的风险管理工具，是完善中国股市风险管理体系的一个重要拼图。它在同一个行权价上可以有看涨、看跌期权，也可以有很多个不同月份的合约；而在同一个月份上，又可以有很多个不同行权价格的合约，产品系列非常丰富，能极大地满足投资者需求。从而，有利于推动全国碳市场的健康稳定发展，并且为监管层提供更为全面的参考指标，增强政府决策的前瞻性。

第8章 研究进展与未来方向

8.1 主要研究进展

中国启动碳市场前景虽好，但是风险控制能力不足，制约其平稳运行与健康发展。在全国碳市场建立之初，做好风险防范迫在眉睫。碳市场风险虽然具有多重性，但总体上是可控的。在此背景下，本书以风险根源识别、科学度量与有效规避为主线，探讨碳市场价格波动风险、风险测度模型方法与最优风险对冲策略。理论层面提出风险多源性概念，明晰碳市场多源风险，弥补单一风险测度理论的不足；实践层面既有利于帮助市场参与者优化调整碳资产的套期保值组合，增强风险管理能力，又为实现"十三五"规划确定的"到 2020 年建成制度完善、交易活跃的全国碳市场"目标提供政策支持。主要工作进展、重要影响与科学意义包括以下几个方面。

8.1.1 碳价波动与风险识别

碳市场是一类典型的具有非线性动力学特征的复杂系统。尤其是我国碳市场处于启动阶段且属于新兴市场，容量偏小、活跃度不足、交易制度不完善等问题将导致典型的非线性价格行为。碳市场价格受很多不确定性因素的影响，具有随机性、噪声大、非线性强等混沌特点，呈现出不稳定涨跌的态势，造成风险高度集中。因此，探索价格波动规律并进行科学预测尤为重要。

传统风险管理理论没有充分考虑到市场的"非线性""不连续性"等内在特征，将市场波动归咎于外部随机扰动因素，认为这只是外部信息冲击引起的暂时非均衡现象。因此，随机游走等模式成为常用建模手段。但均衡理论与随机游走模式却无力解释资产价格的持续偏差、市场的过度波动、市场的自组织机制与演化创新，忽略了市场作为复杂系统的非线性相互作用机制以及由此产生的内部不稳定性，对于重大风险或危机的预警无能为力。因而，非线性动力学系统的混沌模式取而代之成为分析市场价格行为特征的一种可选方案。针对碳市场的复杂性，采用时间序列数据挖掘模型对碳价波动进行深层次分析与预测。最近能从大量模糊的随机数据中提取隐含有价值信息的数据挖掘技术如混沌理论、灰色理论、神经网络以及支持向量机等越来越多地被引用到非平稳、非线性时间序列预测中。将基于统计学习理论的支持向量机（SVM）和相空间重构技术应用到碳市场价格波动预测研究中，为研究碳市场价格波动的本质特征提供一个全新的视角。

由于碳价格波动对碳排放权交易市场的风险管理至关重要，因此研究主要集中在能源价格和宏观经济因素上，这些因素会导致碳价的变化，使碳市场比其他市场更不稳定。然而，他们忽略了碳价决定因素的影响是否会在不同碳价水平上发生变化。为了填补这一空白，采用半参数分位数回归模型，探讨不同分位数下能源价格和宏观经济驱动因素对碳价格的影响。通过对中国排放交易试点研究，发现能源价格和宏观经济驱动因素在高分位点和低分位点对碳价格的影响不同。第一，对于深圳碳排放权交易试点，在较低分位点时，煤价对碳价的负影响较大。第二，对于北京和湖北碳排放权交易试点，在碳价较高时，油价对碳价的负影响较大。这可以归因于这样一个事实：当碳价较高时，企业会减少使用石油。第三，随着北京和湖北碳试点碳价的升高，天然气价格对碳价的影响更强。第四，对于深圳碳排放权交易试点，宏观经济驱动因素在低分位点对碳价格的影响更强；对于北京和湖北碳排放权交易试点，在中等分位点的影响更强。这些结果表明，在不同碳价水平上，影响因素对碳价的影响并不是恒定的。本书对我国碳排放权交易体系准确监测碳价影响因素的影响，有效规避碳市场风险具有积极意义。

碳价序列处于一个高度复杂性系统中，呈现出明显的非平稳、非线性、多尺度与混沌特性。传统计量模型与人工智能模型在碳价预测中存在各自的缺陷，导致预测结果缺乏稳定性。随着学者们对碳价非平稳、非线性、多尺度与混沌特征的认识逐步清晰，预测模型从传统计量模型向人工智能模型、分解集成混合模型逐步转变，并且机器学习算法得到了广泛应用。数据特征驱动分解集成混合模型能够更好地把握碳价特征，从"分解""重构""预测""集成"

四个步骤出发，有效帮助模型从不同尺度上捕捉碳价系统的内部规律，从而实现模型预测精确度和稳定性双重提升，该模型成为碳价预测模型的主流发展趋势和创新方向。同一模型在不同碳市场或不同研究区间内显现出不同的预测性能。中国碳试点碳价与 EU ETS 碳价波动相似，国外相关文献和预测模型具有重要的参考价值。但是中国碳试点仍面临着一些问题，如 8 个碳试点发展状况不均衡、碳市场有效性有待进一步提高等。因此，结合中国碳试点的发展现状有助于更好地创新碳价预测模型。

8.1.2 碳市场风险测度

现有研究在碳市场风险测度方法上已取得较大成果并作出重要贡献，但多数文献主要解决的是单一风险测度问题，较少关注风险的多源性特征。而实践表明，碳市场风险来源复杂，尤其是国内碳交易主体参与国际交易时面临碳价波动和汇率波动两大风险。为了提高风险评估与控制能力，我国金融机构必须度量整体风险，即需要解决风险集成问题。本书将碳金融市场集成风险定义为我国金融机构参与欧盟碳交易时所面临的碳价与汇率两类风险因子的整合，即运用 Copula 函数理论将风险因子之间的非线性动态相关性连接起来计算碳金融市场的整体风险。

主要工作总结归纳为三个方面：第一，对碳金融市场的多源风险进行集成测度，弥补过去对碳市场风险识别及预警存在的遗漏，改善现有文献通过单纯测度碳价风险因子来全面表征碳金融市场风险的不足，为合理度量碳金融市场风险价值提供科学的研究框架。第二，采用非参数核估计方法确定碳金融市场价格波动与汇率波动两类风险因子的 Copula 边缘分布，不需要事先对分布函数形式做任何的模型设定，避免现有文献主要采用参数法确定边缘分布时可能出现的模型设定风险和参数估计误差。第三，在碳金融市场集成风险测度指标的选取上，充分考虑碳金融市场的尾部风险，更符合风险管理的谨慎性原则。

本书界定了碳金融市场风险多源性概念；采用非参数核估计方法确定碳金融市场价格波动与汇率波动两类风险因子的边缘分布；准确刻画了多源风险因子之间的非线性、动态相依结构；构建了基于非参数 Copula – CVaR 模型的碳金融市场集成风险测度模型；通过 Kupiec 回测检验对比分析了各类风险测度方法的优劣；验证了基于非参数 Copula – CVaR 模型在解决碳金融市场集成风险测度问题时的有效性。数据以我国商业银行等金融机构在参与国际碳金融业务时面临的多源风险为研究对象，选取碳减排金融产品 CER（经核证减排量）现货价格和欧元兑人民币中间价作为表征碳金融市场价格波动和汇率波动的样本。设计出合理有效的碳金融市场风险识别与评估机制，并给出了相应的对策建议。

　　本书对碳金融市场风险进行识别与准确评估有助于增强国内商业银行等金融机构对国际碳金融业务的风险管理能力。研究成果为构建全面有效的碳金融市场风险预警体系和风险控制组织架构提供理论支持，有利于提升我国商业银行等金融机构在融入国际碳金融体系进程中面临复杂多变市场环境时的风险防范与应对能力。结合碳金融市场多源风险集成测度的研究工作，对我国碳金融市场风险管理提出相应的政策建议，为我国商业银行等金融机构融入国际碳金融体系提供保障。

8.1.3　碳市场风险对冲策略

　　为了能提出用于实际操作的最优风险对冲策略，需要有效的方法对 VaR 和 CVaR 模型进行计算，而此工作具有一定的挑战性。目前计算风险价值的方法主要有非参数方法、半参数方法和参数方法。在非参数范畴使用历史模拟法（HS）估计 VaR 的主要缺陷在于需要大量数据来对尾部进行稳妥估计，这是由于数据自身不同寻常的"厚尾"现象造成的；而数据的更多模拟是有代价的，容易失去历史收益中的序列相关性。因此，利用非参数方法计算真实套期保值比率所面临的如何权衡大样本数据精确性和小样本数据时变性的问题使其应用受到局限。而参数法需要对数据人为地设定某种分布，如正态分布、t 分布等，与实证分析发现的尖峰厚尾分布往往不一致。鉴于现有研究不足，提出一种基于 Cornish – Fisher 展开式的半参数估计方法对条件风险价值（CVaR）进行估计，以提高估计的准确性与套期保值效率。通过与传统最小方差模型的对冲绩效进行对比，得出结论：无论使用标准差还是条件风险值作为有效性评价准则，半参数最小 CVaR 套期保值策略在样本内具有更好的对冲绩效，显著优于传统的最小方差套期保值模型，而样本外数据并未得出一致的结论。

　　主要工作总结归纳为三个方面：一是提出以条件风险价值 CVaR 为目标函数度量碳市场风险的理论依据；二是构建了基于半参数估计最小条件风险价值

（CVaR）的碳期货套期保值模型；三是提出了一种基于 Cornish – Fisher 展开式的半参数方法估计条件风险价值（CVaR）。数据是以欧盟碳排放权交易体系 EU ETS 的主要交易产品 EUA 为样本实施风险对冲策略，发现了半参数模型比非参数和参数模型在估计碳市场下方风险时更加符合给定数据样本的尖峰厚尾分布；对比分析了各种套期保值模型的对冲绩效，得出结论：半参数最小 CVaR 套期保值策略在样本内具有更好的对冲绩效。

本书提出有效的对冲策略对于降低碳市场参与主体的价格波动风险具有重要意义。研究成果一方面为政策制定者科学有效地评估和管理碳市场价格波动风险，另一方面为参与碳市场的投资者优化碳期货风险对冲策略提供决策支持与实践指导。

8.2　未来研究方向

8.2.1　国际气候治理形势

气候变化是当今最大的环境挑战之一，得到国际社会广泛关注。在全球应对气候变化日趋紧迫的形势下，中国将应对气候变化视为可持续发展的内在需要和驱动经济增长的新机遇（习近平《十九大报告》，2017）。在当前"十三五"全面决胜小康社会、"十四五"开启现代化建设新征程的交汇期，中国从战略高度上将应对气候变化与创新能源革命合二为一（何建坤，2019），在化石能源 CO_2 强度、可再生能源电力等指标方面可实现未来国家能源—气候政策目标（PBL《跟踪气候政策进展》，2020）。实现能源与气候的协同治理，成为国家重大战略部署（生态环境部《中国应对气候变化的政策与行动》，2019；中共中央办公厅《关于构建现代环境治理体系的指导意见》，2020）。

实施能源与气候协同治理战略的关键依据在于能源与气候的密切关系（GEIDCO《全球能源互联网应对气候变化研究报告》，2019）。全球能源碳排放量在 330 亿吨左右，化石能源碳排放约占 85%；而作为化石燃料消耗主要行业的电力部门碳排放占 42%（IEA《全球能源和二氧化碳现状报告》，

2019）。电力在全球能源消费中的比重与日俱增，预计到 2040 年全球电力需求将增加 90%，其中五分之一来自中国（IEA《世界能源展望》，2019）。而影响电力碳排放的最重要因素是发电燃料排放强度，以煤炭为主要燃料的火电在中国全口径发电中增长率达 4.1%（能源局《全国电力工业统计数据》，2019），导致电力碳排放尤其高，煤电在"十四五"期间仍有 1 亿~2 亿千瓦增长空间（国网能源研究院《中国能源电力发展展望 2019》）。电力行业是碳排放重点管控对象，电力去碳化非常重要，在各国纳入管控的排放量中占40%。而管控电力碳排放效果也异常显著，发达经济体 2019 年减少 3.7 亿吨排放量中约 85% 是由电力部门贡献的（IEA《全球碳排放报告》，2019）。可见，电力行业既是碳排放重要领域，也是减排市场重要参与主体。

为顺利实施能源—气候协同治理战略，各国正积极发展电力市场与碳市场。发展碳市场是应对气候变化的重要举措，ICAP《全球碳市场进展报告》（2020）公布全球有 21 个碳交易体系运行，在启动碳市场的这些国家中有81% 已建成电力市场，如欧盟率先推动电碳联合方案，逐步完成电—碳市场机制建设（GEIDCO《全球电—碳市场研究报告》，2019）。GEIDCO 提出全球电—碳市场理念，引起国际机构与学术界广泛关注，电力市场与碳市场耦合关系得到论证（EDF 和华北电力大学，中国电力市场与电力行业碳市场耦合机制 2019 专题研讨会）：碳市场增加高排放发电企业经济负担，而低碳发电企业则可通过碳市场获益；碳市场形成的碳成本通过传导倒逼电力市场低碳转型，而电力企业通过参与碳市场谋求额外利润并提升碳市场活跃性。在此背景下，两个市场的协调与融合成为关注焦点。

中国虽已启动以电力行业为首批重点管控对象的碳市场（发改委《全国碳排放权交易市场建设方案（发电行业）》，2017），并具体部署电力市场化改革（发改委《党中央和国务院关于进一步深化电力体制改革的部署要求》，2019），但电力市场与碳市场仍处于独立运行状态，与电—碳联合还存在较大差距，两个市场的本质和共同目标都是实现清洁低碳发展。作为电力行业大幅减排的重要手段，可再生能源发电受到国家高度重视（发改委、能源局《关于建立健全可再生能源电力消纳保障机制的通知》，2019）。最新颁布的可再生能源政策是否对电—碳耦合关系产生冲击以及如何促进电—碳市场耦合优化成为当前迫切需要解决的问题。

8.2.2　问题的提出

立足于此,将相对独立的能源与气候治理机制进行高度融合,以能源与气候系统的核心部门电力市场与碳市场为突破口,在理清两者耦合关系的基础上,针对当前中国电力市场与碳市场在各自单独运作过程中产生减排目标契合度不高、减排机制不融合、运行效率低下、市场有效性不足、管理重复交叉成本过高等问题,提出电—碳市场耦合优化的政策建议。基于市场领域及参与主体的高度融合、覆盖范围的高度趋同、价格走势的高度相关等特性,通过构建电—碳市场联合方案,实现目标、路径、资源的高效协同。从政府治理层面,针对"能源—气候"协同治理目标加强电—碳市场融合,拓展单一职能部门职责权限,通过各级组织共同合作推动跨系统综合治理目标的实现。从政策制定层面,降低系统各政策的单一性和孤立性,形成统一完整、协调配套的宏观政策体系以实现微观子系统间的彼此协作、交叉兼容与相互促进,降低系统运行冗余成本,充分合理利用有限资源最大化实现能源—气候协同治理目标。

总体目标:

以能源与气候协同治理为战略导向,在可再生能源政策下电力市场与碳市场耦合效应规律的基础上,提出电—碳市场耦合优化的政策建议并对其进行科学评估。研究成果最终为推动清洁能源与电能替代,构建清洁主导、以电力为中心、彻底摆脱对化石能源依赖的现代能源体系提供理论支持,有助于政府采取有效的市场机制手段从根本上实现气候治理目标。

具体目标:

(1) 针对能源—气候系统面临未来复杂多变市场环境的影响,构建动态不确定性因素影响下能源—气候系统优化模型,实现能源与气候的协同治理目标。

(2) 针对国家最新颁布的可再生能源政策可能对电—碳市场造成影响的问题,引入系统动力学模型,考察可再生能源政策下电—碳市场的耦合效应,为新政策实施后协调电—碳市场融合发展的适应性战略提供前瞻性分析。

(3) 针对电—碳市场耦合优化问题,挖掘两个市场单独运行存在的问题,提出应对气候变化与实现能源可持续发展的系统性解决方案。

针对国家能源—气候协同治理重大战略需求,发掘电力市场与碳市场之间的耦合关系，提出构建电—碳市场以推动电力碳减排的政策方案，具有非常重要的理论意义与现实意义。

理论意义：

（1）拓展学术界以"可持续发展"与"管控气候风险"为目标的新气候经济学理论，发展与完善联合国《新气候经济报告2020》提出的更好、更具包容性的新气候经济转型理念，为学术界探索创新经济增长理论提供新的见解。

（2）梳理"能源—气候协同治理"理论的概念与机理，分析动态不确定性因素影响下能源与气候政策之间的协同性，为探寻中国"能源体系变革与低碳发展"重大战略部署提供理论支撑。

实践意义：

（1）针对可再生能源政策影响下电—碳市场联动机制与耦合效应的分析，发掘电—碳市场之间的潜在相互作用、政策协调性与兼容性规律，为国家构建电—碳联合市场实现减排目标、路径、资源的高效协同开辟新的视角。

（2）针对电力市场与碳市场单独运行过程中存在的问题，提出电—碳市场耦合优化的系统性解决方案，有助于提高电—碳市场运行效率与交易活跃度，为全面建设和运行健康有效的电—碳市场提供政策指导。

（3）针对电—碳市场政策的经济社会效益、气候协同效益、可持续发展效益等多目标准则协同效果进行评估，为国家出台"气候问题与经济发展、能源转型相结合"的跨领域综合政策提供决策依据。

8.2.3　研究发展动态

2010～2019年，国家自然科学基金委管理学部把国家能源体系变革与国际气候治理作为优先发展领域，对能源变革与气候变化研究资助力度较大，在G0412资源管理与环境政策方向资助面上、青年、重点项目各126、133、5项，涉及能源变革、气候变化的研究各161、114项，立项数量逐年增加。2015～2020年国内外重要期刊主题为能源、气候变化的管理类文章主要有：*Nature*、*Nature Climate Change*、*Nature Energy* 相关文章47、95、57篇；*Management Science*、*Operations Research* 相关文章6、6篇；*Energy Policy*、*Energy Economics*、*Applied Energy*、*Renewable & Sustainable Energy Reviews*、*Climate Policy*

相关文章 545、569、443、51、55 篇；管理科学学报、管理世界、系统工程理论与实践、中国软科学、中国管理科学、系统工程学报、管理评论、中国人口·资源与环境相关文章 14、14、50、56、72、13、25、244 篇。根据要解决的关键科学问题，将文献归纳为能源与气候协同治理机制、电—碳市场联动机制与耦合效应、电—碳市场融合发展政策及其评估三个方面。

8.2.3.1　能源与气候协同治理机制

当美国以损害其经济利益为由退出《巴黎协定》之时，全球可持续发展框架下应对气候变化的国际合作陷入危机。气候治理是否会抑制经济增长？新气候经济学应运而生，强调将应对气候变化视为发展机遇，以能源变革为契机寻找新的驱动力，实现可持续增长。以低碳可持续发展为目标指导各国政府的政策制定至关重要（厉以宁等，2017；Xu et al.，2020）。新气候经济学为全球应对气候变化开辟新视角，即能源与气候协同治理，概括为以下三个方面：

（1）气候变化及其政策对能源市场的影响。

国内外多数文献表明，气候变化及其政策对能源市场具有显著影响。一方面，气候变化会影响能源需求（Shaik and Yeboah，2018；Perera et al.，2020），预计 2050 年全球暴露在气候变化影响下的能源需求将增加 25～58%（Ruijven et al.，2019）。气候变化能够影响能源供给，Bastien - Olvera（2019）指出能源部门在遭遇气候破坏后，能源获取减少，技术转型放缓。另一方面，气候政策会影响能源系统转型，具体包括：改变能源结构（石莹等，2015）、影响能源价格（Peterson and Weitzel，2016）、促进能源密集型产业脱碳（Ahman et al.，2017）、改变能源效率（李颖等，2019）、影响能源系统运行（Brown et al.，2017）等。因电力行业是能源系统核心部门，气候政策对电力供应的影响尤为重要。Kober 等（2016）预测当更多的气候政策出台时，在电力供应方面的累计投资将大幅度增加，气候控制措施促进低碳电力技术投资。

（2）能源市场对气候变化及其政策的影响。

气候变化受能源强度影响（Wilkerson et al.，2015；马喜立和魏巍贤，2016；Le et al.，2019），Wang 等（2019）指出能源强度是导致碳排放量增加的主要原因，是整个脱钩过程的核心因素。因此，多数学者认为全球能源系统的重大转型可以缓解气候变化（Armour，2017；Beylot et al.，2018）。这类文献主要聚焦于能源对碳排放及碳市场的影响研究，采用计量模型分析能源市场价格对国际碳市场价格的影响（Hammoudeh et al.，2015；Yu et al.，2015；Tan and Wang，2017；Zhu et al.，2019）及对中国碳试点碳排放价格的影响（Zeng et al.，2017；Chang et al.，2018；Chevallier et al.，2019）。研究结论验证了能源市场与碳市场的高度相关性，能源市场对碳市场呈现显著的价格波动与风险传导机制（Balcilar et al.，2016；Kanamura，2016；Ji et al.，2018）。

（3）能源与气候协同治理政策及其评估。

基于能源与气候系统高度相关性的研究结论，当今世界范围内已出现新气候经济学的研究趋势，旨在研究和平衡促进经济发展与管控气候风险的关系。多数观点认为应对气候变化形势下的能源变革是实现可持续发展的重要机遇：何建坤（2019）指出，要努力实现能源、经济、环境系统应对气候变化的协同治理，重视减缓气候变化的协同对策。Lüpk 和 Well（2019）强调在政治谈判层面，能源与气候系统之间发生了协同治理过程。基于以上共识，学者们提出一系列能源与气候协同治理政策（Wong‐Parodi et al.，2016；吴传清和董旭，2016；Belfiori，2018；Yang，2019；Zeppini et al.，2020）。在这些政策中，电力核心作用受到重视：Wong‐Parodi 等（2016）提出采用智能电网促进气候—能源政策的制定。

政策制定后，学者们开始关注政策目标是否合理、政策之间是否存在冲突等问题。欧盟《2030 年能源与气候战略绿皮书》指出，利益相关者对不同能源与气候政策之间的不一致提出批评，认为政策之间存在冲突，不同措施可能会相互抵消。针对批评，Zimmermann 和 Pye（2018）认为政策制定者应该建立更加科学合理的指标体系对政策影响进行评估。国际机构 PBL（2020）构建包含化石能源 CO_2 强度、电力可再生能源比重等指标的"全球环境评估综合模型（IMAGE）"和"长期能源系统前景展望（POLES）"综合评估模型，对全球各经济体能源—气候政策进行评价。政策评价形成两派结论：积极观点（Karplus et al.，2016；曹静等，2018；Duan and Wang，2018；Tang et al.，2019）与消极观点（Zhang，2019）。采用能源—经济—环境（3E）综合评价模型，Duan 和 Wang（2018）认为从国家角度看气候政策与能源系统安全之间具有高度一致性。与之相反，Zhang（2019）指出能源—气候政策变化产生不兼容监管问题，这种不相容性在决策过程中引发对能源—气候—环境的竞争性监管关注，并在中央和省级政府之间产生分歧。

以上文献在研究能源与气候协同治理领域取得较大成果，做出重要贡献。

大多数文章批判传统观念认为气候政策与能源发展两个目标存在冲突的思想，并分析评估气候与能源政策之间一些联系最为紧密的相互作用，提出通过协同目标和手段的方式将两种政策工具结合起来，解决市场"失灵"问题。

虽然支持者普遍认同能源与气候协同治理理念，但现有文献并未充分考虑能源—气候协同治理过程中可能遇到的复杂动态不确定性带来的风险，如技术进步、电力价格、燃料价格、碳价、补贴政策和项目碳减排率等多重动态不确定性因素（王素凤等，2016）。更值得关注的是，2020年全球疫情的严重爆发及其引发的经济不确定性也将给能源—气候系统带来风险。Lecuyer和Quirion（2019）指出，当不确定性较小时可再生能源政策效果不显著；而当不确定性足够大时，如在电力需求、可再生能源成本或天然气价格等存在不确定性的情况下，能源政策的减排效果显著。谭忠富等（2020）强调，风电、光伏等电力能源的不确定性加重电网调度压力，影响能源互补系统的风险承受能力。因此，有必要分析不确定性因素影响下能源与气候政策之间潜在的相互作用，并验证能源与气候政策相结合的协同治理政策是否有效可行。当考虑动态不确定性因素的影响时，能源与气候政策的共存是否合理成为有待考察的问题。而现有研究未能进行动态不确定性分析，可能会导致缺乏强有力的决策支持。该领域缺乏面向未来风险的研究，拟针对该问题在动态不确定性基础上建立能源与气候系统优化模型，对国家能源与气候系统之间的协同治理战略进行前瞻性分析。

8.2.3.2 电—碳市场的联动机制与耦合效应

作为能源治理核心部门的电力市场与作为应对气候变化重要部门的碳市场在能源—气候协同治理战略中起到举足轻重的作用。碳市场建设和电力市场能源结构重组都是实现碳减排目标的重要因素。碳市场对电力市场价格、电力企业长期投资等方面都产生一定影响；而电力市场电源结构、需求侧管理等又会反作用于碳市场，影响其配额价格与运行效率等。两者的相互作用主要包括三个方面。

（1）碳市场对电力市场的影响。

目前国内外针对碳市场对电力市场的影响研究主要集中在碳成本传导机制、碳价与电价关联性、碳政策与电力投资三个方面。在碳成本传导机制方面，碳市场通过配额分配提高电厂碳排放成本进而转嫁到电价上（Woo et al.，

2017；Zhang et al.，2018；廖诺等，2018；Levin et al.，2019；Yu et al.，2020；Dagoumas and Polemis，2020)。碳成本传导率在欧美等电、碳市场相对成熟的地区较高，为 30% ~ 100% (López and Nursimulu，2019；Maryniak et al.，2019)；而中国因长期电价管制造成碳成本传导率低。在碳价与电价关联性方面，多数学者采用计量模型分析市场价格序列之间的关系，发现碳价对电价有显著影响，电价是碳市场信息的最大接收者 (Menezes et al.，2016；Lin and Jia，2019)。在碳政策与电力投资方面，学者们认为引入碳价机制将会触发电力市场对可再生能源的投资，有利于改变电力结构 (Peter，2019)。

(2) 电力市场对碳市场的影响。

电力市场对碳市场的影响包括对价格的影响与减少碳排放两个方面。针对价格影响，电价上涨刺激电力生产增加，碳排放需求增加，碳价升高。Zhu 等 (2019) 在分析碳价驱动因素时发现，在短期内电力市场和股票市场通过传递短期市场波动对碳市场产生重大影响，从而揭示出电力市场的重要作用和碳市场的金融属性。针对电力市场减少碳排放的分析，归纳总结出以下几个方面的原因：电力清洁能源的关键作用与能源转换效率的提高 (Ruamsuke et al.，2015；Lin and Li，2020)、电网互联与能源强度的改善 (王斌和傅强，2018；Wei et al.，2020)、跨区域电力传输导致的电力碳泄漏等 (Višković et al.，2017；Zeng et al.，2018)。

(3) 电—碳市场耦合效应。

碳市场建设和电力市场能源变革都是实现碳减排目标的重要因素，两者存在密切联系。研究表明，电—碳市场之间存在相互影响，在价格上有双向因果关系 (Zhu et al.，2017)。Ji 等 (2019) 通过构建电—碳系统研究碳市场与电力市场之间的信息溢出效应，得出结论：碳市场与电力公司之间的相互依存性强，在电—碳系统中信息溢出特别高。此外，两个市场之间还存在风险溢出。Zhu 等 (2020) 采用二维经验模态分解与条件风险价值捕捉碳市场和电力市场不同频率的风险溢出效应，发现对于高频和低频模式，从碳市场到电力市场的风险溢出为正，而从电力市场到碳市场的风险溢出为负。对于中频模式，碳市场和电力市场之间存在双向负风险溢出。赵长红等 (2019) 建议政策制定者以电力市场和碳市场两种市场机制为主要手段，通过构建电—碳系统协同推进两个市场的发展。

在理清电力市场与碳市场之间联动机制与耦合效应的基础上推动两个市场

的融合发展，是现有文献得出的主要结论。然而，以上文献忽略中国正在推行的其他能源政策在电力碳减排上的影响，对全面考察电—碳市场耦合效应是一个遗漏。当前的能源环境政策体系中除了为实现碳减排目标而启动的碳市场外，还有以可再生能源政策为主的其他政策工具。中国不仅在 2017 年 12 月正式启动了国家碳市场，而且在 2019 年 5 月下发《关于建立健全可再生能源电力消纳保障机制的通知》，标志着经过三次征求意见的可再生能源配额制（RPS）政策最终执行方案正式落地。可再生能源政策如何影响电力市场减排行为与碳市场均衡价格，对电—碳市场的耦合效应会产生正面还是负面冲击，是值得关注的重要问题。

虽然有学者（Yi et al.，2019）指出可再生能源政策会降低碳价，削弱碳市场政策信号并影响其政策效果；但 Cheng 等（2020）却建议在中国应采取可再生能源政策和碳市场来激励碳减排。新政策的推出对已被证实的电—碳联动机制及 GEIDCO 提出的电—碳市场联合方案是否有冲击，尚未得到科学的考证。因此，拟结合中国最新颁布的可再生能源政策，深入分析可再生能源政策下电—碳市场的耦合效应，以最大限度地发挥政策作用为目标，推动两个市场协调发展与相互促进。

8.2.3.3 电—碳市场融合发展政策及其评估

（1）电力市场与碳市场融合发展政策建议。

现有文献对电—碳市场联合方案的政策设计研究尚不丰富，但对单个市场提出的政策建议较多，主要分为两派：一派主张通过提高碳成本传导率增强电—碳市场耦合效应（Yu et al.，2020；Liu and Jin，2020），而另一派则持反对建议（Xenophon and Hill，2019）。

持有电—碳市场耦合效应观点的学者针对碳成本传导率低的问题提出建议。Yu 等（2020）主张从碳市场角度提高碳定价水平，合理设计碳配额分配制度，增强碳成本传导机制的作用；而 Liu 和 Jin（2020）指出，中国碳市场的建立和新一轮电力改革是并行推进的，两个市场之间价格信号的传导对实现碳减排目标尤为重要，建议从电力市场角度提高市场化和自由化，为推进碳成本传导到电力市场创造条件。以上观点都是倾向于通过提高碳成本传导率增强电—碳市场联动效应，而也有学者的观点则与之相反。Xenophon 和 Hill（2019）认为碳市场减排政策带来批发电价上涨等不良的经济和政治后果，遭到利益相关者反对，政府应该制订合理的碳排放价格政策以最大限度地减少对电力市场批发电价的干扰。

（2）电力市场与碳市场融合发展政策评估。

政策评估的相关结论，主要分为积极评价与消极评价两个方面。

一是对电—碳市场多项政策协同效果持积极观点。虽然各政策对电力碳减排的效果不同，但碳市场和电力市场在政策目标、市场机制建设、交易主体等方面有很强的相关性，应该充分发挥碳市场和电力市场政策的协同效应（冯升波等，2019；Acworth et al.，2020）。还有一些学者专门对碳市场和可再生能源电力政策的效果进行评估，也得出支持各政策共存的结论（Mu et al.，2018；张小丽等，2018；Dai et al.，2018；Khanna et al.，2019）。

二是对碳市场或电力市场单独政策效果以及政策协同性持消极观点。有研究表明，碳市场排放限额政策对电力部门碳减排效果低于预期（Schäfer，2019），尤其是在交通运输部门的应用效果不如电力政策（Zhang and Fujimori，2020）。至于电—碳市场政策之间的不兼容性与弱协同性，Zhang（2019）从"能源—气候—环境"三个维度审视中国最新的电力政策，发现这些政策变化产生的不兼容性引发竞争性监管与协调性问题，制约了电力脱碳进程。

以上文献对电力市场与碳市场政策设计及其评估的探索已取得很大进步，但是较少关注电—碳市场耦合优化政策设计及其评估。虽然 Yang 等（2019）提出电—碳市场一体化交易招标模型是促进建立市场机制和制度的重要途径，但并未给出电—碳市场耦合优化的政策措施及评估。然而，当前中国电力市场与碳市场在各自单独运作过程中产生减排目标契合度不高、减排机制不融合、运行效率低下、市场有效性不足、管理重复交叉成本过高等问题，严重影响两个市场共同减排目标的实现。因此，有必要针对当前存在的问题，制订电—碳市场耦合优化政策实现电—碳有机融合、协同发展，推动形成清洁主导、以电力为中心的现代能源体系，从根本上解决气候变化问题、实现能源可持续发展。

此外，电—碳市场子系统之间的政策因种类繁多、主体涉及范围较广，在执行和实施过程中容易产生不同程度的目标偏离，政策评估作为政策执行控制的反馈环节能够有效地发现问题、纠正问题，但长期以来中国对于政策效果、政策目标实现的评估研究较少，缺乏有效的评估机制和内外配合的评估体系，对于政策间协同效果的评估和反馈基本还处于空白。因此，有必要深入探讨电—碳市场耦合优化方案并对其政策影响进行评估。拟结合新一轮电力市场改革和发展最新形势，重点探讨并提出协调碳市场与电力市场耦合优化的适应性战略并对政策实施效果进行评价。

8.2.4　研究内容与方案

8.2.4.1　研究内容

针对以上研究尚未考虑的因素与不足之处，拟从能源—气候协同治理机制入手，在验证电—碳市场耦合关系的基础上，提出构建电—碳市场的总体方案，制定出具体政策并对政策影响进行评估，包括以下三个方面工作。

（1）现有研究未充分考虑能源—气候协同治理过程中系统内部与系统之间可能遭遇经济金融、国际政治、能源发展等领域复杂动态不确定性带来的风险，而忽略这些动态不确定性风险会造成对国家层面能源—气候协同治理战略的不准确定位与政策效果的偏离。该领域缺乏面向未来动态不确定性的研究，可能会导致政府相关部门决策者缺乏强有力的理论支持。

拟针对该问题展开动态不确定性因素影响下能源与气候政策之间潜在相互作用、政策协调性与兼容性的深入探讨。结合新气候经济学理论，通过建立动态不确定性因素影响下能源—气候系统优化模型，重点探索全球范围内气候变化与能源发展政策之间潜在的一致性，通过研究气候政策与能源转型的动态长期影响并分析气候政策和能源治理的共同利益，为国家能源—气候协同治理战略提供理论支撑。

（2）现有文献在电力市场与碳市场之间联动机制与耦合效应的探索上，忽略了中国最新颁布可再生能源政策的影响，对全面考察电—碳市场耦合效应是一个遗漏。当前国家发改委和能源局明确将电力部门可再生能源利用作为政策目标之一，并进行了责任权重认定，可见国家对可再生能源发展的高度重视。而可再生能源政策是否会影响电—碳市场的耦合效应，成为亟待解决的问题。

拟针对该问题深入分析可再生能源新政对电力市场与碳市场耦合效应的影响。通过对可再生能源政策实施后两个市场之间的碳成本传导、联动机制与耦合效应探讨，解决未来"十四五"期间新形势新政策影响下电—碳市场耦合优化问题，以最大限度地发挥电—碳市场耦合效应为目标提出适应性战略。

（3）现有研究较少对构建电—碳市场耦合优化政策提出方案设计，更缺乏对政策影响的评估。全球能源互联网合作组织强调构建电—碳市场对能源与气候协同治理不仅意义重大而且条件具备，但该战略要得以顺利实施，必须配合科学的设计方案、明确的建设重点与可行的路径规划，在该领域尚没有成熟的经验可循。

拟针对该问题提出电—碳市场耦合优化设计方案：第一，构建国家电—碳市场总体方案，包括功能目标、市场架构、参与主体、交易产品、关键机制等内容；第二，提出国家电—碳市场耦合优化重点与发展路径，推动电—碳市场初步联合方案，再逐步分阶段向电—碳市场模式过渡；第三，对电—碳市场耦合优化政策进行评估，包括经济效益评估、能源清洁转型效率评估、气候治理与环境价值评估等方面。

以能源—气候协同治理为导向，在明晰电—碳市场耦合关系的基础上，提出国家电—碳市场耦合优化政策设计，并对政策影响进行科学评估。研究内容之间的逻辑关系如图 8.1 所示。首先，提出协同治理框架；其次，寻找突破口；最后，建立落脚点。

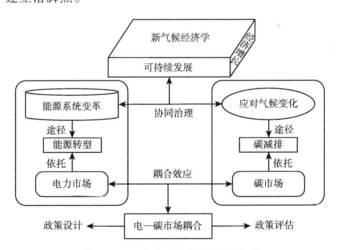

图 8.1　研究内容之间的逻辑关系

首先，以新气候经济学的创新经济增长与实现可持续发展二元目标为中心，将相对独立的能源与气候系统进行整合，通过协同治理机制，破解当前面临的能源与气候困局。

其次，为建立两个系统之间的联系，以能源与气候治理的核心部门电力市场与碳市场为突破口考察电力市场与碳市场之间的耦合效应。

最后，在电力市场与碳市场存在耦合关系的基础上，提出电—碳市场耦合优化政策设计方案。

（1）动态不确定性因素影响下能源—气候协同治理机制研究。

能源—气候系统是一个复杂巨系统，不仅在能源系统自身各组成部分之间存在相互依存、相互影响和相互竞争的关系，而且能源系统还与气候变化这一外部系统有着密切联系。能源结构调整对气候治理，特别是大气污染治理有着巨大的影响，应对气候变化在很大程度上依赖科学合理的能源系统结构的建立。能源—气候协同治理不仅涉及与能源技术、气候变化相关的自然科学，还涉及与能源经济、政策机制等相关的社会科学，是一个典型的需要在"信息—物理—社会"环境框架下考虑的跨学科合作问题。由于涉及范围非常广，能源—气候协同治理的相关决策者或研究者需要面对大量来自能源、经济、政策、技术、环境等领域的不确定性因素，如未来的能源需求量、能源价格、资源可获取性、生产成本和投资费用、气候谈判、国际政治、能源技术发展潜力、极端天气等。在不确定性情况下，需要解决如下科学问题：一是不确定性因素是否影响能源与气候系统的协调性；二是哪些因素的影响较大而不可忽视；三是在不同的可能性场景下，如何施加干预措施来应对这些不确定性以最大化能源—气候协同治理目标的实现。

针对能源与气候协同治理过程中面临的大量不确定性因素，分析能源与气候政策之间潜在相互作用，构建基于动态不确定性因素的能源—气候系统优化模型，验证当考虑动态不确定性因素影响时能源与气候政策的共存是否合理以及协同治理政策是否可行。不确定性因素的影响很难以确定的数值来预测，如果系统的信息不完全或数据不充足，通常无法确定这些随机变量的取值范围。在这种情况下，采用非线性系统优化方法可以有效解决动态不确定性问题。开发动态不确定性因素影响下能源—气候系统优化模型寻求能源成本最小化和气候变化影响最小化的有机结合，以促进中国能源、环境与经济的协调可持续发展。

（2）可再生能源政策下电力市场与碳市场的耦合效应研究。

针对电力市场与碳市场的联动机制与耦合效应研究，国内外文献得出基本一致的观点，即电—碳市场之间存在耦合效应。但是，中国在采取碳市场与电力市场两种市场机制促进减排的政策之外，还推出其他相关的能源政策，而这些政策对电—碳市场交互作用造成一定影响。国家发展改革委、国家能源局于

2019 年印发《关于建立健全可再生能源电力消纳保障机制的通知》，将各省可再生能源消纳情况列入严格考核范围。为落实可再生能源消纳保障机制，国家建立绿色电力证书交易制度与电力市场政策形成良好配合。最新能源政策的颁布是否对电—碳市场耦合效应产生影响，成为值得关注的问题。

采用情景模拟分析与系统动力学方法考察可再生能源政策影响下电—碳市场耦合效应。主要针对两个问题展开：第一，在考虑可再生能源政策时，碳市场对电力市场的碳成本传导机制是否受到影响。在发电商利润最大化条件下，碳成本传导率的大小主要受电力市场中发电商数量、供给与需求弹性以及电力市场结构特点即需求曲线的形状等关键因素的驱动。而可再生能源政策对改变发电企业能源结构有着重要影响，必然会通过影响电力市场行为改变电—碳市场关联性。第二，可再生能源政策是否影响碳市场价格与电力市场上网电价。碳市场政策中很重要的一项内容是规定发电行业碳排放上限，拥有一定碳配额的发电商既可以使用碳配额来弥补企业本身发电所产生的碳排放，也可以通过可再生能源替代等方式降低发电商碳排放强度从而减少碳配额需求。碳配额需求影响碳市场价格，因而，可再生能源政策对碳市场价格造成一定影响。该问题的解决将对中国电力市场与碳市场的联动机制与耦合效应研究有所帮助。

（3）电—碳市场耦合优化政策设计及其评估。

电力市场和碳市场联系紧密、相辅相成，融合发展成为大势所趋（GEI-DCO《全球电—碳市场研究报告》，2019）。电—碳市场耦合优化政策研究包括以下两个方面。

一方面，电—碳市场耦合优化政策设计。电—碳市场总体方案设计包括一个核心目标、两大参与主体、三级市场架构、四种交易产品、五大关键机制。第一，以实现清洁低碳可持续发展为核心目标；第二，参与主体包括决策机构、交易机构、运行协调机构、监管机构、金融管理机构等建设管理主体和能源企业、用能企业等交易主体；第三，采用"国家—区域—全球"三级市场架构；第四，交易产品包括电—碳产品、辅助服务等实物类产品、输电容量等权证类产品、金融衍生品、数据和咨询等服务类产品；第五，市场关键机制包括电—碳交易机制、输电容量交易机制、辅助服务交易机制、电—碳金融交易机制和区域协同合作机制。

另一方面，电—碳市场耦合优化政策评估。考察经济效益、清洁转型、能源产业发展、能源安全、气候环境治理、国际合作等是否达标：第一，在经济效益方面，提升经济水平，带动国家经济发展，提升金融市场活力；第二，在清洁转型方面，推动形成清洁能源主导、以电力为中心的新型能源消费格局；第三，在能源产业发展方面，拉动能源投资，激励绿色低碳技术创新，推动绿色低碳产业发展；第四，在能源安全方面，提高能源供应可靠性，从根本上化解化石能源资源紧缺困局，保障能源安全，建立多方协同能源供需调节机制，降低能源风险，降低能源供给成本；第五，在气候环境治理方面，保障实现温控目标，减少能源环境污染；第六，在国际合作方面，促进世界各国包容性增长，促进多边合作，实现共赢。

8.2.4.2 拟解决的关键问题

（1）现有研究未充分考虑某些动态不确定性因素给能源与气候协同治理带来的风险。当考虑动态不确定性因素的影响时，能源与气候政策的共存是否合理成为有待验证的问题。因此，有必要分析能源与气候政策之间潜在的相互作用，并验证气候与能源政策相结合的协同治理政策是否有效与可行。

拟以未来能源需求量、能源价格、资源可获取性、能源技术的发展潜力、生产成本和投资费用、气候谈判、国际政治、极端天气等为变量，构建动态不确定性因素影响下能源—气候系统优化模型，寻求能源成本最小化和气候变化影响最小化的有机结合策略，以促进中国能源、环境与经济的协调可持续发展。

（2）现有研究对电力市场与碳市场之间联动机制与耦合效应的分析没有考虑可再生能源政策的影响。鉴于国家对可再生能源发展的高度重视，以及多个市场政策工具共同运行可能带来的不协调、不兼容问题，有必要考察可再生能源政策是否会影响电—碳市场的耦合效应并进而影响到电—碳市场耦合优化政策的效果。

拟采用情景模拟分析法并引入系统动力学模型考察可再生能源政策下电—碳市场的耦合效应，为国家最新颁布的可再生能源政策对协调电—碳市场融合发展的适应性战略提供前瞻性分析。

（3）针对现有研究较少关注电—碳市场耦合优化相关政策设计及其效果评估的缺陷，有必要深入分析电—碳市场在各自的单独运作过程中产生减排目标契合度不高、减排机制不融合、市场功能重复冗余、运行效率低下、市场有效性不足、管理成本过高等问题，有针对性地提出国家电—碳市场耦合优化总体方案与具体政策，并对相关政策影响进行评估。

为解决以上难题，拟从功能目标、市场架构、参与主体、交易产品、市场关键机制等方面提出政策设计方案，从经济效益、清洁转型、能源产业发展、能源安全、气候环境治理、国际合作等方面评估电—碳市场的政策影响。

8.2.4.3　研究方案

针对研究内容所包含的能源—气候协同治理机制、电—碳市场耦合效应、电—碳市场耦合优化政策设计及其评估，分别制订不同的研究方案，并按照技术路线图 8.2 所示的研究流程，对每个方案涉及的具体研究方法、主要步骤展开详细论述。

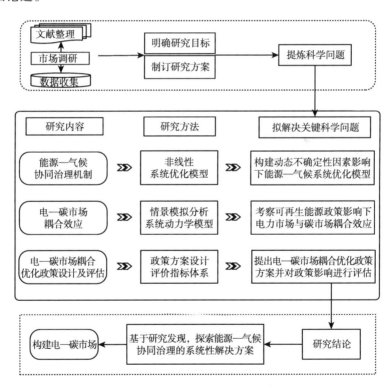

图 8.2　研究流程技术路线

（1）动态不确定性因素影响下能源—气候协同治理机制研究。

针对能源—气候协同治理机制面临复杂多变市场环境的影响，构建考虑动态不确定性因素的能源—气候系统优化模型，达到能源与气候的协同治理目标。在 Anasis 等（2018）提出的能源与地球工程组合优化模型 CEAGOM 基础上，加入动态不确定性因素的影响建立能源—气候系统优化模型 ECSOMCU（Energy – Climate System Optimization Model Considering Uncertainties）。该模型包含气候变量作为潜在选择，分析在满足所需气候限制的同时满足全球能源需求的最佳能源组合。将模型 ECSOMCU 集成一个优化引擎，允许用户输入对排放量、全球平均温度等假定约束，然后基于该约束得出可用能源和气候替代方案的最佳组合，以实现预计的能源需求。此外，允许政策制定者查询随着动态不确定性因素等关键模型参数变化所计算出来的最佳组合变化情况。该模型包含四个主要组件：能源模型、气候模型、经济学模型和优化引擎，所有动态不确定性因素参数都是用户定义的，模型中所有时间步长都为年度增量。优化引擎选择满足用户设定总能量需求的能源选项组合。如果需要满足指定的排放量等强制约束条件，优化引擎还会添加多种气候选项。

该模型能够在满足指定气候和能源约束的前提下，加入动态不确定性因素后选择能源和气候成本最低的组合。能源和气候系统的这种结合非常类似于最优控制理论所使用的策略。模型提供多个输出：一组优化的能源和气候量、相应的总成本、总年度或累计排放量、等效的 CO_2 浓度、全球平均温度变化的模拟。使用的优化引擎是 fmincon 约束的非线性优化子例程。模型中使用的目标函数是每个时间步中所有能源和气候方案的年度成本之和，每个时间步都是独立优化的。其他主要约束条件是包括温度升高、温室气体排放或浓度限制等在内的气候限制以及能源需求约束。

所研究的问题实现气候与能源的协同治理是应对气候变化与推动能源可持续发展的根本出路。当前面临的能源与气候困局，共同的根源是以化石能源为主的能源生产消费体系。必须抓住能源清洁低碳发展这个关键，推动气候与能源协同治理。以能源转型的科学规划，为全球碳减排提供切实可行的路径和方案；以碳减排目标的合理设定，为全球能源转型提供目标和准则；推动应对气候变化和能源可持续发展目标的共同实现，关键是实施"两个替代"：一是能源生产侧实施清洁替代，以太阳能、风能等清洁能源替代化石能源；二是能源消费侧实施电能替代，以电代煤、以电代油、以电代气，构建以清洁主导、电力为中心的现代化能源体系，彻底摆脱对化石能源的路径依赖。

（2）可再生能源政策下电力市场与碳市场的耦合效应研究。

针对可再生能源政策下电—碳市场的耦合效应问题，设置情景分析模式：

情景 1 与情景 2。情景 1 是不考虑可再生能源政策时，电—碳市场的耦合效应：一方面，碳市场价格机制形成的碳成本通过电力市场的传导影响电价联动，倒逼发电企业进行能源转型，促进电力市场改革；另一方面，电力市场发电企业为谋求额外利润参与碳市场，增强碳市场活跃性。情景 2 是在考虑可再生能源政策时，电—碳市场的耦合效应：一方面，可再生能源政策下碳市场对电力市场的碳成本传导机制是否受到影响；另一方面，可再生能源政策是否影响碳市场价格与电力市场上网电价。

为考察情景 2 中政府最新颁布可再生能源政策影响下电—碳市场耦合效应，将引入系统动力学方法，在分析系统内部各部门因果关系的基础上，通过构建可再生能源政策下电力市场与碳市场之间的系统动力学模型，控制因素变化时系统的行为和发展，展现系统的动态趋势。系统动力学是一种分析和研究信息反馈系统的学科，根据实际观测到的信息系统，寻求机会和途径来改善系统性能，并通过计算机实验对系统未来行为进行预测，主要用于分析系统中存在的大型复杂问题。该模型的最大优点是能够处理高阶、非线性和多反馈的复杂时变系统问题，定量分析各种复杂系统的结构和功能，并对系统的各个功能进行定量分析。构建系统动力学模型需要首先设定系统界限，明确系统因素之间的相互关系，形成系统内各因子的因果环路图。

模型对系统内部因素可再生能源政策、碳市场与电力市场因果关系表述为：可再生能源配额比例直接影响购电方绿证需求量，可再生能源企业绿证供给量与其发电量成正比，供需关系影响绿证市场价格，绿证价格的增加会使可再生能源投资收益空间加大进而促进其装机容量的增加。在碳市场中，碳配额的需求量受碳价和火电发电量的直接影响。碳配额的供给量受政府设定的碳减排目标制约。碳价受碳排放供给和需求的共同影响，碳价越高，通过碳成本传导机制导致电力企业的利润空间越少。在电力市场中，可再生能源发电投资导致电源结构重组，一方面能够缓解碳市场的减排压力；另一方面可能会抑制碳市场的活跃度。碳市场的配额拍卖机制和能效管理投资能够增强可再生能源在电力市场中的竞争力，但碳市场可能会迫使企业增大电力进口比例，存在碳泄漏危险。因此，基于以上关系，可以构建系统动力学模型考察可再生能源政策对电—碳市场耦合效应的影响，并验证系统内部多个市场的共同运行是否存在不兼容问题。

提出的电—碳市场耦合优化方案是以市场为手段且建设条件具备。市场是气候与能源资源配置的最高效手段，越来越多的国家正在积极发展电力市场与碳市场。电力市场由交易中心组织发电企业、用电企业等交易主体开展电能交易，平衡电能供需；并与电网企业开展输电权交易、辅助服务交易，实现电能配置和电力系统稳定运行；由金融机构提供衍生品交易，增强市场活力；总体实现电能的安全经济高效配置目标。碳市场由政府确定碳排放权额度，并以拍卖或免费配发的方式分配给排放企业，企业根据自身排放需求在交易中心买卖碳排放权，由监管机构核查企业排放情况，从而实现碳减排目标。

（3）电—碳市场耦合优化政策设计及评估研究。

针对现有研究较少关注电—碳市场耦合优化相关政策设计的不足，深入分析电—碳市场耦合优化设计理论必要性与实践可行性，在此基础上有针对性地提出国家电—碳市场耦合优化总体方案与具体政策，并对相关政策影响进行评估。所提研究方案是基于电—碳市场耦合效应，而这一规律已得到广泛认可，即电—碳市场的联系日趋紧密。全球电力市场和碳市场在业务深度和广度、核心产品属性、政策、技术、共识等方面呈现出相互交叉、相互影响、相辅相成的发展态势：一是市场领域及参与主体高度重合，电力行业是碳市场重点管控对象和参与主体；二是覆盖范围高度趋同，电力市场化改革与碳市场覆盖的国家范围高度一致；三是价格走势高度相关，电力价格与碳价在市场中变化趋势呈现强相关性。基于以上分析，电—碳市场融合成为大势所趋。

电—碳市场将电能和碳排放权相结合形成电—碳产品，产品价格由电能价格与电能生产产生的碳排放价格共同构成，并将原有电力市场和碳市场的管理机构、参与主体、交易产品、市场机制等要素进行深度融合，形成多层级交易市场。电—碳市场耦合优化方案如图8.3所示。在发电侧，政府根据应对气候变化的总体目标制订碳排放额度，但不分配给具体企业。根据企业排放需求、清洁替代需求等因素，动态形成碳价。发电企业出售电—碳产品时，同时完成电能交易和碳排放权交易，通过碳价的动态调整提升清洁能源的市场竞争力，促进清洁替代。在用能侧，建立电力与工业、建筑、交通等领域用能行业的关联机制，根据电能替代需求等因素，动态形成碳价。用能企业能源采购时自动承担碳排放成本，形成清洁电能对化石能源的价格优势；同时，通过用能补贴等措施引导终端用户积极改善用能偏好，激励用能侧电能替代和电气化发展。在输配侧，电网企业在全球范围推动跨国跨洲电网互联互通，以此作为电—碳产品输配流通的物理依托。各国政府协商制订共同减排的合作机制，以跨国电碳贸易促进优质、低价清洁能源大规模开发、大范围配置和高比例使用。

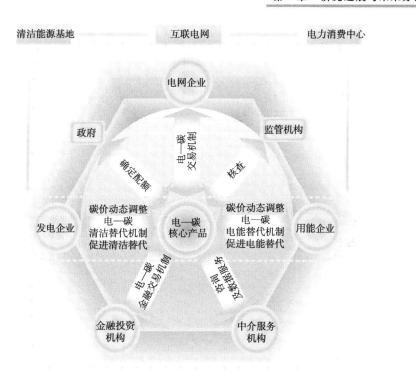

清洁能源基地　　　　　　互联电网　　　　　　电力消费中心

图 8.3　电—碳市场耦合优化政策设计

对电—碳市场政策的影响将在经济效益、清洁转型、能源供给、能源产业发展、气候环境治理、国际合作等方面进行评估，如图 8.4 所示：经济效益包括经济全球化、经济发展效益、金融投资机遇；清洁转型包括清洁替代、电能替代；能源产业发展包括绿色金融、绿色创新、低碳产业；能源供给包括保障能源安全、降低风险、提高能源供给效率；气候环境治理包括实现温控目标、生态可持续性；国际合作包括区域均衡、跨国多边合作、产业金融合作。

8.2.5　预计创新之处

针对国家能源—气候协同治理重大战略需求，以能源系统与气候系统核心部门电力市场与碳市场的耦合关系为基础，提出构建电—碳市场以推动电力行业低碳发展的设计方案。特色与创新之处在于：

（1）紧密结合中国可持续发展战略需求，针对国家能源发展与应对气候变化的重大战略部署，分析动态不确定性因素影响下能源与气候协同治理机制

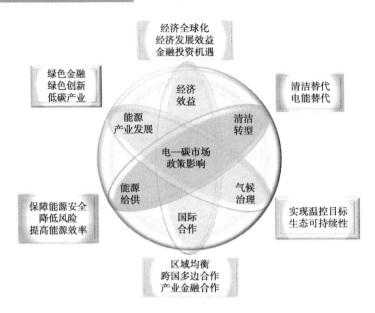

图 8.4　电—碳市场耦合优化政策评估

的科学性与合理性。鉴于现有文献未充分考虑某些动态不确定性因素对能源—气候协同治理的影响,通过构建动态不确定性因素影响下能源—气候系统优化模型,寻求能源成本和气候变化影响最小化的有机结合。

　　研究特色在于将能源与气候问题纳入一个宏观综合系统来研究,采用系统工程理论中的优化模型与方法,将可持续发展、气候变化以及能源转型结合起来,以市场机制解决这一跨领域综合问题。落脚点在于以能源转型的科学规划推动应对气候变化和能源可持续发展目标的共同实现,解决当前国家面临的能源与气候困局。

　　(2)密切关注国家最新出台的可再生能源政策和新一轮电力市场改革措施,针对现有研究没有考虑可再生能源政策对电—碳市场耦合效应影响的缺陷,采用情景模拟分析法与系统动力学模型考察可再生能源政策下电—碳市场耦合效应,为协调电—碳市场融合发展的适应性战略提供前瞻性分析。

　　研究特色在于充分考虑国家颁布的能源与气候治理框架下多项政府政策之间的协调性与兼容性问题,分析可再生能源政策与减排政策共存时电力市场与碳市场之间的相互作用,为政策制定者解决多重政策工具协调互补的问题提供决策支持。

（3）切实推进国家电—碳市场深度耦合优化，挖掘两个市场单独运行过程中产生的减排机制不融合等问题，提出政策设计方案并进行评估。将割裂开来的气候与能源治理机制进行高度融合，实现目标、路径、资源的高效协同，提出构建电—碳市场的总体方案与政策设计，并科学量化电—碳市场可能创造的多元化效益，有效评估电—碳市场耦合优化带来的政策影响。

研究特色在于打破微观系统之间的孤立性，将能源系统与气候治理核心部门电力市场与碳市场有机结合，为国家能源—气候协同治理战略找到突破口。通过跨系统综合治理解决多部门多重政策之间不协调、不兼容问题，为实现能源可持续发展与应对气候变化战略提供可复制、可核查、可统计的系统性解决方案。

参 考 文 献

[1] 柏满迎，孙禄杰. 三种 Copula – VaR 计算方法与传统 VaR 方法的比较 [J]. 数量经济技术经济研究，2007（2）：154 – 160.

[2] 曹静，贾娜，李根，等. 3E 系统视角下能源结构合理度评价研究 [J]. 系统工程学报，2018，33（5）：698 – 709.

[3] 常凯. 便利收益下碳排放动态套期保值效果 [J]. 技术经济与管理研究，2013（10）：71 – 75.

[4] 杜莉，王利，张云. 碳金融交易风险：度量与防控 [J]. 经济管理，2014（4）：106 – 116.

[5] 段茂盛，吴力波. 中国碳市场发展报告——从试点走向全国 [M]. 北京：人民出版社，2018.

[6] 冯路，何梦舒. 碳排放权期货定价模型的构建与比较 [J]. 经济问题，2014（5）：21 – 25.

[7] 冯升波，黄建，周伏，等. 碳市场对可再生能源发电行业的影响 [J]. 宏观经济管理，2019（11）：55 – 62.

[8] 高杨，李健. 基于 EMD – PSO – SVM 误差校正模型的国际碳金融市场价格预测 [J]. 中国人口·资源与环境，2014，24（6）：163 – 170.

[9] 郭文军. 中国区域碳排放权价格影响因素的研究——基于自适应 Lasso 方法 [J]. 中国人口·资源与环境，2015，25（S1）：305 – 310.

[10] 何建坤. 全球气候治理新形势及我国对策 [J]. 环境经济研究，2019（3）：1 – 9.

[11] 贺晓波，张静，曾诗鸿. 基于下偏矩风险欧盟碳期货动态套期保值研究 [J]. 经济问题，2015（11）：79 – 82.

[12] 胡根华，吴恒煜. 资产价格的时变跳跃：碳排放权交易市场的证据

[J]. 中国人口·资源与环境, 2015, 25 (11): 12 - 18.

[13] 黄金波, 李仲飞, 丁杰. 基于非参数核估计方法的均值 - VaR 模型 [J]. 中国管理科学, 2017, 25 (5): 1 - 10.

[14] 黄金波, 李仲飞, 姚海祥. 基于 CVaR 核估计量的风险管理 [J]. 管理科学学报, 2014, 17 (3): 49 - 59.

[15] 江红莉, 何建敏, 姚洪兴. 国际碳期货 CER 和 EUA 尾部动态相关性及碳减排政策对其影响研究 [J]. 金融理论与实践, 2015 (6): 92 - 96.

[16] 蒋锋, 彭紫君. 基于混沌 PSO 优化 BP 神经网络的碳价预测 [J]. 统计与信息论坛, 2018, 33 (5): 93 - 98.

[17] 蒋晶晶, 叶斌, 马晓明. 基于 GARCH - EVT - VaR 模型的碳市场风险计量实证研究 [J]. 北京大学学报 (自然科学版), 2015, 51 (3): 511 - 517.

[18] 康朝锋, 邱文华. 宏观经济指标与上证综指长短期走势的预测 [J]. 厦门大学学报 (哲学社会科学版), 2003 (6): 102 - 107.

[19] 李建平, 丰吉闯, 宋浩, 等. 风险相关性下的信用风险、市场风险和操作风险集成度量 [J]. 中国管理科学, 2010, 18 (1): 18 - 25.

[20] 李颖, 徐小峰, 郑越. 环境规制强度对中国工业全要素能源效率的影响——基于 2003~2016 年 30 省域面板数据的实证研究 [J]. 管理评论, 2019, 31 (12): 40 - 48.

[21] 厉以宁, 朱善利, 罗来军, 等. 低碳发展作为宏观经济目标的理论探讨——基于中国情形 [J]. 管理世界, 2017 (6): 1 - 8.

[22] 廖诺, 赵亚莉, 贺勇, 等. 碳交易政策对电煤供应链利润及碳排放量影响的仿真分析 [J]. 中国管理科学, 2018, 26 (8): 154 - 163.

[23] 刘纪显, 张宗益, 张印. 碳期货与能源股价的关系及对我国的政策启示——以欧盟为例 [J]. 经济学家, 2013 (4): 43 - 55.

[24] 刘维泉, 郭兆晖. EU ETS 碳排放期货市场风险度量——基于 SV 模型的实证分析 [J]. 系统工程, 2011, 29 (10): 14 - 23.

[25] 刘维泉, 许余洁. EU ETS 碳排放权交易的动态套期保值研究 [J]. 工业技术经济, 2013 (9): 115 - 124.

[26] 刘维泉, 张杰平. EUETS 碳排放期货价格的均值回归——基于 CKLS 模型的实证研究 [J]. 系统工程, 2012, 30 (2): 45 - 52.

[27] 刘维泉. 国际碳排放期权套期保值分析: 以 EU ETS 为例 [J]. 软

科学，2013，27（4）：38-44.

[28] 吕勇斌，邵律博. 我国碳排放权价格波动特征研究——基于GARCH 族模型的分析 [J]. 价格理论与实践，2015（12）：62-64.

[29] 马喜立，魏巍贤. 国际油价波动对中国大气环境的影响研究 [J]. 中国人口·资源与环境，2016（26）：61-64.

[30] 任仙玲，张世英. 基于非参数核密度估计的 Copula 函数选择原理 [J]. 系统工程学报，2010，25（1）：38-44.

[31] 任仙玲，张世英. 基于核估计及多元阿基米德 Copula 的投资组合风险分析 [J]. 管理科学，2007，20（5）：92-96.

[32] 石雪涛，朱帮助. 基于相空间重构和最小二乘支持向量回归模型参数同步优化的碳市场价格预测 [J]. 系统科学与数学，2017，37（2）：562-572.

[33] 石莹，朱永彬，王铮. 成本最优与减排约束下中国能源结构演化路径 [J]. 管理科学学报，2015，18（10）：26-37.

[34] 谭忠富，邢通，德格吉日夫，等. 基于 CVaR 的能源互补联合系统优化配置模型研究 [J]. 系统工程理论与实践，2020，40（1）：170-181.

[35] 唐葆君，申程. 碳市场风险及预期收益——欧盟排放贸易体系与清洁发展机制的比较分析 [J]. 北京理工大学学报（社会科学版），2013，15（1）：12-18.

[36] 汤铃，余乐安，李建平，等. 复杂时间序列预测技术研究：数据特征驱动分解集成方法论 [M]. 北京：科学出版社，2016.

[37] 汪文隽，汤丽娟，陈玲玲. 欧盟和湖北碳市场量价关系的多重分形特征对比研究 [J]. 云南师范大学学报（哲学社会科学版），2017，49（1）：107-114.

[38] 王斌，傅强. 电网拓扑结构引致二氧化碳减排的空间溢出机制 [J]. 中国人口·资源与环境，2018，28（2）：77-85.

[39] 王娜. 基于大数据的碳价预测 [J]. 统计研究，2016，33（11）：56-62.

[40] 王素凤，杨善林，彭张林. 面向多重不确定性的发电商碳减排投资研究 [J]. 管理科学学报，2016，19（2）：31-41.

[41] 王扬雷，杜莉. 我国碳金融交易市场的有效性研究——基于北京碳交易市场的分形理论分析 [J]. 管理世界，2015（12）：174-175.

[42] 王玉，邬志坚. 欧盟碳排放权交易市场的价格发现和波动溢出研究 [J]. 中国人口·资源与环境，2012，22（5）：244 - 249.

[43] 吴传清，董旭. 环境约束下长江经济带全要素能源效率研究 [J]. 中国软科学，2016（3）：73 - 83.

[44] 吴恒煜，胡根华. 国际碳排放权市场动态相依性分析及风险测度：基于 Copula - GARCH 模型 [J]. 数理统计与管理，2014，33（5）：892 - 909.

[45] 徐静，储盼，任庆忠. 碳排放权期权定价及实证研究 [J]. 统计与决策，2015（6）：162 - 265.

[46] 严太华，韩超. 基于极值统计和高维动态 C 藤 Copula 的股市行业集成风险计算 [J]. 数理统计与管理，2016，35（6）：1098 - 1108.

[47] 杨超，李国良，门明. 国际碳交易市场的风险度量及对我国的启示——基于状态转移与极值理论的 VaR 比较研究 [J]. 数量经济技术经济研究，2011，28（4）：94 - 109.

[48] 杨星，梁敬丽，蒋金良，等. 多标度分形特征下碳排放权价格预测算法 [J]. 控制理论与应用，2018，35（2）：224 - 231.

[49] 杨星，梁敬丽. 国际碳排放权市场分形与混沌行为特征分析与检验——以欧盟碳排放权交易体系为例 [J]. 系统工程理论与实践. 2017，37（6）：1420 - 1431.

[50] 张晨，范芳芳，杨仙子，等. 国际碳市场价量关系的多重分形特征研究 [J]. 合肥工业大学学报（自然科学版），2019，42（9）：1284 - 1291.

[51] 张晨，彭婷，刘宇佳. 基于 GARCH——分形布朗运动模型的碳期权定价研究 [J]. 合肥工业大学学报（自然科学版），2015，38（11）：1553 - 1558.

[52] 张晨，杨仙子. 基于多频组合模型的中国区域碳市场价格预测 [J]. 系统工程理论与实践，2016，36（12）：3017 - 3025.

[53] 张晨，杨仙子. 基于改进的 Grey - Markov 对区域碳排放市场价格的预测 [J]. 统计与决策，2016（9）：92 - 95.

[54] 张晨，杨玉，张涛. 基于 Copula 模型的商业银行碳金融市场风险整合度量 [J]. 中国管理科学，2015，23（4）：61 - 69.

[55] 张浩，刘元根，朱佩枫. 欧盟碳排放权交易市场价格发现的实证研究 [J]. 工业技术经济，2013（6）：126 - 132.

[56] 张冀，谢远涛，杨娟. 风险依赖、一致性风险度量与投资组合——

基于 Mean – Copula – CVaR 的投资组合研究 [J]. 金融研究, 2016 (10): 159 – 173.

[57] 张金清, 李徐. 资产组合的集成风险度量及其应用——基于最优拟合 Copula 函数的 VaR 方法 [J]. 系统工程理论与实践, 2008 (6): 14 – 21.

[58] 张林, 李荣钧, 刘小龙. 基于小波领袖多重分形分析法的股市有效性及风险检测 [J]. 中国管理科学, 2014, 22 (6): 17 – 26.

[59] 张小丽, 刘俊伶, 王克, 等. 中国电力部门中长期低碳发展路径研究 [J]. 中国人口·资源与环境, 2018, 28 (4): 68 – 77.

[60] 张跃军, 魏一鸣. 国际碳期货价格的均值回归: 基于 EU ETS 的实证分析 [J]. 系统工程理论与实践, 2011, 31 (2): 214 – 220.

[61] 张跃军, 姚婷, 林岳鹏. 中国碳配额交易市场效率测算研究 [J]. 南京航空航天大学学报 (社会科学版), 2016, 18 (2): 1 – 9.

[62] 赵立祥, 胡灿. 我国碳排放权交易价格影响因素研究——基于结构方程模型的实证分析 [J]. 价格理论与实践, 2016 (7): 101 – 104.

[63] 赵领娣, 王海霞. 碳交易价格预测研究——以深圳市为例 [J]. 价格理论与实践, 2019 (2): 76 – 79.

[64] 赵鲁涛, 李婷, 张跃军, 等. 基于 Copula – VaR 的能源投资组合价格风险度量研究 [J]. 系统工程理论与实践, 2015, 35 (3): 771 – 779.

[65] 赵长红, 张明明, 吴建军, 等. 碳市场和电力市场耦合研究 [J]. 中国环境管理, 2019, 11 (4): 105 – 112.

[66] 朱帮助, 江民星, 袁胜军, 等. 配额初始分配对跨期碳市场效率的影响研究 [J]. 系统工程理论与实践, 2017, 37 (11): 2802 – 2811.

[67] 朱帮助, 魏一鸣. 基于 GMDH – PSO – LSSVM 的国际碳市场价格预测 [J]. 系统工程理论与实践, 2011, 31 (12): 2264 – 2271.

[68] 朱帮助. 国际碳市场价格驱动力研究——以欧盟排放交易体系为例 [J]. 北京理工大学学报 (社会科学版), 2014, 16 (3): 22 – 29.

[69] 朱跃钊, 陈红喜, 赵智敏. 基于 B – S 定价模型的碳排放权交易定价研究 [J]. 科技进步与对策, 2013, 30 (5): 27 – 30.

[70] Aatola P, Ollikainen M, Toppinen A. Price determination in the EU ETS market: Theory and econometric analysis with market fundamentals [J]. Energy Economics, 2013 (36): 380 – 395.

[71] Abadie L M, Goicoechea N, Galarraga I. Carbon risk and optimal retrofitting in cement plants: An application of stochastic modelling, MonteCarlo simulation and Real Options Analysis [J]. Journal of Cleaner Production, 2017 (142): 3117 – 3130.

[72] Acworth W, de Oca M M, Boute A, et al. Emissions trading in regulated electricity markets [J]. Climate Policy, 2020, 20 (1): 60 – 70.

[73] Ahman M, Nilsson L J, Johansson B. Global climate policy and deep decarbonization of energy – intensive industries [J]. Climate Policy, 2017, 17 (5): 634 – 649.

[74] Alberola E, Chevallier J. European carbon prices and banking restrictions: evidence from phase I (2005 ~ 2007) [J]. The Energy Journal, 2009, 30 (3): 51 – 80.

[75] Alexander C, Prokopczuk M, Sumawong A. The (de) merits of minimum – variance hedging, application to the crack spread [J]. Energy Economics, 2013 (36): 698 – 707.

[76] Alexander G J, Baptista A M. A comparison of VaR and CVaR constraints on portfolio selection with the mean – variance model [J]. Management Science, 2004 (50): 1261 – 1273.

[77] Alizadeh A H, Huang C Y, Dellen S V. A regime switching approach for hedging tanker shipping freight rates [J]. Energy Economics, 2015 (49): 44 – 59.

[78] Aloui C, Mabrouk S. Value – at – risk estimations of energy commodities via long – memory, asymmetry and fat – tailed GARCH models [J]. Energy Policy, 2010 (38): 2326 – 2339.

[79] Armour K C. Energy budget constraints on climate sensitivity in light of inconstant climate feedbacks [J]. Nature Climate Change, 2017, 7 (5): 331 – 335.

[80] Arouri M E H, Jawadi F, Nguyen D K. Nonlinearities in carbon spot – futures price relationships during phase II of the EU ETS [J]. Economic Modelling, 2012, 29 (3): 884 – 892.

[81] Artzner P, Delbaen F, Eber J M, Heath D. Coherent measures of risk [J]. Mathematical Finance, 1999 (9): 203 – 28.

［82］ Atsalakis G S. Using computational intelligence to forecast carbon prices ［J］. Applied Soft Computing, 2016 (43): 107 – 116.

［83］ Awudu I, Wilson W, Dahl B. Hedging strategy for ethanol processing with copula distributions ［J］. Energy Economics, 2016 (57): 59 – 65.

［84］ Azomahou T, Laisney F, Van P N. Economic development and CO_2 emissions: A nonparametric panel approach ［J］. Journal of Public Economics, 2006, 90 (6): 1347 – 1363.

［85］ Balcılar M, Demirer R, Hammoudeh S, Nguyen D K. Risk spillovers across the energy and carbon markets and hedging strategies for carbon Risk ［J］. Energy Economics, 2016 (54): 159 – 172.

［86］ Bandyopadhyay S, Saha S, Pedrycz W. Use of a fuzzy granulation – degranulation criterion for assessing cluster validity ［J］. Fuzzy Sets and Systems, 2011, 170 (1): 22 – 42.

［87］ Banihashemi S, Navidi S. Portfolio performance evaluation in Mean – CVaR framework: A comparison with non – parametric methods value at risk in Mean – VaR analysis ［J］. Operations Research Perspectives, 2017 (4): 21 – 28.

［88］ Barradale M J. Investment under uncertain climate policy: A practitioners' perspective on carbon risk ［J］. Energy Policy, 2014 (69): 520 – 535.

［89］ Basher S A, Sadorsky P. Hedging emerging market stock prices with oil, gold, vix, and bonds: a comparison between dcc, adcc and go – garch ［J］. Energy Economics, 2016 (54): 235 – 247.

［90］ Bastien – Olvera B A. Business – as – usual redefined: Energy systems under climate – damaged economies warrant review of nationally determined contributions ［J］. Energy, 2019 (170): 862 – 868.

［91］ Bate J M, Granger C W J. The combination of forecasts ［J］. Operational Research Quarterly. 1969, 20 (4): 451 – 468.

［92］ Belfiori M E. Climate change and intergenerational equity: Revisiting the uniform taxation principle on carbon energy inputs ［J］. Energy Policy, 2018 (121): 292 – 299.

［93］ Benz E, Truck S. Modeling the price dynamics of CO_2 emission allowances ［J］. Energy Economics, 2009, 31 (1): 4 – 15.

［94］Beylot A, Guyonnet D, Muller S, et al. Mineral raw material requirements and associated climate – change impacts of the French energy transition by 2050 ［J］. Journal of cleaner production, 2019 (208): 1198 – 1205.

［95］Billio M, Casarin R, Osuntuyi A. Markov switching garch models for bayesian hedging on energy futures markets ［J］. Energy Economics, 2018 (70): 545 – 562.

［96］Blyth W, Bunn D. Coevolution of policy, market and technical price risks in the EU ETS ［J］. Energy Policy, 2011, 39 (8): 4578 – 4593.

［97］Boroumand R H, Goutte S, Porcher S, Porcher T. Hedging strategies in energy markets: the case of electricity retailers ［J］. Energy Economics, 2015 (51): 503 – 509.

［98］Bredin D, Muckley C. An emerging equilibrium in the EU emissions trading scheme ［J］. Energy Economics, 2011, 33 (2): 353 – 362.

［99］Brown K E, Henze D K, Milford J B. How accounting for climate and health impacts of emissions could change the US energy system ［J］. Energy Policy, 2017 (102): 396 – 405.

［100］Byun S J, Cho H. Forecasting carbon futures volatility using GARCH models with energy volatilities ［J］. Energy Economics. 2013 (40): 207 – 221.

［101］Cai Z, Wang X. Nonparametric estimation of conditional VaR and expected shortfall ［J］. Journal of Econometrics, 2008 (147): 120 – 130.

［102］Cai Z, Chen L, Fang Y. A semiparametric quantile panel data model with an application to estimating the growth effect of FDI ［J］. Journal of Econometrics, 2018, 206 (2): 531 – 553.

［103］Cai Z, Xiao Z. Semiparametric quantile regression estimation in dynamic models with partially varying coefficients ［J］. Journal of Econometrics, 2012, 167 (2): 413 – 425.

［104］Canakoglu E, Adiyeke E, Agrali S. Modeling of carbon credit prices using regime switching approach ［J］. Journal of Renewable and Sustainable Energy. 2018 (10): 035901.

［105］Cao G, Xu W. Multifractal features of EUA and CER futures markets by using multifractal detrended fluctuation analysis based on empirical model decom position [J]. Chaos, Solitons and Fractals, 2016 (83): 212 –222.

[106] Cao G, Xu W. Nonlinear structure analysis of carbon and energy markets with MFDCCA based on maximum overlap wavelet transform [J]. Physica A: Statistical Mechanics and its Applications, 2016 (444): 505 –523.

[107] Cao Z, Harris R D F, Shen J. Hedging and value at risk: A semi –parametric approach [J]. Journal of Futures Markets, 2013 (30): 780 –794.

[108] Chai S, Zhou P. The Minimum – CVaR strategy with semi – parametric estimation in carbon market hedging problems [J]. Energy Economics, 2018 (76): 64 –75.

[109] Chang C L, Mcaleer M, Tansuchat R. Crude oil hedging strategies using dynamic multivariate garch [J]. Energy Economics, 2011 (33): 912 – 923.

[110] Chang C Y, Lai J Y, Chuang I Y. Futures hedging effectiveness under the segmentation of bear/bull energy markets [J]. Energy Economics, 2010 (32): 442 –449.

[111] Chang K, Ge F, Zhang C, et al. The dynamic linkage effect between energy and emissions allowances price for regional emissions trading scheme pilots in China [J]. Renewable and Sustainable Energy Reviews, 2018 (98): 415 –425.

[112] Chang K, Pei P, Zhang C, et al. Exploring the price dynamics of CO_2 emissions allowances in China's emissions trading scheme pilots [J]. Energy Economics. 2017 (67): 213 –223.

[113] Chang K, Wang S, Peng K. Mean reversion of stochastic convenience yields for CO_2 emissions allowances: Empirical evidence from the EU ETS [J]. The Spanish Review of Financial Economics. 2013, 11 (1): 39 –45.

[114] Chang K, Wang S. Constant vs. time – varying hedging effectiveness comparison for CO_2 emissions allowances: the empirical evidence from the EU ETS [J]. WSEAS Transactions on Business & Economics, 2013, 10 (3): 158 –169.

[115] Chang K, Chen R, Chevallier, J. Market fragmentation, liquidity measures and improvement perspectives from China's emissions trading scheme pilots [J]. Energy Economics, 2018 (75): 249 –260.

[116] Chang, K, Ge, F, Zhang, C, et al. The dynamic linkage effect be-

tween energy and emissions allowances price for regional emissions trading scheme pilots in China [J]. Renewable and Sustainable Energy Reviews, 2018a (98): 415 – 425.

[117] Chang K, Lu S, Song, X. The impacts of liquidity dynamics on emissions allowances price: Different evidence from China's emissions trading pilots [J]. Journal of Cleaner Production, 2018b (183): 786 – 796.

[118] Chen M Y, Chen B T. A hybrid fuzzy time series model based on granular computing for stock price forecasting [J]. Information Sciences, 2015 (294): 227 – 241.

[119] Cheng Y, Zhang N, Kirschen D S, et al. Planning multiple energy systems for low – carbon districts with high penetration of renewable energy: An empirical study in China [J]. Applied Energy, 2020 (261): 114390.

[120] Chevallier J, Nguyen D K, Reboredo J C. A conditional dependence approach to CO_2 – energy price relationships. Energy Economics, 2019 (81): 812 – 821.

[121] Chevallier J, Sévi B. On the stochastic properties of carbon futures prices [J]. Environmental and Resource Economics, 2014, 58 (1): 127 – 153.

[122] Chevallier J. Carbon futures and macroeconomic risk factors: a view from the EU ETS [J]. Energy Economics, 2009, 31 (4): 614 – 625.

[123] Chevallier J. Macroeconomics, finance, commodities: interactions with carbon markets in a data – rich model [J]. Economic Modelling. 2011, 28 (1 – 2): 557 – 567.

[124] Chevallier J. Modelling risk premia in CO_2 allowances spot and futures prices [J]. Economic Modelling, 2010 (27): 717 – 729.

[125] Chevallier J. Nonparametric modeling of carbon prices [J]. Energy Economics. 2011, 33 (6): 1267 – 1282.

[126] Chevallier J. Variance risk – premia in CO_2 markets [J]. Economic Modelling, 2013, 31 (1): 598 – 605.

[127] Chevallier, J. Evaluating the carbon – macroeconomy relationship: Evidence from threshold vector error – correction and Markov – switching VAR models [J]. Economic Modelling, 2011, 28 (6): 2634 – 2656.

[128] Chevallier, J. Detecting instability in the volatility of carbon prices [J]. Energy Economics, 2011a, 33 (1): 99 – 110.

[129] Christiansen A C, Arvanitakis A, Tangen K, et al. Price determinants in the EU emissions trading scheme [J]. Climate Policy, 2005, 5 (1): 15 – 30.

[130] Chuang C C, Kuan C M, Lin H Y. Causality in quantiles and dynamic stock return – volume relations. Journal of Cleaner Production, 2009, 33 (7): 1351 – 1360.

[131] Chung C, Jeong M, Young J. The Price Determinants of the EU Allowance in the EU Emissions Trading Scheme [J]. Sustainability, 2018, 10 (11): 4009.

[132] Cong R, Lo A Y. Emission trading and carbon market performance in Shenzhen, China [J]. Applied Energy, 2017 (193): 414 – 425.

[133] Cortes C, Vapnik V N. Support vector networks [J]. Machine Learning, 1995, 20 (3): 273 – 297.

[134] Cotter J, Hanly J. A utility – based approach to energy hedging [J]. Energy Economics, 2012 (34): 817 – 827.

[135] Coulon M, Powell W B, Sircar R. A model for hedging load and price risk in the texas electricity market [J]. Energy Economics, 2013 (40): 976 – 988.

[136] Creti, A, Jouvet, P. A, Mignon, V. Carbon price drivers: Phase I versus Phase II equilibrium [J]? Energy Economics, 2012, 34 (1): 327 – 334.

[137] Dagoumas A S, Polemis M L. Carbon pass – through in the electricity sector: An econometric analysis [J]. Energy Economics, 2020 (86): 104621.

[138] Dai H, Xie Y, Liu J, et al. Aligning renewable energy targets with carbon emissions trading to achieve China's INDCs: A general equilibrium assessment [J]. Renewable and Sustainable Energy Reviews, 2018 (82): 4121 – 4131.

[139] Dai M, Hou J, Gao J, et al. Mixed multifractal analysis of China and US stock index series [J]. Chaos Solitons & Fractals, 2016 (87): 268 – 275.

[140] Daskalakis G, Psychoyios D, Markellos R N. Modeling CO_2 emission allowance prices and derivatives: Evidence from the European trading scheme [J]. Journal of Banking & Finance, 2009, 33 (7): 1230 – 1241.

[141] Dhamija A K, Yadav S S, Jain P K. Forecasting volatility of carbon under EU ETS: a multi – phase study [J]. Environmental Economics and Policy

Studies, 2017 (19): 299 – 335.

[142] Dragomiretskiy K, Zosso D. Variational mode decomposition [J]. IEEE Transactions On Signal Processing. 2014 (62): 531 – 544.

[143] Duan H, Mo J L, Fan Y, Wang S Y. Achieving China's energy and climate policy targets in 2030 under multiple uncertainties [J]. Energy Economics, 2018 (70): 45 – 60.

[144] Duan H, Wang S. Potential impacts of China's climate policies on energy security [J]. Environmental Impact Assessment Review, 2018 (71): 94 – 101.

[145] Duan M, Wu L, Qi S, et al. China carbon market development report from pilot to national. People's Publication House, 2018.

[146] Dudley, B. BP statistical review of world energy. In World Petroleum Congress: London, 2019.

[147] Ederington L H. The hedging performance of the new futures markets [J]. Journal of Finance, 1979 (34): 157 – 170.

[148] Fan J H, Akimov A, Roca E. Dynamic hedge ratio estimations in the European Union Emissions offset credit market [J]. Journal of Cleaner Production, 2013, 42 (1): 254 – 262.

[149] Fan X, Li S, Tian L. Chaotic characteristic identification for carbon price and an multi – layer perceptron network prediction model [J]. Expert Systems with Applications. 2015, 42 (8): 3945 – 3952.

[150] Fan X, Lv X, Yin J, et al. Multifractality and market efficiency of carbon emission trading market: Analysis using the multifractal detrended fluctuation technique [J]. Applied Energy, 2019 (251): 113333.

[151] Fan X, Li S, Tian L. Chaotic characteristic identification for carbon price and a multi – layer perceptron network prediction model [J]. Expert Systems with Applications, 2015 (42): 3945 – 3952.

[152] Fan X, Li X, Yin J. Dynamic relationship between carbon price and coal price: perspective based on Detrended Cross – Correlation Analysis [J]. Energy Procedia, 2019 (158): 3470 – 3475.

[153] Fan Y, Liu R. A direct approach to inference in nonparametric and semiparametric quantile models [J]. Journal of Econometrics, 2016, 191 (1):

196 – 216.

[154] Feng Z, Wei Y, Wang K. Estimating risk for the carbon market via extreme value theory: An empirical analysis of the EU ETS [J]. Applied Energy, 2012 (99): 97 – 108.

[155] Feng Z, Zou L, Wei Y. Carbon price volatility: Evidence from EU ETS [J]. Applied Energy. 2011, 88 (3): 590 – 598.

[156] French K R, Schwert G W, Stambaugh R F. Expected stock returns and volatility [J]. Journal of Financial Economics, 1987 (19): 3 – 29.

[157] Frezza M. A fractal – based approach for modeling stock price variations [J]. Chaos, 2018 (28): 0911029.

[158] García – Martos C, Rodríguez J, Sánchez M J. Modelling and forecasting fossil fuels, CO_2 and electricity prices and their volatilities [J]. Applied Energy, 2013 (101): 363 – 375.

[159] Ghoddusi H, Emamzadehfard S. Optimal hedging in the US natural gas market: the effect of maturity and cointegration [J]. Energy Economics, 2017 (63): 92 – 105.

[160] Ghorbel A, Trabelsi A. Energy portfolio risk management using time – varying extreme value copula methods [J]. Economic Modelling, 2014 (38): 470 – 485.

[161] Gil – Alana L A, Gupta R, Gracia F P D. Modeling persistence of carbon emission allowance prices [J]. Renewable and Sustainable Energy Reviews, 2016, 55 (3): 221 – 226.

[162] Gorenflo M. Futures price dynamics of CO_2 emission allowances [J]. Empirical Economics, 2013, 45 (3): 1025 – 1047.

[163] Hammoudeh S, Duc Khuong N, Sousa R M. What explain the short – term dynamics of the prices of CO_2 emissions? [J]. Energy Economics. 2014, 46: 122 – 135.

[164] Hammoudeh S, Lahiani A, Nguyen D K, et al. An empirical analysis of energy cost pass – through to CO_2 emission prices [J]. Energy Economics, 2015 (49): 149 – 156.

[165] Hammoudeh S, Nguyen D K, Sousa R M. Energy prices and CO_2, emission allowance prices: A quantile regression approach [J]. Energy Policy,

2014, 70 (7): 201 – 206.

[166] Han M, Ding L, Zhao X, et al. Forecasting carbon prices in the Shenzhen market, China: The role of mixed – frequency factors [J]. Energy, 2019 (171): 69 – 76.

[167] Han S K, Ahn J J, Oh K J, et al. A new methodology for carbon price forecasting in EU ETS [J]. Expert Systems, 2015, 32 (2): 228 – 243.

[168] Hao Y, Tian C, Wu C. Modelling of carbon price in two real carbon trading markets [J]. Journal of Cleaner Production, 2020 (244): 118556.

[169] He Y, Yan Y, Wang X, Wang C. Uncertainty forecasting for streamflow based on support vector regression method with fuzzy information granulation [J]. Energy Procedia, 2019 (158): 6189 – 6194.

[170] Hemmati R, Saboori H, Saboori S. Stochastic risk – averse coordinated scheduling of grid integrated energy storage units in transmission constrained wind – thermal systems within a conditional value – at – risk framework [J]. Energy, 2016 (113): 762 – 775.

[171] Hryniewicz O, Kaczmarek K. Bayesian analysis of time series using granular computing approach [J]. Applied Soft Computing Journal, 2016 (47): 644 – 652.

[172] Huang G, Zhu Q, Siew C. Extreme learning machine: Theory and applications [J]. Neurocomputing, 2006, 70 (1 – 3): 489 – 501.

[173] Huang N E, Shen Z, Long S R, et al. The empirical mode decomposition and the Hilbert spectrum for nonlinear and non – stationary time series analysis [J]. Proceedings Mathematical Physical & Engineering Sciences, 1998, 454 (1971): 903 – 995.

[174] Huang B, Zhuang Y L, Li H X. Information granulation and uncertainty measures in interval – valued intuitionistic fuzzy information systems [J]. European Journal of Operational Research, 2013, 231 (1), 162 – 170.

[175] Ibrahim B M, Kalaitzoglou I A. Why do carbon prices and price volatility change? [J]. Journal of Banking & Finance, 2016 (63): 76 – 94.

[176] Ji L, Zou Y, He K. Carbon futures price forecasting based with ARIMA – CNN – LSTM model [J]. Procedia Computer Science. 2019 (162): 33 –

38.

[177] Ji Q, Fan Y. A dynamic hedging approach for refineries in multiproduct oil markets [J]. Energy, 2011 (36): 881 – 887.

[178] Ji Q, Liu B, Fan Y. Risk dependence of CoVaR and structural change between oil prices and exchange rates: A time – varying copula model [J]. Energy Economics, 2019 (77): 80 – 92.

[179] Ji Q, Xia T S, Liu F, et al. The information spillover between carbon price and power sector returns: Evidence from the major European electricity companies [J]. Journal of Cleaner Production, 2019 (208): 1178 – 1187.

[180] Ji Q, Zhang D, Geng J. Information linkage, dynamic spillovers in prices and volatility between the carbon and energy markets [J]. Journal of Cleaner Production, 2018 (198): 972 – 978.

[181] Ji Q, Zhang D. China's crude oil futures: Introduction and some stylized facts [J]. Finance Research Letters, 2019 (28): 376 – 380.

[182] Jiang H, Zhang J, Sun C. How does capital buffer affect bank risk – taking? New evidence from China using quantile regression [J]. China Economic Review, 2020 (60): 101300.

[183] Jiang J, Ye B, Ma X. The construction of Shenzhen's carbon emission trading scheme [J]. Energy Policy, 2014 (75): 17 – 21.

[184] Jiang J, Xie D, Ye B, et al. Research on China's cap – and – trade carbon emission trading scheme: Overview and outlook [J]. Applied Energy, 2016 (178): 902 – 917.

[185] Jiao L, Liao Y, Zhou Q. Predicting carbon market risk using information from macroeconomic fundamentals [J]. Energy Economics, 2018 (73): 212 – 227.

[186] Jiménez – Rodríguez R. What happens to the relationship between EU allowances prices and stock market indices in Europe? [J]. Energy Economics, 2019 (81): 13 – 24.

[187] Kalantzis F G, Milonas N T. Analyzing the impact of futures trading on spot price volatility: Evidence from the spot electricity market in France and Germany [J]. Energy Economics, 2013 (36): 454 – 463.

[188] Kanamura T. Role of carbon swap trading and energy prices in price correlations and volatilities between carbon markets [J]. Energy Economics, 2016 (54): 204 – 212.

[189] Kantelhardt J W, Zschiegner S A, Koscielny – Bunde E, et al. Multifractal detrended fluctuation analysis of nonstationary time series [J]. Physica A – Statistical Mechanics and its Applications, 2002, 316 (2): 87 – 114.

[190] Karplus V J, Rausch S, Zhang D. Energy caps: Alternative climate policy instruments for China? [J]. Energy Economics, 2016 (56): 422 – 431.

[191] Kennedy J, Eberhart R. Particle swarm optimization [J]. Proceedings of the IEEE International Conference On Neural Networks. 1995 (4): 1942 – 1948.

[192] Keppler J H, Mansanet – Bataller M. Causalities between CO_2, electricity, and other energy variables during Phase I and Phase II of the EU ETS [J]. Energy Policy, 2010 (38): 3329 – 3341.

[193] Khanna N, Fridley D, Zhou N, et al. Energy and CO_2 implications of decarbonization strategies for China beyond efficiency: Modeling 2050 maximum renewable resources and accelerated electrification impacts [J]. Applied Energy, 2019 (242): 12 – 26.

[194] Kim J, Park Y J, Ryu D. Stochastic volatility of the futures prices of emission allowances: A Bayesian approach [J]. Physica A – Statistical Mechanics and its Applications. 2017 (465): 714 – 724.

[195] Kim H S, Koo W W. Factors affecting the carbon allowance market in the US [J]. Energy Policy, 2010, 38 (4): 1879 – 1884.

[196] Kober T, Falzon J, van der Zwaan B. A multi – model study of energy supply investments in Latin America under climate control policy [J]. Energy Economics, 2016 (56): 543 – 551.

[197] Koch N, Fuss S, Grosjean G, et al. Causes of the EU ETS price drop: Recession, CDM, renewable policies or a bit of everything? – New evidence [J]. Energy Policy, 2014, 73 (10): 676 – 685.

[198] Koenker R W, D'Orey V. Algorithm AS 229: Computing regression quantiles [J]. Journal of the Royal Statistical Society, 1987, 36 (3): 383 – 393.

[199] Koenker R. Additive models for quantile regression: Model selection

and confidence bandaids [J]. Brazilian Journal of Probability and Statistics, 2011, 25 (3): 239 – 262.

[200] Koenker R, Bassett J G. Regression quantiles. Econometrica [J]. 1978, 46 (1): 33 – 50.

[201] Koop G, Tole L. Modeling the relationship between European carbon permits and certified emission reductions [J]. Journal of Empirical Finance, 2013 (24): 166 – 181.

[202] Krogh A, Vedelsby J. Neural network ensembles, cross validation, and active learning [J]. Neural Computing & Applications. 1995 (25): 1198 – 1210.

[203] Kupiec P. Techniques for verifying the accuracy of risk management models [J]. Journal of Derivatives, 1995 (3): 73 – 84.

[204] Lahmiri S. Multifractal in volatility of family business stocks listed on casablanca stock exchange [J]. Fractals – Complex Geometry Patterns and Scaling in Nature and Society, 2017, 25 (2): 1750014.

[205] Le Quéré C, Korsbakken J I, Wilson C, et al. Drivers of declining CO_2 emissions in 18 developed economies [J]. Nature Climate Change, 2019, 9 (3): 213 – 217.

[206] Lecuyer O, Quirion P. Interaction between CO_2 emissions trading and renewable energy subsidies under uncertainty: feed – in tariffs as a safety net against over – allocation [J]. Climate Policy, 2019, 19 (8): 1002 – 1018.

[207] Lee B, Li M. Diversification and risk – adjusted performance: A quantile regression approach [J]. Journal of Banking & Finance, 2012, 36 (7): 2157 – 2173.

[208] Levin T, Kwon J, Botterud A. The long – term impacts of carbon and variable renewable energy policies on electricity markets [J]. Energy Policy, 2019 (131): 53 – 71.

[209] Li C, Chen S, Lin S. Pricing derivatives with modeling CO_2 emission allowance using a regime – switching jump diffusion model: with regime – switching risk premium [J]. European Journal of Finance, 2016, 22 (10): 887 – 908.

[210] Li H, Lei M. The influencing factors of China carbon price: a study based on carbon trading market in Hubei province [J]. In IOP Conference Series:

Earth and Environmental Science, 2018, 121 (5): 052073.

[211] Liang J Y, Wang J H, Qian Y H. A new measure of uncertainty based on knowledge granulation for rough sets [J]. Information Sciences, 2009, 179 (4): 458 – 470.

[212] Lin B, Chen Y. Dynamic linkages and spillover effects between CET market, coal market and stock market of new energy companies: A case of Beijing CET market in China [J]. Energy, 2019 (172): 1198 – 1210.

[213] Lin B, Jia Z. What will China's carbon emission trading market affect with only. electricity sector involvement? A CGE based study [J]. Energy Economics, 2019 (78): 301 – 311.

[214] Lin B, Li Z. Is more use of electricity leading to less carbon emission growth? An analysis with a panel threshold model [J]. Energy Policy, 2020 (137): 111121.

[215] Lin C F, Wang S D. Training algorithms for fuzzy support vector machines with noisy data [J]. Pattern Recognition Letters, 2004, 25 (14): 1647 – 1656.

[216] Liu B, Ji Q, Fan Y. Dynamic return – volatility dependence and risk measure of CoVaR in the oil market: A time – varying mixed copula model [J]. Energy Economics, 2017 (68): 53 – 65.

[217] Liu H, Shen L. Forecasting carbon price using empirical wavelet transform and gated recurrent unit neural network [J]. Carbon Management. 2020, 11 (1): 25 – 37.

[218] Liu J, Huang Y, Chang C. Leverage analysis of carbon market price fluctuation in China [J]. Journal of Cleaner Production, 2020 (245): 118557.

[219] Liu X, An H, Wang L, et al. An integrated approach to optimize moving average rules in the EUA futures market based on particle swarm optimization and genetic algorithms [J]. Applied Energy, 2017, 185 (1): 1778 – 1787.

[220] Liu X, Fan Y, Wang C. An estimation of the effect of carbon pricing for CO_2 mitigation in China's cement industry [J]. Applied Energy, 2017 (185): 671 – 686.

[221] Liu X, Jin Z. An analysis of the interactions between electricity, fossil

fuel and carbon market prices in Guangdong, China [J]. Energy for Sustainable Development, 2020 (55): 82 – 94.

[222] Liu Z, Geng Y, Dai H, et al. Regional impacts of launching national carbon emissions trading market: A case study of Shanghai [J]. Applied Energy, 2018 (230): 232 – 240.

[223] Lo A Y. Challenges to the development of carbon markets in China [J]. Climate Policy, 2016, 16 (1): 109 – 124.

[224] López S M, Nursimulu A. Drivers of electricity price dynamics: Comparative analysis of spot and futures markets [J]. Energy Policy, 2019 (126): 76 – 87.

[225] Lu H, Ma X, Huang K, et al. Carbon trading volume and price forecasting in China using multiple machine learning models [J]. Journal of Cleaner Production. 2020 (249): 119386.

[226] Lu Z G, Qi J T, Wen B, Li X P. A dynamic model for generation expansion planning based on Conditional Value – at – Risk theory under Low – Carbon Economy [J]. Electric Power Systems Research, 2016 (141): 363 – 371.

[227] Lu W, Chen X, Pedrycz W, Liu X, Yang J. Using interval information granules to improve forecasting in fuzzy time series [J]. International Journal of Approximate Reasoning, 2015 (57): 1 – 18.

[228] Lucia J J, Mansanet – Bataller M, Pardo A. Speculative and hedging activities in the European carbon market [J]. Energy Policy, 2015, 82 (1): 342 – 351.

[229] Lutz B J, Pigorsch U, Rotfuß W. Nonlinearity in cap – and – trade systems: The EUA price and its fundamentals [J]. Energy Economics, 2013 (40): 222 – 232.

[230] Lyu J, Cao M, Wu K, et al. Price volatility in the carbon market in China [J]. Journal of Cleaner Production. 2020 (255): 120171.

[231] Ma C, Wong W K. Stochastic dominance and risk measure: A decision – theoretic foundation for VaR and C – VaR [J]. European Journal of Operational Research, 2010 (207): 927 – 935.

[232] Manaf N A, Qadir A, Abbas A. Temporal multiscalar decision support framework for flexible operation of carbon capture plants targeting low – carbon management of power plant emissions [J]. Applied Energy, 2016 (169): 912 – 926.

[233] Mandlbrot B B. A multifractal walk down Wall Street [J]. Scientific American, 1999, 1 (298): 70 – 73.

[234] Mandlbrot B B. Fractals and scaling in finance [M]. New York: Springer Press, 1997.

[235] Mansanet – Bataller M, Chevallier J, Hervé – Mignucci M, Alberola E. EUA and sCER phase II price drivers: unveiling the reasons for the existence of the EUA – sCER spread [J]. Energy Policy, 2011 (39): 1056 – 1069.

[236] Mansanet – Bataller M, Pardo A, Valor E. CO_2 prices, energy and weather [J]. The Energy Journal, 2007, 28 (3): 67 – 86

[237] Maryniak P, Trück S, Weron R. Carbon pricing and electricity markets – The case of the Australian Clean Energy Bill [J]. Energy Economics, 2019 (79): 45 – 58.

[238] Meher S K, Pal S K. Rough – wavelet granular space and classification of multispectral remote sensing image [J]. Applied Soft Computing, 2011, 11 (8): 5662 – 5673.

[239] Menezes L M, Houllier M A, Tamvakis M. Time – varying convergence in European electricity spot markets and their association with carbon and fuel prices [J]. Energy Policy, 2016 (88): 613 – 627.

[240] Meng X C, Taylor J W. An approximate long – memory range – based approach for value at risk estimation [J]. International Journal of Forecasting, 2018 (34): 377 – 388.

[241] Milunovich G, Joyeux R. Market efficiency and price discovery in the EU carbon futures market [J]. Applied Financial Economics, 2010, 20 (10): 32 – 48.

[242] Mu Y, Wang C, Cai W. The economic impact of China's INDC: Distinguishing the roles of the renewable energy quota and the carbon market [J]. Renewable and Sustainable Energy Reviews, 2018 (81): 2955 – 2966.

[243] Munnings C, Morgenstern R D, Wang Z, et al. Assessing the design of three carbon trading pilot programs in China [J]. Energy Policy, 2016 (96): 688 – 699.

[244] Nakamura T, Small M, Hirata Y. Testing for nonlinearity in irregular

fluctuations with long – term trends [J]. Physical Review E, 2006 (74): 026205.

[245] Nelson D B. Conditional heteroskedasticity in asset returns: A new approach [J]. Econometrica, 1991 (59): 347 – 370.

[246] Packard N H, Crutchfleld J P, Farmer J D. Geometry from a time series [J]. Physical Review Letters, 1980, 45 (6): 712 – 716.

[247] Pan Z, Wang Y, Yang L. Hedging crude oil using refined product: a regime switching asymmetric dcc approach [J]. Energy Economics, 2014 (46): 472 – 484.

[248] Parkinson A, Guthrie P. Evaluating the energy performance of buildings within a value at risk framework with demonstration on UK offices [J]. Applied Energy, 2014 (133): 40 – 55.

[249] Pedrycz, W. Allocation of information granularity in optimization and decision – making models: Towards building the foundations of Granular Computing [J]. European Journal of Operational Research, 2014, 232 (1): 137 – 145.

[250] Pedrycz W, Vukovich G. Feature analysis through information granulation and fuzzy sets [J]. Pattern Recognition, 2002, 35 (4): 825 – 834.

[251] Perera A T D, Nik V M, Chen D, et al. Quantifying the impacts of climate change and extreme climate events on energy systems [J]. Nature Energy, 2020, 5 (2): 150 – 159.

[252] Peter J. How does climate change affect electricity system planning and optimal allocation of variable renewable energy? [J]. Applied Energy, 2019 (252): 113397.

[253] Peters E E. Fractal market analysis: applying chaos theory to investment and economics [M]. New York: Wiley, 1994.

[254] Peterson S, Weitzel M. Reaching a climate agreement: compensating for energy market effects of climate policy [J]. Climate Policy, 2016, 16 (8): 993 – 1010.

[255] Philip D, Shi Y. Optimal hedging in carbon emission markets using Markov regime switching models [J]. Journal of International Financial Markets Institutions & Money, 2016 (43): 1 – 15.

[256] Qian X, Gu G, Zhou W. Modified detrended fluctuation analysis based on empirical mode decomposition for the characterization of anti – persistent processes [J]. Physica A – Statistical Mechanics and its Applications, 2011, 390 (23 – 24): 4388 – 4395.

[257] Qian Y H, Liang J Y, Yao Y Y, Dang C Y. MGRS: a multi – granulation rough set [J]. Information Sciences, 2010, 180 (6): 949 – 970.

[258] Rannou Y, Barneto P. Futures trading with information asymmetry and OTC predominance: Another look at the volume/volatility relations in the European carbon markets [J]. Energy Economics, 2016 (53): 159 – 174.

[259] Reboredo J C, Ugando M. Downside risks in EU carbon and fossil fuel markets [J]. Mathematics & Computers in Simulation, 2015 (111): 17 – 35.

[260] Ren C, Lo A Y. Emission trading and carbon market performance in Shenzhen, China [J]. Applied Energy. 2017 (193): 414 – 425.

[261] Rittler D. Price discovery and volatility spillovers in the European Union emissions trading scheme: A high frequency analysis [J]. Journal of Banking & Finance, 2012, 36 (3): 774 – 785.

[262] Rizvi S A R, Arshad S. How does crisis affect efficiency? An empirical study of East Asian markets [J]. Borsa Istanbul Review, 2016.

[263] Rockafellar R T, Uryasev S. Conditional value – at – risk for general loss distributions [J]. Journal of Banking & Finance, 2002 (26): 1443 – 1471.

[264] Rockafellar R T, Uryasev S. Optimiazation of conditional value – at – risk [J]. Journal of Risk, 2000, 2 (3): 21 – 41.

[265] Roustai M, Rayati M, Sheikhi A, Ranjbar A. A scenario – based optimization of Smart Energy Hub operation in a stochastic environment using conditional – value – at – risk [J]. Sustainable Cities and Society, 2018 (39): 309 – 316.

[266] Ruamsuke K, Dhakal S, Marpaung C O P. Energy and economic impacts of the global climate change policy on Southeast Asian countries: A general equilibrium analysis [J]. Energy, 2015 (81): 446 – 461.

[267] Ruan J, Wang X, Shi Y. Developing fast predictors for large – scale time series using fuzzy granular support vector machines [J]. Applied Soft Computing, 2013, 13 (9): 3981 – 4000.

[268] Sadeghi M, Shavvalpour S. Energy risk management and value at risk modeling [J]. Energy Policy, 2006 (34): 3367 – 3373.

[269] Sanin M E, Violante F, Mansanet – Bataller M. Understanding volatility dynamics in the EU – ETS market [J]. Energy Policy. 2015 (82): 321 – 331.

[270] Schäfer S. Decoupling the EU ETS from subsidized renewables and other demand side effects: lessons from the impact of the EU ETS on CO_2 emissions in the German electricity sector [J]. Energy Policy, 2019 (133): 110858.

[271] Schultz E, Swieringa J. Catalysts for price discovery in the European Union Emissions Trading System [J]. Journal of Banking & Finance, 2014, 42 (3): 112 – 122.

[272] Schwarz, G. Estimating the dimension of a model [J]. The annals of statistics, 1978, 6 (2): 461 – 464.

[273] Segnon M, Lux T, Gupta R. Modeling and forecasting the volatility of carbon dioxide emission allowance prices: A review and comparison of modern volatility models [J]. Renewable & Sustainable Energy Reviews, 2017 (69): 692 – 704.

[274] Seifert J, Uhrig – Homburg M, Wagner M. Dynamic behavior of CO_2 spot prices [J]. Journal of Environmental Economics and Management. 2008, 56 (2): 180 – 194.

[275] Shahbaz M, Shafiullah M, Papavassiliou V G, Hammoudeh S M. The CO_2 – growth nexus revisited: A nonparametric analysis for the G7 economies over nearly two centuries [J]. Energy Economics, 2017 (65): 183 – 193.

[276] Shahnazari M, McHugh A, Maybee B, et al. Overlapping carbon pricing and renewable support schemes under political uncertainty: Global lessons from an Australian case study [J]. Applied Energy, 2017 (200): 237 – 248.

[277] Shaik S, Yeboah O A. Does climate influence energy demand? A regional analysis [J]. Applied Energy, 2018 (212): 691 – 703.

[278] Song Y, Liu T, Liang D, et al. A fuzzy stochastic model for carbon price prediction under the effect of demand – related policy in China's carbon market [J]. Ecological Economics. 2019 (157): 253 – 265.

[279] Song Y, Liu T, Ye B, et al. Improving the liquidity of China's carbon

market: Insight from the effect of carbon price transmission under the policy release [J]. Journal of Cleaner Production, 2019 (239): 118049.

[280] Song Y, Liu T, Liang D, Li Y, Song X. A fuzzy stochastic model for carbon price prediction under the effect of demand – related policy in China's carbon market [J]. Ecological Economics, 2019 (157): 253 – 265.

[281] Sousa R, Aguiar – Conraria A, Soares M J. Carbon financial markets: A time – frequency analysis of prices [J]. Physica A: Statistical Mechanics and its Applications, 2014, 15 (11): 118 – 127.

[282] Subramaniam N, Wahyuni D, Cooper B J, Leung P, Wines G. Integration of carbon risks and opportunities in enterprise risk management systems: evidence from Australian firms [J]. Journal of Cleaner Production, 2015 (96): 407 – 417.

[283] Sukcharoen K, Leatham D J. Hedging downside risk of oil refineries: a vine copula approach [J]. Energy Economics, 2017 (66): 493 – 507.

[284] Sun G, Chen T, Wei Z, et al. A carbon price forecasting model based on variational mode decomposition and spiking neural networks [J]. Energies. 2016, 9 (1): 1 – 16.

[285] Sun W, Duan M. Analysis and forecasting of the carbon price in China's regional carbon markets based on fast ensemble empirical mode decomposition, phase space reconstruction, and an improved extreme learning machine [J]. Energies, 2019 (12): 2772.

[286] Sun W, Huang C. A carbon price prediction model based on secondary decomposition algorithm and optimized back propagation neural network [J]. Journal of Cleaner Production. 2020 (243): 118671.

[287] Sun W, Zhang C, Sun C. Carbon pricing prediction based on wavelet transform and K – ELM optimized by bat optimization algorithm in China ETS: the case of Shanghai and Hubei carbon markets [J]. Carbon Management. 2018, 9 (6): 605 – 617.

[288] Sun W, Zhang C. Analysis and forecasting of the carbon price using multi resolution singular value decomposition and extreme learning machine optimized by adaptive whale optimization algorithm [J]. Applied Energy. 2018 (231): 1354 – 1371.

[289] Sun, Y. Annual report of China carbon emissions trading scheme. Social Sciences Academic Press, 2017.

[290] Suykens J, De Brabanter J, Lukas L, et al. Weighted least squares support vector machines: robustness and sparse approximation [J]. Neurocomputing, 2002 (248): 85 – 105.

[291] Takens F. Detecting strange attractors in turbulence [J]. Lecture Notes in Mathematics. 1981 (898): 366 – 381.

[292] Tan X P, Wang X Y. Dependence changes between the carbon price and its fundamentals: A quantile regression approach [J]. Applied energy, 2017 (190): 306 – 325.

[293] Tan X, Wang X. The market performance of carbon trading in China: A theoretical framework of structure – conduct – performance [J]. Journal of Cleaner Production, 2017 (159): 410 – 424.

[294] Tang L, Qu J B, Mi Z F, et al. Substantial emission reductions from Chinese power plants after the introduction of ultra – low emissions standards [J]. Nature Energy, 2019 (4): 929 – 938.

[295] Tang L, Yu L, Liu F, et al. An integrated data characteristic testing scheme for complex time series data exploration [J]. International Journal of Information Technology & Decision Making. 2013, 12 (3): 491 – 521.

[296] Tekiner – Mogulkoc H, Coit D W, Felder F A. Mean – risk stochastic electricity generation expansion planning problems with demand uncertainties considering conditional – value – at – risk and maximum regret as risk measures [J]. Electrical Power and Energy Systems, 2015 (73): 309 – 317.

[297] Tian C, Hao Y. Point and interval forecasting for carbon price based on an improved analysis – forecast system [J]. Applied Mathematical Modelling. 2020 (79): 126 – 144.

[298] Tian L, Pan J, Du R, et al. The valuation of photovoltaic power generation under carbon market linkage based on real options [J]. Applied Energy, 2017 (201): 354 – 362.

[299] Tu Q, Mo J L. Coordinating carbon pricing policy and renewable energy policy with a case study in China [J]. Computers & Industrial Engineering,

2017 (113): 294 – 304.

[300] Uddin G S, Hernandez J A, Shahzad S J H, Hedström A. Multivariate dependence and spillover effects across energy commodities and diversification potentials of carbon assets [J]. Energy Economics, 2018 (71): 35 – 46.

[301] Uhrig – Homburg M, Wagner M. Futures price dynamics of CO_2 emission allowances: an empirical analysis of the trial period [J]. The Journal of Derivatives, 2009, 17 (2): 73 – 88.

[302] Van Ruijven B J, De Cian E, Wing I S. Amplification of future energy demand growth due to climate change [J]. Nature Communications, 2019, 10 (1): 1 – 12.

[303] Vapnik V. The Nature of Statistical Learning Theory [M]. New York: Springer, 1995.

[304] Vapnik, V N. An overview of statistical learning theory [J]. IEEE Transactions on Neural Networks, 1999, 10 (5): 988 – 999.

[305] Višković V, Chen Y, Siddiqui A S. Implications of the EU emissions trading system for the south – east Europe regional electricity market [J]. Energy Economics, 2017 (65): 251 – 261.

[306] Viteva S, Veld – Merkoulova Y V, Campbell K. The forecasting accuracy of implied volatility from ECX carbon options [J]. Energy Economics, 2014, 45 (9): 475 – 484.

[307] Von Lüpke H, Well M. Analyzing climate and energy policy integration: the case of the Mexican energy transition [J]. Climate Policy, 2019: 1 – 14.

[308] Wang Q, Jiang X T, Ge S, et al. Is economic growth compatible with a reduction in CO_2 emissions? Empirical analysis of the United States [J]. Resources, Conservation and Recycling, 2019 (151): 1 – 10.

[309] Wang S Z J. Modeling and computation of CO_2 allowance derivatives under jump – diffusion processes [J]. Advances in Applied Mathematics & Mechanics, 2016, 8 (5): 827 – 846.

[310] Wang S, E J W, Li S G. A novel hybrid carbon price forecasting model based on radial basis function neural network [J]. Acta Physica Polonica A. 2019, 135 (3): 368 – 374.

［311］ Wang S, Yu L, Lai K. Crude oil price forecasting with TEI@ I Methodology ［J］. Journal of Systems Science and Complexity. 2005, 18 (2): 145 – 166.

［312］ Wang Y, Liu L, Gu R, et al. Analysis of market efficiency for the Shanghai stock market over time ［J］. Physica A – Statistical Mechanics and its Applications, 2010, 389 (8): 1635 – 1642.

［313］ Wang L, Liu X, Pedrycz W. Effective intervals determined by information granules to improve forecasting in fuzzy time series ［J］. Expert Systems with Applications, 2013, 40 (14): 5673 – 5679.

［314］ Watorek M, Drozdz S, Oswiecimka P, et al. Multifractal cross – correlations between the world oil and other financial markets in 2012 – 2017 ［J］. Energy Economics, 2019 (81): 874 – 885.

［315］ Wei W, Zhang P, Yao M, et al. Multi – scope electricity – related carbon emissions accounting: A case study of Shanghai ［J］. Journal of Cleaner Production, 2020 (252): 119789.

［316］ Weng Q, Xu H. A review of China's carbon trading market ［J］. Renewable and Sustainable Energy Reviews, 2018 (91): 613 – 619.

［317］ Wilkerson J T, Leibowicz B D, Turner D D, et al. Comparison of integrated assessment models: carbon price impacts on U. S. energy ［J］. Energy Policy, 2015 (76): 18 – 31.

［318］ Wong – Parodi G, Krishnamurti T, Davis A, et al. A decision science approach for integrating social science in climate and energy solutions ［J］. Nature Climate Change, 2016, 6 (6): 563 – 569.

［319］ Woo C K, Chen Y, Olson A, et al. Electricity price behavior and carbon trading: New evidence from California ［J］. Applied Energy, 2017 (204): 531 – 543.

［320］ Xenophon A K, Hill D J. Emissions reduction and wholesale electricity price targeting using an output – based mechanism ［J］. Applied Energy, 2019 (242): 1050 – 1063.

［321］ Xiong S, Wang C, Fang Z, et al. Multi – step – ahead carbon price forecasting based on variational mode decomposition and fast multi – output relevance vector regression optimized by the multi – objective whale pptimization algorithm

［J］. Energies. 2019 (12): 1471.

［322］ Xu Z, Chau S N, Chen X, et al. Assessing progress towards sustainable development over space and time ［J］. Nature, 2020 (577): 74 – 78.

［323］ Yahsi M, Canakoglu E, Agrali S. Carbon price forecasting models based on big data analytics ［J］. Carbon Management. 2019, 10 (2): 175 – 187.

［324］ Yang S, Chen D, Li S, et al. Carbon price forecasting based on modified ensemble empirical mode decomposition and long short – term memory optimized by improved whale optimization algorithm ［J］. Science of the Total Environment. 2020 (716): 137117.

［325］ Yang Z. Increasing returns to scale in energy – intensive sectors and its implications on climate change modeling ［J］. Energy Economics, 2019 (83): 208 – 216.

［326］ Yang X, Yu F, Pedrycz W. Long – term forecasting of time series based on linear fuzzy information granules and fuzzy inference system ［J］. International Journal of Approximate Reasoning, 2017 (81): 1 – 27.

［327］ Yi B, Xu J, Fan Y. Coordination of policy goals between renewable portfolio standards and carbon caps: A quantitative assessment in China ［J］. Applied Energy, 2019 (237): 25 – 35.

［328］ Youssef M, Belkacem L, Mokni K. Value – at – risk estimation of energy commodities: A long – memory garch – evt approach ［J］. Energy Economics, 2015 (51): 99 – 110.

［329］ Yu J, Mallory M L. Exchange rate effect on carbon credit price via energy markets ［J］. Journal of International Money & Finance, 2014, 47 (3): 145 – 161.

［330］ Yu L, Li J, Tang L, et al. Linear and nonlinear Granger causality investigation between carbon market and crude oil market: A multi – scale approach ［J］. Energy Economics, 2015 (51): 300 – 311.

［331］ Yu W H, Yang K, Wei Y, Lei L K. Measuring value – at – risk and expected shortfall of crude oil portfolio using extreme value theory and vine copula ［J］. Physica A: Statistical Mechanics and its Applications, 2018 (490): 1423 – 1433.

［332］ Yu X, Wu Z, Wang Q, et al. Exploring the investment strategy of power enterprises under the nationwide carbon emissions trading mechanism: A scenario - based system dynamics approach [J]. Energy Policy, 2020 (140): 111409.

[333] Yuan N, Yang L. Asymmetric risk spillover between financial market uncertainty and the carbon market: A GAS - DCS - copula approach [J]. Journal of Cleaner Production, 2020 (259): 120750.

[334] Zadeh, L A. Fuzzy sets and information granularity [J]. Advances in Fuzzy Set Theory and Application, 1979 (1): 3 - 18.

[335] Zadeh, L. A. Towards a theory of fuzzy information granulation and its centrality in human reasoning and fuzzy logic [J]. Fuzzy Sets and System, 1997, 90 (2): 111 - 127.

[336] Zeitlberger A C M, Brauneis A. Modeling carbon spot and futures price returns with GARCH and Markov switching GARCH models Evidence from the first commitment period (2008 - 2012) [J]. Central European Journal of Operations Research. 2016, 24 (1): 149 - 176.

[337] Zeng S, Nan X, Liu C, et al. The response of the Beijing carbon emissions allowance price (BJC) to macroeconomic and energy price indices [J]. Energy Policy, 2017 (106): 111 - 121.

[338] Zeng Y, Weishaar S E, Vedder H H B. Electricity regulation in the Chinese national emissions trading scheme (ETS): lessons for carbon leakage and linkage with the EU ETS [J]. Climate Policy, 2018, 18 (10): 1246 - 1259.

[339] Zeppini P, van den Bergh J CJM. Global competition dynamics of fossil fuels and renewable energy under climate policies and peak oil: A behavioural model [J]. Energy Policy, 2020 (136): 110907.

[340] Zhang D. Energy finance: background, concept, and recent developments [J]. Emerging Markets Finance and Trade, 2018 (54): 1687 - 1692.

[341] Zhang H. Antinomic policy - making under the fragmented authoritarianism: Regulating China's electricity sector through the energy - climate - environment dimension [J]. Energy policy, 2019 (128): 162 - 169.

[342] Zhang J, Li D, Hao Y, et al. A hybrid model using signal processing technology, econometric models and neural network for carbon spot price forecasting [J]. Journal of Cleaner Production. 2018 (204): 958 - 964.

［343］Zhang L, Li Y, Jia Z. Impact of carbon allowance allocation on power industry in China's carbon trading market: Computable general equilibrium – based analysis ［J］. Applied Energy, 2018 （229）: 814 – 827.

［344］Zhang L, Zhang J, Xiong T, et al. Interval forecasting of carbon futures prices using a novel hybrid approach with exogenous variables ［J］. Discrete Dynamics in Nature and Society, 2017: 5730295.

［345］Zhang R, Fujimori S. The role of transport electrification in global climate change mitigation scenarios ［J］. Environmental Research Letters, 2020 （15）: 034019.

［346］Zhang W, Li J, Li G, et al. Emission reduction effect and carbon market efficiency of carbon emissions trading policy in China ［J］. Energy. 2020 （196）: 117117.

［347］Zhang X, Zhang C, Wei Z. Carbon price forecasting based on multi – resolution singular value decomposition and extreme learning machine optimized by the moth – flame optimization algorithm considering energy and economic factors ［J］. Energies, 2019 （12）: 428322.

［348］Zhang J, Li D, Hao Y, Tan Z. A hybrid model using signal processing technology, econometric models and neural network for carbon spot price forecasting ［J］. Journal of Cleaner Production, 2018 （204）: 958 – 964.

［349］Zhang J, Zhang L. Impacts on CO_2 emission allowance prices in China: A quantile regression analysis of the Shanghai Emission Trading Scheme ［J］. Sustainability, 2016, 8 （11）: 1195.

［350］Zhang Y J, Peng Y L, Ma C Q, et al. Can environmental innovation facilitate carbon emissions reduction? Evidence from China ［J］. Energy Policy, 2017 （100）: 18 – 28.

［351］Zhang Y J, Sun Y F. The dynamic volatility spillover between European carbon trading market and fossil energy market ［J］. Journal of Cleaner Production, 2016 （12）: 2654 – 2663.

［352］Zhang Y, Wei Y. An overview of current research on EU ETS: evidence from its operating mechanism and economic effect ［J］. Applied Energy, 2010 （87）: 1804 – 1814.

[353] Zhao X, Han M, Ding L, et al. Usefulness of economic and energy data at different frequencies for carbon price forecasting in the EU ETS [J]. Applied Energy. 2018 (216): 132 – 141.

[354] Zhao X, Jiang G, Nie D, et al. How to improve the market efficiency of carbon trading: A perspective of China [J]. Renewable & Sustainable Energy Reviews, 2016 (59): 1229 – 1245.

[355] Zhao X, Wu L, Li A. Research on the efficiency of carbon trading market in China [J]. Renewable & Sustainable Energy Reviews, 2017 (79): 1 – 8.

[356] Zhao X, Zou Y, Yin J, et al. Cointegration relationship between carbon price and its factors: evidence from structural breaks analysis [J]. Energy Procedia, 2017 (142): 2503 – 2510.

[357] Zheng S. Study on subject matters of China carbon market. China Economic Publishing House, 2019.

[358] Zhou J, Huo X, Xu X, et al. Forecasting the carbon price using extreme – point symmetric mode decomposition and extreme learning machine optimized by the grey wolf optimizer algorithm [J]. Energies. 2019 (12): 9505.

[359] Zhou K, Li Y. An empirical analysis of carbon emission price in China [J]. Energy Procedia. 2018 (152): 823 – 828.

[360] Zhou K, Li Y. Influencing factors and fluctuation characteristics of China's carbon emission trading price [J]. Physica A: Statistical Mechanics and its Applications, 2019 (524): 459 – 474.

[361] Zhou Z, Xiao T, Chen X, Wang C. A carbon risk prediction model for Chinese heavy – polluting industrial enterprises based on support vector machine [J]. Chaos, Solitons & Fractals, 2016 (89): 304 – 315.

[362] Zhu B, Chevallier J, Ma S, et al. Examining the structural changes of European carbon futures price 2005 ~ 2012 [J]. Applied Economics Letters, 2015, 22 (5): 335 – 342.

[363] Zhu B, Han D, Chevallier J, et al. Dynamic multiscale interactions between European carbon and electricity markets during 2005 – 2016 [J]. Energy Policy, 2017 (107): 309 – 322.

[364] Zhu B, Han D, Wang P, et al. Forecasting carbon price using empir-

ical mode decomposition and evolutionary least squares support vector regression [J]. Applied Energy, 2017 (191): 521 – 530.

[365] Zhu B, Huang L, Yuan L, et al. Exploring the risk spillover effects between carbon market and electricity market: A bidimensional empirical mode decomposition based conditional value at risk approach [J]. International Review of Economics & Finance, 2020 (67): 163 – 175.

[366] Zhu B, Ma S, Chevallier J, et al. Modelling the dynamics of European carbon futures price: A Zipf analysis [J]. Economic Modelling, 2014 (38): 372 – 380.

[367] Zhu B, Wang P, Chevallier J, et al. Carbon price analysis using empirical mode decomposition [J]. Computational Economics, 2015, 45 (2): 195 – 206.

[368] Zhu B, Wei Y. Carbon price forecasting with a novel hybrid ARIMA and least squares support vector machines methodology [J]. Omega – International Journal of Management Science. 2013, 41 (3): 517 – 524.

[369] Zhu B, Ye S, Han D, et al. A multiscale analysis for carbon price drivers [J]. Energy Economics, 2019 (78): 202 – 216.

[370] Zhu B, Ye S, Wang P, et al. A novel multiscale nonlinear ensemble leaning paradigm for carbon price forecasting [J]. Energy Economics. 2018 (70): 143 – 157.

[371] Zhu B. A novel multiscale ensemble carbon price prediction model integrating empirical mode decomposition, genetic algorithm and artificial neural network [J]. Energies. 2012, 5 (2): 355 – 370.

[372] Zhu J, Wu P, Chen H, et al. Carbon price forecasting with variational mode decomposition and optimal combined model [J]. Physica A – Statistical Mechanics and its Applications. 2019 (519): 140 – 158.

[373] Zhu B, Han D, Wang P, Wu Z, Zhang T, Wei Y. Forecasting carbon price using empirical mode decomposition and evolutionary least squares support vector regression [J]. Applied Energy, 2017 (191): 521 – 530.

[374] Zhu B, Wei Y. Carbon price forecasting with a novel hybrid ARIMA and least squares support vector machines methodology [J]. Omega, 2013 (41): 517 – 524.

[375] Zhu B, Ye S, Han D, et al. A multiscale analysis for carbon price drivers [J]. Energy Economics, 2019 (78): 202 – 216.

[376] Zhu B, Ye S, Wang P, H, K, Zhang T, Wei Y. A novel multiscale nonlinear ensemble leaning paradigm for carbon price forecasting [J]. Energy Economics, 2018 (70): 143 – 157.

[377] Zhu H, Guo Y, You W, et al. The heterogeneity dependence between crude oil price changes and industry stock market returns in China: Evidence from a quantile regression approach [J]. Energy Economics, 2016 (55): 30 – 41.

[378] Zhu J, Wu P, Chen H, Liu J, Zhou L. Carbon price forecasting with variational mode decomposition and optimal combined model [J]. Physica A: Statistical Mechanics and its Applications, 2019 (519): 140 – 158.

[379] Zimmermann M, Pye S. Inequality in energy and climate policies: Assessing distributional impact consideration in UK policy appraisal [J]. Energy policy, 2018 (123): 594 – 601.